Monika Doherty
Epistemische Bedeutung

416 240 562 400 18

AKADEMIE DER WISSENSCHAFTEN DER DDR
Zentralinstitut für Sprachwissenschaft

studia grammatica

**Herausgegeben von Wolfgang Motsch
und Jürgen Kunze**

studia grammatica XXIII

Monika Doherty

Epistemische Bedeutung

AKADEMIE-VERLAG · BERLIN
1985

Erschienen im Akademie-Verlag, DDR-1086 Berlin, Leipziger Str. 3—4

Lizenznummer: 202 · 100/139/85
Printed in the German Democratic Republic
Gesamtherstellung: VEB Druckerei „Thomas Müntzer", 5820 Bad Langensalza
Lektor: Dr. Gisela Leiste
Umschlag: Karl Salzbrunn
LSV 0805
Bestellnummer: 7 543 491 (2115/23)

01200

Inhalt

Einleitung

„... war es uns zumute, als wenn man zwischen den unzähligen bewegten Spulen und Weberstühlen einer großen Fabrik hingeht und vor lauter Schnarren und Rasseln, vor allem Aug und Sinne verwirrenden Mechanismus, vor lauter Unbegreiflichkeit einer auf das mannigfaltigste ineinandergreifenden Anstalt in Betrachtung dessen, was alles dazu gehört, um ein Stück Tuch zu fertigen, sich den eignen Rock selbst verleidet fühlt, den man auf dem Leibe trägt."

J. W. Goethe, Dichtung und Wahrheit

Nicht zufällig sind Einstellungspartikeln wie „doch", „ja", „etwa" etc. lange Zeit als unselbständige Wörter der deutschen Sprache, als „Füllwörter", denen keine eigene Bedeutung zukommt, abgewertet worden. Ihre extreme semantische Wandelbarkeit, die Vielfalt der ihnen zugeordneten Bedeutungsvarianten ist aber nur Ausdruck ihrer starken Kontextabhängigkeit. Auf Grund einer mangelhaften Differenzierung zwischen den Bedeutungsanteilen der Partikeln und denen ihres jeweiligen Kontextes wurden der Partikel immer wieder fälschlicherweise semantische Elemente ihres Kontextes zugeschrieben. Wie die systematische Betrachtung der einschlägigen Kontextklasse im folgenden beweisen helfen soll, haben die Einstellungspartikeln jedoch e i n e invariante Bedeutung, die den verschiedenen kontextuell bedingten Varianten zugrunde liegt.

Zweifellos müssen die Aussagen über eine bestimmte Gruppe sprachlicher Ausdrucksmittel vor allem die muttersprachliche Intuition über ihre Bedeutung und Funktion im jeweiligen Verwendungskontext explizieren, müssen das erfassen, was jeder Sprecher ausdrückt, wenn er ein solches sprachliches Mittel in einer Äußerung verwendet. Sie müssen aber auch erfassen, welche Eigenschaften einem sprachlichen Ausdrucksmittel innerhalb eines Sprachsystems zukommen, wie es sich gegenüber anderen Ausdrucksmitteln verhält, die mit ihm paradigmatisch vergleichbar sind oder die mit ihm eine syntagmatische Beziehung eingehen können. Dabei kann man erwarten, daß die Aussagen, die die Bedeutung eines sprachlichen Ausdrucksmittels explizieren, zugleich einen großen Teil seiner systematischen Beziehungen zu den anderen Ausdrucksmitteln erfassen und daß sie da, wo sich die Spezifik der syntagmatischen Beziehungen in einer Kombinationsrestriktion äußert, sogar erklären können, warum bestimmte Verbindungen als abweichend bewertet werden. Es ist das Ziel dieser Arbeit, die Annahmen über die Bedeutung der einzelnen sprachlichen Ausdrucksmittel so zu gestalten, daß sie zugleich möglichst viele seiner kontextuellen Eigenschaften erklären.

Zum relevanten Kontext der erwähnten Partikelgruppe gehören Satzadverbien, Modalverben, die Satzmodi (Deklarativsatz, Fragesatz und Imperativ), die Satznegation, bedeutungsmäßig verwandte Prädikate und der Kontrastakzent, mit denen die Partikeln immer nur unter bestimmten Bedingungen kombiniert werden können. Annahmen über die Bedeutung der Partikelgruppe, die zugleich erklären, warum ihre Verwendung in diesen Kontextklassen bestimmten Restriktionen unterliegt, erfordern zugleich Annahmen über die Bedeutung der Kontextklassen und die Art der Verknüpfung der Bedeutung von Partikel und relevantem Kontext. Um die Verwendungsbedingungen zu erklären, die zwischen der Partikelgruppe und ihren relevanten Kontextklassen bestehen, enthält die Arbeit deshalb neben den Annahmen über die Bedeutungen der Partikeln Annahmen über die Bedeutung bestimmter Gruppen von Satzadverbien, Modalverben, der Satzmodi, Satznegation, des Kontrastakzents und ihre wechselweise syntaktische Integration in selbständigen und unselbständigen Sätzen. Daß die genannten Klassen von Ausdrucksmitteln zueinander in festen semantischen Beziehungen stehen, daß sie gemeinsam einen Bedeutungsbereich aufgliedern, kann dabei als erste und allgemeinste Annahme gelten.

Mit der Erweiterung des Beschreibungsgegenstands von einer Klasse von Ausdrucksmitteln auf ein System von paradigmatisch und syntagmatisch miteinander verbundenen Ausdrucksmitteln wächst die Rolle, die der muttersprachlichen Intuition bei der Ermittlung der Daten zukommt, die mit den Annahmen über Bedeutung und Funktion der verschiedenen sprachlichen Ausdrucksmittel erklärt werden sollen: Urteile über die Bedeutung sprachlicher Mittel im Kontext bestimmter Äußerungen werden durch Urteile über die Kombinierbarkeit sprachlicher Mittel untereinander ergänzt. Dabei ist die Entscheidung darüber, ob eine Kombination zulässig ist oder nicht, bei weitem leichter zu fällen, als die Entscheidung darüber, was ein einzelner sprachlicher Ausdruck bedeutet. Dennoch bereitet die Bewertung der Akzeptabilität von komplexen sprachlichen Ausdrücken oft gerade in den Fällen Schwierigkeiten, die eine Annahme über zugrunde liegende Bedeutungen bestätigen oder widerlegen könnten. Da ich gewärtig sein muß, daß meine Leser verschiedene meiner Beispielsätze anders als ich beurteilen werden, sei mir der Hinweis erlaubt, daß eine Annahme, die in ein System von Annahmen eingeht, von unterschiedlicher Wichtigkeit für das System sein kann. Im Rahmen eines Systems von Annahmen, das einen Bedeutungsbereich erfaßt, zu dem jeder Satz einer Sprache beiträgt, ist z. B. die Annahme über die Bedeutung eines einzelnen lexikalischen Ausdrucksmittels weitaus weniger wichtig als die Annahme über die Bedeutung einer ganzen Gruppe von lexikalischen Ausdrucksmitteln oder einer ganzen Klasse von Sätzen. Damit ist aber auch die Bewertung der kontextuellen Eigenschaften eines einzelnen lexikalischen Ausdrucks weitaus weniger wichtig als die Bewertung der kontextuellen Eigenschaften einer ganzen Gruppe von lexikalischen Mitteln oder einer ganzen Klasse von Sätzen. Divergenzen in der Bewertung der kontextuellen Eigenschaften eines einzelnen Satzadverbs oder einer einzelnen Partikel mögen zwar bei der Bedeutungsanalyse dieses Satzadverbs oder dieser Partikel zu entscheidenen Unterschieden führen, fallen aber bei den allgemeinen Annahmen über die grundlegenden Elemente des gesamten Bedeutungsbereichs in der Regel nur wenig ins Gewicht.

Der Einfachheit halber soll nur zwischen wohlgeformten und nicht-wohlgeformten Ausdrücken unterschieden, auf eine Graduierung der Akzeptabilität verzichtet werden. Die Annahmen können sicher auch für eine Explikation subtilerer Akzeptabilitätsbewertungen aufkommen, angesichts der Komplexität des Gegenstands soll jedoch auf eine weitere Differenzierung der empirischen Basis verzichtet werden. (Auch ohnedies wird sich derjenige, der die folgenden Überlegungen nachvollzieht, dem Eindruck, den Goethe von den Werken der Enzyklopädisten hatte, kaum entziehen können.)

Die Arbeit gliedert sich in 24 Kapitel, von denen vorrangig die ersten 10 die Grundelemente einführen, die zur Beschreibung des einschlägigen Bedeutungsbereichs notwendig sind. Die Argumentation folgt dabei durchweg einer empirisch begründeten Beweisführung, die sich vor allem auf Unterschiede und Analogien in den Verwendungsbeschränkungen vergleichbarer Ausdrucksmittel stützt. Das 4. und vor allem das 6. Kapitel stellen den kritischen Bezug zu anderen Vorstellungen aus der Fachliteratur her, wobei vor allem der sprechakttheoretische Ansatz und, weniger ausführlich, der logisch-semantische berücksichtigt werden. Die folgenden 8 Kapitel befassen sich mit der Beschreibung und Erklärung der Eigenschaften, die die Einstellungspartikeln von allen anderen Ausdrucksmitteln und voneinander unterscheiden. Anhand der Beschreibung von „doch“ erfolgt eine detaillierte Auseinandersetzung mit einem alternativen Modell, das in seiner Tendenz für die Mehrzahl der Partikelarbeiten repräsentativ ist. Die letzten Kapitel enthalten eine pauschale Beschreibung der sprachlichen Eigenschaften von Modalverben, evaluativen Satzadverbien und des Imperativs, da diese Ausdrucksmittel zum relevanten Kontext der Einstellungspartikeln gehören, ihre Spezifik aber über jenen Bereich von grundlegenden Annahmen hinausführt, die zur allgemeinen Beschreibung und Erklärung aller anderen Ausdrucksmittel aus dem relevanten Kontext der Einstellungspartikeln und zur detaillierten Beschreibung der individuellen Partikeln „doch", „etwa", „denn", „ja" und „wohl" benötigt werden. Das 24. Kapitel skizziert die schrittweise Integration der Bedeutung der einzelnen positionalen Ausdrucksmittel eines Satzes.[1]

[1] Die vorliegende Arbeit ist eine gründlich überarbeitete Version meiner Promotion B, die ich im Februar 1981 an der Humboldt-Universität in Berlin erfolgreich verteidigen konnte.

Wahrheitssuche

Wo ist denn Konrad?
Konrad wird doch nicht etwa verreist sein?
Ist Konrad wirklich verreist? —
Konrad ist vermutlich verreist.
Konrad muß ja wohl verreist sein.
Konrad ist verreist.

Konrad soll verreist sein.

Konrad ist verreist?
Konrad ist doch nicht verreist!
Konrad ist n i c h t verreist.
Konrad kann gar nicht verreist sein.

Konrad ist nicht verreist?
Wo ist Konrad d e n n?

Da ist ja Konrad! — Er will tatsächlich verreist gewesen sein.

1. Sprachliches und Außersprachliches

Die mangelnde Differenzierung von sprachlich und außersprachlich determinierten Anteilen an der Interpretation einer Äußerung hat gerade bei der Analyse der Bedeutung von Einstellungspartikeln wie „doch" zu ziemlich hypertrophen Beschreibungen geführt. Linguistische Problemstellungen, die den Eigenschaften sprachlicher Ausdrucksmittel gelten, kommen m. E. da ihrem Gegenstand am nächsten, wo sie sich mit den Verwendungsbedingungen eines sprachlichen Mittels im Kontext anderer Ausdrucksmittel befassen. Dabei sind aber nicht alle Verwendungsbedingungen vom Sprachsystem determiniert. So ist z. B. ein Satz wie

Verspreche ich es Dir?

ungewöhnlich nicht wegen der spezifischen Eigenschaften der verwendeten Ausdrucksmittel, sondern wegen des damit erfaßten Sachverhalts, in dem der Sprecher eine Handlung in Frage stellt, über deren Vollzug er allein entscheidet. Verwendungsbeschränkungen dieser Art können durch einen entsprechend ungewöhnlichen situativen Kontext aufgehoben werden. So ließe sich der obige Satz z. B. als monologischer Ausdruck eines inneren Entscheidungsprozesses verstehen. Verwendungsbeschränkungen, die durch bestimmte außersprachliche Bedingungen aufgehoben werden können, sind nicht sprachsystembedingt. Verwendungsbeschränkungen, die sprachsystembedingt sind, lassen sich durch keinen noch so ausgefallenen situativen Kontext aufheben. Hierzu gehört z. B. die Restriktion der Partikel „ja" gegenüber Fragen. Es gibt keinen Äußerungskontext, durch den

**Verspricht er es dir ja?*

zu einem wohlgeformten Ausdruck der deutschen Sprache werden könnte.[2] Für die Erklärung der handlungsbedingten Ungewöhnlichkeit von Äußerungen wie *Verspreche ich es Dir?* bietet die Sprechakttheorie die nötigen Konzepte. Für die Erklärung der sprachsystembedingten Abweichungen des zweiten Beispiels aber müssen Konzepte entwickelt werden, die nicht die Beziehungen zwischen Handlungen und Einstellungen an sich zum Gegenstand haben, sondern die Eigenschaften der sprachlichen Mittel, durch die sie ausgedrückt werden.

Wenn ich mich mit der vorliegenden Arbeit auf die Beschreibung und Erklärung sprachsystembedingter Erscheinungen innerhalb eines bestimmten Bereichs von Ausdrucksmitteln beschränke und außersprachliche Faktoren weitgehend vernachlässige, so stelle ich mich da-

[2] Die Entscheidung darüber, ob sich eine Verwendungsbeschränkung durch einen besonderen situativen Kontext aufheben läßt oder nicht, ist leider nicht in jedem Fall leicht zu treffen und wird gelegentlich korrigiert werden müssen, weil unser Vorstellungsvermögen nicht immer gleich einen passenden situativen Kontext liefert, aber auch weil es bezüglich der verschiedenen Akzeptabilitätsgrade in der Wohlgeformtheit sprachlicher Ausdrücke einen Teilbereich gibt, in dem die Bewertung zwischen akzeptabel und nichtakzeptabel schwankt.

mit bewußt in einen Gegensatz zu der weit verbreiteten Praxis, eine Klassifikation der sprachlich identifizierten Dinge und Sachverhalte für eine Analyse der Bedeutung der entsprechenden sprachlichen Ausdrucksmittel auszugeben. Obwohl zunächst kein anderer Zugang zur Bedeutung einzelner Ausdrucksmittel offen ist als der über die vergleichende Interpretation von Äußerungen, die diese Ausdrucksmittel enthalten, muß man davon ausgehen, daß das, was mit einer Äußerung „gemeint" ist, die „Äußerungsbedeutung", aus einem sprachlich realisierten Bedeutungsteil, der „Satzbedeutung", besteht und einem Teil, der durch die mit der Satzbedeutung und der jeweiligen Äußerungssituation verknüpften Kenntnisse und Vorstellungen bestimmt wird.[3] Um zu relevanten Aussagen über die Bedeutung einzelner Ausdrucksmittel zu kommen, müssen die sprachlich und außersprachlich determinierten Anteile in der Interpretation einer Äußerung ebenso voneinander unterschieden werden wie die Bedeutungen der einzelnen Ausdrucksmittel der Äußerung.

Die Grenzziehung zwischen sprachlichen und außersprachlichen Anteilen an der Interpretation sprachlicher Ausdrucksmittel ist nicht einfach und hat in den letzten Jahren verschiedentlich zu extremen Positionen in der Sprachwissenschaft geführt. Da gab es auf der einen Seite den Versuch, Aussagen über die Satzbedeutung aus der Äußerungsbedeutung abzuleiten. Obwohl diese Zielstellung nur bei P. Grice (1975) ihre theoretische Ausformulierung gefunden hat, wird sie — bewußt oder unbewußt — in den meisten sprechakttheoretisch orientierten Analysen verfolgt. Ein prototypisches Beispiel hierfür bietet die Beschreibung der Bedeutung von Einstellungspartikeln wie „doch" mit Begriffen wie „Vorwurf im Widerspruch"[4], womit auf Kenntnisse und Vorstellungen über Interaktionsmöglichkeiten Bezug genommen wird, die mit bestimmten sprachlich realisierten Bedeutungen und Äußerungssituationen verknüpft sind.

Auf der anderen Seite stehen Autoren wie R. Kempson (1979), die alles aus der Bedeutung sprachlicher Ausdrucksmittel, was mit Sprecher- und Hörereinstellungen zusammenhängt, aus dem Gegenstandsbereich einer auf Wahrheitswertebedingungen reduzierten Semantik ausschließen. (So erklärt Kempson z. B. definite nichtsprachlich anaphorische NPs und indefinite NPs für semantisch identisch, da sie sich nur in bezug auf eine eindeutige Identifizierbarkeit durch den Hörer unterscheiden.)

Beiden Positionen möchte ich mit J. Fodor (1977) entgegenhalten, daß sich (sprachlich realisierte) Bedeutungen nicht auf andere Dinge reduzieren lassen; daß es sich dabei um eigenständige abstrakte Einheiten handelt, mit bestimmten Beziehungen zueinander und zu verschiedenen Erscheinungen wie Referenz, Wahrheit, Notwendigkeit, Sprechakt etc.[5] Prüfstein für das, was auf Grund von vergleichenden Bedeutungsanalysen als eigenständige Bedeutung der verschiedenen Ausdrucksmittel eines Bedeutungsbereichs angenommen werden kann, sind dabei jene Verwendungsbeschränkungen, für die es keinen situativen Kontext gibt, durch den sie aufgehoben werden könnten.

Die Annahmen über die Bedeutung sprachlicher Ausdrucksmittel müssen so gewählt werden, daß sie zusammen mit den verschiedenen für die jeweilige Äußerung und Äußerungssituation einschlägigen Kenntnissen und Vorstellungen die verschiedenen Äußerungsbedeutungen beschreiben. Die Annahmen über die Bedeutung sprachlicher Ausdrucksmit-

[3] Zwecks einer Konkretisierung und Präzisierung dieser stark vereinfachenden Darstellung siehe M. Bierwisch (1980).

[4] Diese Bestimmung findet sich bei W. Bublitz (1978); ich werde darauf im Kapitel über „doch" ausführlich eingehen.

[5] Sinngemäß zitiert von S. 58.

tel müssen darüber hinaus aber auch so beschaffen sein, daß sie die sprachsystembedingten Verwendungsbeschränkungen erklären. Welches der für die Verwendungsbeschränkung relevante Kontext ist, zeigt der Vergleich von abweichenden und wohlgeformten Ausdrükken, die sich nur in jeweils einem Ausdrucksmittel unterscheiden. So ist die Frageform in **Verspricht er es dir ja?* als das für die Verwendungsbeschränkung der Partikel relevante Ausdrucksmittel identifizierbar, da sowohl eine Frage ohne „ja“ wie eine Aussage mit „ja“ wohlgeformte Ausdrücke der deutschen Sprache sind:

Verspricht er es dir?
Er verspricht es dir ja.

So wie Frage- und Aussageformen zum relevanten Kontext der Partikel „ja“ gehören, gehören dazu die Satznegation und Satzadverbien, die nur nach, aber nie vor „ja“ verwendet werden können; vgl.

Konrad ist ja nicht zu Hause.
**Konrad ist nicht ja zu Hause.*
Konrad ist ja wahrscheinlich verreist.
**Konrad ist wahrscheinlich ja verreist.*

Desgleichen gehören dazu Teilsätze bestimmter komplexer Sätze wie z. B.

Nina denkt ja, daß Konrad verreist ist.
**Nina denkt, daß Konrad ja verreist ist.*

oder

**Nina kommt nicht, wenn Konrad ja verreist ist.*
Nina kommt nicht, da Konrad ja verreist ist.

Gelegentlich können die Verwendungsbeschränkungen gegenüber einem Ausdrucksmittel durch ein anderes aufgehoben werden. So wird „doch“ z. B. in einem Fragesatz verwendbar, wenn es kontrastiert ist:

**Ist Konrad doch verreist?*
Ist Konrad d o c h verreist?

Um das Verhalten der Partikeln im jeweils relevanten Kontext zu erklären, sind neben den Annahmen über die Partikelbedeutung auch Annahmen über die Bedeutung des relevanten Kontextes notwendig, da die Restriktion in der Kombinierbarkeit zweier Ausdrucksmittel immer nur aus der Unverträglichkeit ihrer b e i d e n Bedeutungen folgt.

Vergleicht man die kontextuellen Eigenschaften der verschiedenen Ausdrucksmittel, die zu den für die Einstellungspartikeln (EP) relevanten Kontextklassen gehören, so kann man einen relativ großen Grad an Übereinstimmung zwischen den EP und den Satzadverbien feststellen. Auch Satzadverbien weisen Verwendungsbeschränkungen gegenüber Fragen, vorangestellter Negation und bestimmten Teilsätzen auf; auch bei Satzadverbien können derlei Restriktionen aufgehoben werden, wenn sie kontrastiert sind; man vgl.

**Ist Konrad wahrscheinlich zu Hause?*
**Konrad ist nicht wahrscheinlich zu Hause.*
Konrad ist nicht (nur) w a h r s c h e i n l i c h zu Hause (er i s t zu Hause).
Wir bleiben zu Hause, da es wahrscheinlich regnen wird.
**Wir bleiben zu Hause, wenn es wahrscheinlich regnet.*

Die Annahmen, die man über die Bedeutung der EP macht, müssen also den Annahmen über die Bedeutung der Satzadverbien soweit gleichen, wie dies zur Erklärung ihrer gemeinsamen Verwendungsbedingungen gegenüber Frage, Negation, Kontrastierung und bestimmten Klassen von Teilsätzen notwendig ist. Sie müssen aber auch die Unterschiede in den Verwendungsbedingungen von Satzadverbien und EP erklären, wie z. B. die, die ihre wechselweise Kombinierbarkeit betrifft; vgl. noch einmal *Konrad ist ja wahrscheinlich verreist. *Konrad ist wahrscheinlich ja verreist.*

Da mit den Annahmen über die Bedeutung jener Ausdrucksmittel, die zum relevanten Kontext der EP gehören, nur das Verhalten der EP erklärt werden soll, werden sie weit weniger differenziert sein als die Annahmen über die Bedeutung der EP, die das eigentliche Thema dieser Arbeit sind.

Die allgemeinste Annahme, die über die Bedeutung von Partikeln wie „doch", „ja" und dgl. gemacht werden kann und die sich auch in den meisten einschlägigen Arbeiten wiederfindet, ist die, daß mit diesen Partikeln Einstellungen ausgedrückt werden. Man kann nun diese Annahme präzisieren und sagen, daß die Einstellung, die mit Hilfe von EP ausgedrückt wird, dem Bestehen oder Nicht-Bestehen eines Sachverhalts gilt, das heißt, daß eine „epistemische" Einstellung ausgedrückt wird. Bei einer bestimmten Gruppe von EP: doch, ja, denn, etwa, wohl, bezieht sich die epistemische Einstellung auf den Sachverhalt, von dem in dem Satz, der die EP enthält, die Rede ist.[6]

Alle EP legen das Verhältnis des Sprechers zu dieser epistemischen Einstellung fest und stellen zugleich den Bezug zu einer anderen Einstellung zum selben Sachverhalt her. Die einzelnen EP unterscheiden sich in der Spezifizierung dieser Festlegungen. Ausdrucksmittel wie Fragesätze, Negation, Satzadverbien, Kontrastakzent und Teilsätze aus bestimmten komplexen Sätzen sind der für EP relevante Kontext, weil auch sie dem Ausdruck von Einstellungen dienen bzw. die Haltung des Sprechers zu Einstellungen festlegen. Alle sprachlichen Mittel, die dem Ausdruck von Einstellungen dienen, seien „positionale Ausdrucksmittel" genannt und die von ihnen realisierte Bedeutung „positionale Bedeutung".[7] Die folgenden Kapitel sollen zeigen, welches die Spezifik in der positionalen Bedeutung der für die EP relevanten Kontextklassen ist, die zusammen mit der Spezifik der individuellen Partikelbedeutung eine adäquate Interpretation der verschiedenen Kombinationsmöglichkeiten bzw. eine plausible Erklärung der verschiedenen Verwendungsbeschränkungen ermöglicht.

[6] Es gibt aber auch Partikeln, die sich, wie z. B. „eben", nicht nur auf den Sachverhalt beziehen, von dem in dem Satz, der die Partikeln enthält, die Rede ist, sondern darüber hinaus auch noch auf einen anderen Sachverhalt aus dem sprachlichen oder gedanklichen Kontext. Ich habe diese Partikeln koordinative Einstellungspartikeln, KEP, genannt, weil sie zwischen EP und Konjunktionen stehen. Dasselbe Lexem kann u. U. als KEP oder als EP verwendet werden, man vgl.

Josephine ist ehrlich, doch ist sie auch klug?

(KEP, die die Bedeutung beider Sätze aufeinander bezieht),

Josephine ist doch ehrlich.

(EP).

[7] Ich habe den Terminus in Anlehnung an D. Wunderlich (1976) gewählt, der die Bedeutung eines Satzes (in Relation zum situativen Kontext und Sprachsystem) als Teilmenge eines geordneten Quadrupels aus einem propositionalen Gehalt, einer propositionalen Struktur, einem Positionstyp und einem illokutiven Typ bestimmt (S. 68).

2. Ausdrucksmittel für positionale Bedeutung

2.1. Daß Sätze wie

Ich vermute, daß Konrad verreist ist.

zum Ausdruck von Einstellungen bezüglich des Bestehens oder Nicht-Bestehens eines Sachverhalts dienen, leuchtet unmittelbar ein. Durch das positionale Ausdrucksmittel „*ich vermute, daß*" wird eine bestimmte Einstellung des Sprechers identifiziert. Der Sachverhalt, dem die Sprechereinstellung gilt, wird durch die Bedeutung des „daß"-Satzes erfaßt. Auch in

Nina vermutet, daß Konrad verreist ist.

oder

Nina vermutete, daß Konrad verreist ist.

geht es um epistemische Einstellungen. Das grammatische Subjekt des Matrixsatzes, das im ersten Satz den Sprecher als Einstellungsträger identifiziert, identifiziert im zweiten und dritten Nina als Einstellungsträger; das Tempus des Prädikats, das im ersten und zweiten Satz die Zeit, in der der Satz geäußert wird, als die Zeit der Einstellung bestimmt, bestimmt im dritten Satz eine voraufgegangene Zeit als Zeit der Einstellung. Es ist die satzartige Form des positionalen Ausdrucksmittels, die diese Modifikationen ermöglicht. Nicht-satzartige positionale Ausdrucksmittel beziehen die durch sie identifizierte Einstellung zunächst immer auf den Sprecher und die Sprechzeit. In einem Satz wie

Konrad ist vermutlich verreist.

wird mit dem Satzadverb die Einstellung des Sprechers identifiziert (ob der Sprecher diese Einstellung mit anderen Einstellungsträgern teilt, bleibt offen). Wenn der erste und der letzte Satz, wie es den Anschein hat, dieselbe Sprechereinstellung zum selben Sachverhalt identifizieren, müßten sie dann nicht als bedeutungsgleich bewertet werden? (In früheren Arbeiten wie der von J. R. Ross 1970 nahm man die Ähnlichkeit zwischen der Bedeutung von Satzadverbien und satzartigen Ausdrucksmitteln sogar zum Anlaß für eine transformationelle Ableitung von Satzadverbien aus entsprechenden Matrixsätzen.) Gegen eine solche Analyse spricht nicht nur der Unterschied in der Modifizierbarkeit von Einstellungsträger und Zeit der Einstellung, dagegen spricht vor allem der Unterschied in den Verwendungsbeschränkungen. Während Negation und Fragestellung für das satzartige Ausdrucksmittel nur besondere situative Interpretationsbedingungen erfordern, müssen sie beim Satzadverb prinzipiell als abweichend bewertet werden:

Ich vermute nicht, daß Konrad verreist ist.
**Konrad ist nicht vermutlich verreist.*
Vermute ich, daß Konrad verreist ist? (z. B. als Selbstbefragung)
**Ist Konrad vermutlich verreist?*

Welche Unterschiede in den Bedeutungen des positionalen Satzadverbs und des positionalen Matrixsatzes sind für ihr unterschiedliches Verhalten gegenüber Frage und Negation verantwortlich?

Zunächst muß man festhalten, daß es sich hier nicht um eine spezifische Eigenschaft von epistemischen Ausdrucksmitteln handelt, da sich auch positionale Ausdrucksmittel, die andere Typen von Einstellungen identifizieren, auf die gleiche Weise verhalten; man vgl. einen evaluativen Matrixsatz wie „*jmd. bedauert, daß*" mit dem korrespondierenden Satzadverb „*bedauerlicherweise*", „*leider*":

Ich bedauere nicht, daß Konrad verreist ist.
**Konrad ist nicht leider verreist.*
Bedauere ich, daß Konrad verreist ist? (Selbstbefragung)
**Ist Konrad leider verreist?*

Die Unterschiede im kontextuellen Verhalten der positionalen Matrixsätze und Satzadverbien sind nicht auf Negation und Fragebildung beschränkt. Wie folgende Beispiele zeigen, können die in den Matrixsätzen identifizierten Einstellungen u. U. ihrerseits zum Gegenstand anderer Einstellungen werden:

Ich vermute wahrscheinlich, daß Konrad verreist ist. (Selbstüberprüfung);

dieselbe Kombination von Einstellungen ist ohne Matrixsatz nicht akzeptabel:

**Konrad ist wahrscheinlich vermutlich verreist.*

Die Kombinierbarkeit unterschiedlicher Einstellungen wird allerdings auch von der Spezifik der betroffenen Einstellungen bestimmt. So ist z. B.

Konrad ist leider vermutlich verreist.

nicht abweichend, obwohl beide Einstellungen nur durch Satzadverbien identifiziert werden. Wie der Vergleich der beiden vorigen Beispiele zeigt, kann die Verwendungsbeschränkung aber auch von nichts anderem als der Form des positionalen Ausdrucksmittels abhängen. Das unterschiedliche Verhalten satzartiger gegenüber nichtsatzartigen positionalen Ausdrucksmitteln zwingt uns zu einer präziseren Bedeutungsanalyse von vermeintlich bedeutungsgleichen Matrixsätzen und Satzadverbien. Ich will mit einer vergleichenden Analyse einiger nichtsatzartiger positionaler Ausdrucksmittel beginnen.

Die Tatsache, daß Satzadverbien, Negation und Frageform auf analoge Weise den relevanten Kontext bilden, an dem der Unterschied zwischen positionalen Matrixsätzen und Satzadverbien sichtbar wird, läßt auf Gemeinsamkeiten in der Bedeutung dieser drei Klassen von Ausdrucksmitteln schließen. Bei nicht-positionalen Ausdrucksmitteln zeitigen sie auch dann keine vergleichbare Wirkung, wenn diese z. B. wie „nur" in adverbieller Form verwendet werden; vgl.

Ist Konrad nur verreist?
Konrad ist nicht nur verreist.
Konrad ist wahrscheinlich nur verreist.[8]

[8] In diesem Fall wird „nur" im Sinne von H. ALTMANN (1976) als Gradpartikel interpretiert. Gradpartikeln beziehen sich auf die quantitativen Aspekte der Bedeutung aus ihrer Bezugskonstituente und setzen diese zu anderen quantitativen Vorstellungen in Beziehung. Dasselbe Lexem kann u. U. als Gradpartikel oder als koordinative Einstellungspartikel verwendet werden; man vgl.

Ich bin nur müde.
Nur, ich bin müde.

Als KEP teilt „nur" die Kontextrestriktionen von Satzadverbien wie „vermutlich".

Die gemeinsame Kontextsensitivität gegenüber Satzadverbien, Negation und Fragen kann also als ein Beweis dafür angesehen werden, daß neben den ganz offensichtlich positionalen Satzadverbien auch Negation und Frage positionale Ausdrucksmittel sind. Nicht nur mit *Konrad ist vermutlich verreist.*, auch mit

Konrad ist nicht verreist.

und

Ist Konrad verreist?

werden Einstellungen ausgedrückt. (Allerdings muß die Satznegation nicht in jedem Fall eine Einstellung ausdrücken; vgl. dazu 7.2.)

Die Hypothese, daß Negation und Frageform ihrerseits positionale Ausdrucksmittel sind, kann kaum aufrecht erhalten werden, wenn man sie nicht auf jene Ausdrucksmittel ausdehnt, zu denen sie in unmittelbarer Opposition stehen: die affirmative, genauer gesagt: nicht negierte Satzform und die Aussageform. Daß auch mit

Konrad ist verreist.

eine Einstellung ausgedrückt wird, die sich gegebenenfalls mit der Spezifik anderer Einstellungen nicht verträgt, zeigen Verwendungsbeschränkungen von EP, die an die positionale Spezifik der Frageform oder aber der Negation gebunden sind; man vgl.

Ist Konrad etwa verreist?
**Konrad ist etwa verreist.*
Konrad ist nicht etwa verreist.

Die Einstellungen, die durch die Satznegation und die affirmative Satzform spezifiziert werden, sind epistemische Einstellungen. Sie gelten dem Bestehen des Sachverhalts, von dem in dem entsprechenden Satz die Rede ist. Mit der affirmativen Satzform wird eine positive epistemische Einstellung spezifiziert, mit der Satznegation eine negative. In *Konrad ist verreist.* ist derselbe Sachverhalt Gegenstand einer positiven epistemischen Einstellung, der in *Konrad ist nicht verreist.* Gegenstand einer negativen Einstellung ist. Die positive und die negative Einstellung sind die beiden grundlegenden epistemischen Einstellungen, die bezüglich des Bestehens eines Sachverhalts ausgedrückt werden können. Die positive Einstellung legt potentiell fest, daß ein Sachverhalt — bezogen auf eine bestimmte gegenwärtige, vergangene, zukünftige, wirkliche oder mögliche Situation — besteht, die negative, daß ein Sachverhalt — bezogen auf eine bestimmte gegenwärtige etc. — nicht besteht. (Die Aktualisierung dieser Festlegung erfolgt in Abhängigkeit vom weiteren Kontext, siehe Kapitel 3). Jede andere epistemische Einstellung bringt demgegenüber eine zusätzliche Spezifizierung zum Ausdruck: eine Graduierung der Sicherheit der Einstellung, einen Hinweis auf die Gründe für die Einstellung, eine Beziehung zu anderen Einstellungen usw. Eine Präzisierung dieser zusätzlichen Spezifizierungen soll im Rahmen dieser Arbeit nur für die Bedeutungen der Einstellungspartikeln erfolgen. In allen anderen Fällen wird die Spezifik der jeweiligen Einstellung nur durch die Schreibung mit Großbuchstaben angegeben.

Die positionalen Bedeutungen von *Konrad ist verreist.*, *Konrad ist nicht verreist.*, *Konrad ist vermutlich verreist.* lassen sich verallgemeinern als eine durch die jeweilige epistemische Einstellung, E_i, spezifizierte Relation zwischen einem Einstellungsträger, x, und dem Sachverhalt, p, dem die Einstellung gilt: $E_i(x, p)$. E_i wird dabei entweder durch die Bedeutung von „vermutlich“, durch die Satznegation oder durch die affirmative Satzform spezifiziert. In allen drei Fällen ist der Einstellungsträger identisch mit dem Sprecher, *s*, des jeweiligen Satzes: $x = s$. Dies ist jedoch nicht der Fall in einem Satz wie *Ist Konrad verreist?* Nun könnte man einfach annehmen — wie es in der Regel auch geschieht —, daß die affirmative Satzform an den Aussagesatz gebunden ist und daß mit einem Fragesatz gar keine Einstellung ausgedrückt wird. Dies würde dann auch erklären, warum Fragesätze mit positionalen Ausdrücken wie **Ist Konrad vermutlich verreist?* nicht akzeptiert werden. Dagegen spricht jedoch zweierlei: 1. Die Annahme, daß Fragesätze keine epistemische Einstellung ausdrücken können, würde nicht erklären, warum sich Fragesätze, Negation und Satzadverbien kontextuell gleich verhalten (wobei ja letzteren unter keinen Umständen die positionale Bedeutung abgesprochen werden könnte). 2. Es gibt Fragesätze, mit denen unmißverständlich Einstellungen ausgedrückt werden; man vgl. Sätze wie

Ist Konrad vielleicht verreist?
Ist Konrad wirklich verreist?
Ist Konrad nicht verreist?

Man kann deshalb davon ausgehen, daß auch mit Fragen wie *Ist Konrad verreist?* eine Einstellung ausgedrückt wird. Die „affirmative“ Satzform identifiziert hier — wie in *Konrad ist verreist* — eine positive epistemische Einstellung. Der Unterschied zwischen beiden Sätzen läßt sich zunächst als ein Unterschied in der Spezifizierung des Einstellungsträgers fassen. Die Aussageform identifiziert *x* mit dem Sprecher, die Frageform läßt *x* unspezifiziert. Der Kürze halber soll der Begriff der „affirmativen Satzform“ auch für den Kontext von Fragesätzen beibehalten werden. Wie ein Vergleich mit den anderen positionalen Ausdrucksmitteln zeigt, ist damit jene Klasse von Sätzen erfaßt, die durch die Abwesenheit jeglichen positionalen Ausdrucksmittels, oder anders ausgedrückt, durch ein positionales Null-Morphem gekennzeichnet ist.

2.2. Da Hypothesen über eine weitere Präzisierung der positionalen Bedeutungen von Fragen und Aussagen nur mit zusätzlichen empirischen Daten begründbar sind, will ich die Argumentation dazu vorübergehend unterbrechen und zu der Fragestellung zurückgehen, die der Anlaß für die Beschäftigung mit Negation und Frageform war: das unterschiedliche kontextuelle Verhalten von vermeintlich bedeutungsgleichen positionalen Matrixsätzen und Satzadverbien. Aus den Annahmen über eine positionale Bedeutung von Ausdrucksmitteln wie Satznegation, affirmative Satzform, Aussage- und Frageform folgt nämlich, daß die vermeintlich bedeutungsgleichen positionalen Matrixsätze und Satzadverbien gar nicht bedeutungsgleich sind. Wenn es richtig ist, daß die Frage- und Aussageform, Satznegation und affirmative Satzform epistemische Einstellungen bestimmen, dann haben Sätze, die bestimmte Einstellungen eines bestimmten Einstellungsträgers identifizieren, kurz: Einstellungssätze, z w e i positionale Bedeutungen.

Zur Demonstration diene der Fall, in dem zwei Einstellungsträger unterschieden werden können. Mit der Bedeutung eines Satzes wie

Nina vermutet, daß Konrad verreist ist.

wird ein Sachverhalt identifiziert, der durch eine bestimmte Einstellung, VERMUTEN, eines bestimmten Einstellungsträgers, NINA, zu dem mit dem Nebensatz erfaßten Sachverhalt charakterisiert ist. Daß dieser Einstellungssachverhalt seinerseits Gegenstand einer epistemischen Einstellung ist, kann man sich am besten klarmachen, wenn man den Matrixsatz um ein epistemisches Satzadverb erweitert:

Nina vermutet wahrscheinlich, daß Konrad verreist ist.

Die als WAHRSCHEINLICH spezifizierte Einstellung ist auf Grund der Aussageform als Einstellung des Sprechers bestimmbar. Analog dazu spezifiziert die affirmative Satzform *Nina vermutet, daß Konrad verreist ist.* eine positive Einstellung, die wiederum wegen der Aussageform die Einstellung des Sprechers ist. In

Ich vermute, daß Konrad verreist ist.

ist die durch *vermuten* spezifizierte Einstellung wegen des Pronomens in der ersten Person Singular dem Sprecher zugeordnet. Durch die affirmative Aussageform des Satzes wird dem Sprecher aber zugleich eine positive Einstellung zu dem Einstellungssachverhalt zugeordnet, in dem er selbst der Einstellungsträger ist. Wenn man den Sachverhalt einer Einstellung eines Einstellträgers zu einem anderen Sachverhalt, also $E_i(x, p)$ mit „ ε" zusammenfaßt, dann läßt sich der Unterschied zwischen einem Einstellungssatz und einem scheinbar bedeutungsgleichen Satzadverb wiedergeben mit

$$E_i(x, \varepsilon)$$

und

$$E_i(x, p)\ .$$

Ich will die Bedeutung eines Satzes, durch die ein Sachverhalt identifiziert wird, dem eine Einstellung gelten kann, seine „propositionale Bedeutung" nennen.[9] Einstellungssätze haben zwei propositionale Bedeutungen, von denen die übergeordnete positional ist. (Alle nicht-satzartigen positionalen Ausdrucksmittel haben demgegenüber nur eine nicht-propositionale positionale Bedeutung.[10]) Wie die Gegenüberstellung der satzartigen und nicht-satzartigen positionalen Ausdrucksmittel in den Beispielsätzen zeigte, treten bei der Kombination von positionalen Bedeutungen immer da Verwendungsbeschränkungen auf, wo es sich durchweg um nicht-propositionale positionale Bedeutungen handelt. Propositionale positionale Bedeutungen lassen sich mit nicht-propositionalen positionalen Bedeutungen kombinieren. Würde man sprachlich realisierte Bedeutung nicht als eigenständig ansehen und keinen Unterschied zwischen der Bedeutung und den durch sie identifizierten Dingen und Sachverhalten machen, so könnte man nicht zwischen einer propositionalen und einer nicht-propositionalen positionalen Bedeutung unterscheiden, da ja beide die Einstellung eines Einstellungsträgers zu einem Sachverhalt identifizieren. Nur die Art

[9] Obwohl der logische Terminus „Proposition" bei der Beschreibung von Satzbedeutung heute weit verbreitet ist, ergeben sich aus der Gleichsetzung einer Proposition mit der Bedeutung eines Aussagesatzes einige Probleme, die u. a. eine Modifizierung des Terminus, z. B. als „propositionaler Gehalt" oder „propositionale Bedeutung", wünschenswert gemacht haben. Insbesondere die Existenz verschiedener Satzmodi hat Sprachwissenschaftler, wie z. B. WUNDERLICH, dazu bewogen, verschiedene Arten von propositionalen Gehalten zu unterscheiden. Wie die weiteren Ausführungen zeigen werden, handelt es sich aber gerade bei der Satzmodi nicht um verschiedene Arten von propositionalem Gehalt, sondern entweder um verschiedene Arten von Einstellungen zu dem mit der propositionalen Bedeutung erfaßten Sachverhalt oder um verschiedene Relationen zwischen solchen Einstellungen und ihrem Einstellungsträger.

[10] Der Terminus ist nicht besonders „schön", scheint aber in dieser oder einer ähnlichen Form für die Hervorhebung des Bedeutungsunterschieds zwischen satzartigen und nicht-satzartigen Ausdrucksmitteln unumgänglich. Wenn ich im selben Sinn gelegentlich von propositional realisierten Einstellungen spreche, so ist dies nicht mit dem in der Literatur gebräuchlichen Begriff der „propositionalen Einstellung" zu verwechseln (vgl. dazu 6.1.).

und Weise, mit der diese Identifizierung erfolgt, ist gemäß den Eigenschaften der verschiedenen sprachlichen Ausdrucksmittel unterschiedlich.

3. Wörtliche und indirekt realisierte Einstellungen

Von den verschiedenen Kombinationsmöglichkeiten zwischen Frage- und Aussageform, affirmativer Satzform und Negation ist bisher die Kombination von Frageform und Negation aus der Betrachtung ausgeklammert geblieben, da sie einen besonderen Fall darstellt. Mit einem Satz wie

Ist Konrad nicht verreist?

wird nicht nur die Möglichkeit einer negativen epistemischen Einstellung in Betracht gezogen, es wird zugleich eine alternative Einstellung des Sprechers zu verstehen gegeben. Der Sprecher ist (oder war zumindest bis zur Sprechzeit) der Meinung, daß Konrad verreist sei. Zum Zeitpunkt des Sprechens hat er Gründe, diese seine Meinung in Frage zu stellen und die gegenteilige Einstellung als eine Möglichkeit in Betracht zu ziehen. Sätze wie diese identifizieren zwei (alternative) Einstellungen: diejenige, die durch das Ausdrucksmittel der Negation wörtlich ausgedrückt wird, und eine ihr entgegengesetzte, die durch die Kombination von Negation und Frageform indirekt ausgedrückt wird.

Die Besonderheit zweier alternativer Einstellungen ist nicht auf die negierten Fragen beschränkt. Auch Aussagesätze mit Frageintonation dienen dem Ausdruck von zwei alternativen Einstellungen; man vgl.:

Konrad ist verreist?

Die Verteilung der beiden Einstellungen verhält sich in der zweiten Frage genau umgekehrt zu der in der ersten. Der Sprecher ist (oder war zumindest bis zur Sprechzeit) nicht der Meinung, daß Konrad verreist sei. Zum Zeitpunkt des Sprechens hat er Gründe, dies in Frage zu stellen. Die affirmative Satzform drückt wörtlich eine positive epistemische Einstellung aus, die Kombination von Aussagesatz mit Frageintonation indirekt eine negative.

In beiden Fällen wird dem Sprecher nicht die Einstellung zugeordnet, die von den positionalen Ausdrucksmitteln der beiden Sätze wörtlich spezifiziert wird, sondern die indirekt ausgedrückte Einstellung. Die Menge der Fälle, mit denen Einstellungen indirekt ausgedrückt werden, wird in der Folge noch zu erweitern sein. An dieser Stelle sollen die angeführten Beispiele nur darauf aufmerksam machen, daß die mit einem Satz ausgedrückte Sprechereinstellung nicht immer die Einstellung ist, die von den positionalen Ausdrucksmitteln des Satzes wörtlich bestimmt wird.

Es können also auch mit Fragen Sprechereinstellungen ausgedrückt werden, wenn diese auch einen weniger bestimmten Charakter haben als Sprechereinstellungen, die mit Aussagen ausgedrückt werden; man vgl. die negative Sprechereinstellung, die mit der zweiten Frage zu verstehen gegeben ist, mit der negativen Sprechereinstellung, die durch

Konrad ist nicht verreist.

bestimmt wird; oder die positive Sprechereinstellung, die mit der ersten Frage gegeben ist, mit der positiven Sprechereinstellung, die durch

Konrad ist verreist.

ausgedrückt wird. Es ist nicht zu verkennen, daß die Sprechereinstellung durch den Kontext einer Frage zur Annahme abgeschwächt wird, zu einer Einstellung, die die alternative Möglichkeit nicht mehr vollkommen ausschließt. Man könnte diesen Unterschied in den positionalen Bedeutungen von Fragen und Aussagen durch einen Unterschied in der Spezifizierung der Sprechereinstellung beschreiben, etwa durch „Sprecherannahme" im Kontext von Fragen gegenüber „Sprecherwissen" im Kontext von Aussagen. Dagegen spricht die Tatsache, daß Sprecherannahmen auch im Kontext von Aussagen stehen können; man denke z. B. an Sätze mit „vielleicht". Wenn solche Sätze dann, wie es bei *Konrad ist vielleicht verreist* tatsächlich möglich ist, als Fragen verwendet werden, müßte ihre positionale Bedeutung als Sprecherannahme im Kontext einer Frage beschrieben werden. Damit erhielten *Ist Konrad vielleicht verreist?* und *Ist Konrad nicht verreist?* dieselbe Interpretation, was jeder Intuition über die Bedeutung dieser Sätze widerspräche. Man kann derlei Irrwege vermeiden, wenn man die Erkenntnis, daß komplexere Bedeutung immer aus einfacheren Bedeutungselementen aufgebaut ist und daß einem bestimmten Ausdrucksmittel in der Regel eine (oder mehrere) bestimmte Bedeutung (Bedeutungen) zukommt, auch auf die Interpretation positionaler Ausdrucksmittel anwendet. Die affirmative Satzform identifiziert eine positive Einstellung, die Negation eine negative Einstellung, unabhängig davon, ob sie im Kontext einer Aussage- oder im Kontext einer Frageform stehen. Auch die Aussage- und Frageform haben jeweils eine bestimmte positionale Bedeutung, unabhängig davon, ob diese auf eine positive oder negative Einstellung projiziert wird. Im vorigen Kapitel wurde auf die unterschiedliche Spezifizierung des Einstellungsträgers durch die Aussage- und Frageform eines Satzes hingewiesen. Durch die Aussageform wird der Einstellungsträger mit dem Sprecher identifiziert, durch die Frageform bleibt der Einstellungsträger unspezifiziert. Wenn man diese Festlegung auf Fälle wie *Ist Konrad nicht verreist?* und *Konrad ist verreist?* anwendet, bei denen derselbe Sachverhalt Gegenstand von zwei alternativen Einstellungen ist, so kann man feststellen, daß die Frageform dieser Sätze über die Spezifizierung der wörtlich realisierten Einstellung entscheidet: die wörtlich realisierte negative Einstellung der ersten Frage und die wörtlich realisierte positive Einstellung der zweiten Frage bleiben bezüglich ihres Einstellungsträgers unspezifiziert. Daß es aber auch die Satzform ist, die über die Spezifizierung des Einstellungsträgers der zweiten, alternativen Einstellung der beiden Fragen entscheidet, wird erst deutlich, wenn man Fragen mit alternativen Einstellungen (zum selben Sachverhalt) Aussagen mit alternativen Einstellungen (zum selben Sachverhalt) gegenüberstellt. Aussagen mit alternativen Einstellungen sind z. B. Aussagesätze, die kontrastierte Konstituenten enthalten. So wird durch einen Satz wie

Konrad ist n i c h t verreist.

neben der wörtlich realisierten negativen Einstellung noch eine positive Einstellung mit zu verstehen gegeben (der der Sprecher seine eigene, die wörtlich realisierte negative Einstellung, entgegenhält). Die Aussageform dieses Satzes bestimmt den Sprecher als Träger der wörtlich realisierten Einstellung. Sie legt damit aber auch seine Beziehung zu der alternativen Einstellung fest. Im Kontext einer Frageform läßt der Sprecher die seiner Einstellung entgegengesetzte Einstellung noch als Möglichkeit zu; im Kontext einer Aussageform schließt der Sprecher eine alternative Einstellung aus. Aussage- und Frageform können damit generell als Ausdrucksmittel aufgefaßt werden, deren Bedeutung die Beziehung des Sprechers zu den mit einem Satz realisierten Einstellungen bestimmt. Sie entscheiden nicht nur darüber, ob der Sprecher selbst als Träger einer Einstellung identifiziert werden muß, sondern auch darüber, ob der Sprecher eine alternative Einstellung zuläßt oder ausschließt; d. h. sie drücken insgesamt die Meinung des Sprechers über die Richtigkeit der Einstellung aus. Die Bedeutungen der Aussage- und Frageform sind diesbezüglich als zwei einander ausschließende Relationen zwischen dem Sprecher und dem Einstellungssachverhalt $E_i(x, p)$, kurz: ε, bestimmbar. Die Aussageform eines Satzes bestimmt eine „assertive" Relation[11] zwischen dem Sprecher und ε: *Ass*(s, ε), d. h. der Sprecher bestätigt die Richtigkeit der Einstellung E_i zu p; er schließt das Gegenteil zu E_i aus. Die Frageform bestimmt eine „nicht-assertive" Relation zwischen dem Sprecher und ε: *nicht-Ass*(s, ε), d. h. der Sprecher bestätigt die Richtigkeit der Einstellung E_i zu p nicht; er läßt das Gegenteil zu E_i zu. (Zusätzliche Einstellungen, wie etwa intentionale Einstellungen, die für die Bedeutung der Frageform noch anzunehmen sind, seien der Einfachheit halber vernachlässigt.)

Aus den für Frage- und Aussageform spezifischen Assertionsrelationen folgen die Regeln über die Spezifizierung der Einstellungsträger.[12]

R1 (a) Im Kontext von *Ass* wird die wörtlich realisierte Einstellung dem Sprecher zugeordnet: $x = s$;
(b) eine indirekt realisierte Einstellung wird vom Sprecher ausgeschlossen. Ihr Einstellungsträger ist ein anderer als der Sprecher: $y =$ *nicht-s*.

R2 (a) Im Kontext von *nicht-Ass* wird die wörtlich realisierte Einstellung keinem Einstellungsträger zugeordnet: $x = x$;
(b) eine indirekt realisierte Einstellung wird dem Sprecher zugeordnet: $y = s$.

Im Hinblick auf Sätze wie

Konrad ist n i c h t verreist.

[11] Der Begriff des Assertierens wird heute besonders im Rahmen handlungstheoretisch orientierter Modelle in der Sprachwissenschaft verwendet, die Sprache unter dem Aspekt von Sprechakten, von Sprechen als Handeln, untersuchen (vgl. dazu z. B. SEARLE 1969). Unter den nahezu unbegrenzt vielen verschiedenen Sprechakten, die unterschieden werden können, dürfte die Assertion der Akt sein, der für jeden anderen Sprechakt konstitutiv ist. Entweder wird das, was geäußert wird, von demjenigen, der es äußert, assertiert, oder es wird von ihm nicht assertiert. Obwohl die Assertion ein Schlüsselbegriff für den Bedeutungsbereich ist, von dem alle folgenden Kapitel handeln, halte ich seine handlungstheoretische Interpretation für einen möglichen, aber keinesfalls notwendigen Schritt in der Behandlung linguistischer Probleme. Die sprachlichen Ausdrucksmittel, die zur Realisierung von bestimmten Sprechakten beitragen, bilden eine heterogene Klasse, die in ihrer Gesamtheit kaum etwas von dem zu erfassen erlaubt, was für ihre einzelnen Elemente im Rahmen des Sprachsystems wesentlich ist. Zwischen den verschiedenen Elementen des hier einschlägigen Bedeutungsbereichs bestehen im Prinzip dieselben ein- oder ausschließenden Beziehungen, wie zwischen den Elementen anderer Bedeutungsbereiche (auch wenn möglicherweise z. B. der Bereich lokaler Dimensionen weniger komplex strukturiert ist als der von Sprechakten). Die Sprechakttheorie liefert für die Explikation der Eigenschaften des epistemischen Bedeutungsbereichs genau so viel und so wenig Einsichten wie eine Theorie lokaler Dimensionen für die Explikation der Eigenschaften dieses Bedeutungsbereichs.

[12] Die Zuordnung von R1 und R2 zur Frage- und Aussageform von Sätzen muß in der Folge noch präzisiert werden, da die sprachlichen Ausdrucksmittel für Fragen und Aussagen noch zu differenzieren sind.

folgt R1 (b) rein logisch aus R1 (a), da man nicht zugleich eine Einstellung als richtig bestätigen und ihr Gegenteil weiterhin als möglich zulassen kann. R2 (b) folgt aus R2 (a) nicht rein logisch. Wenn man eine Einstellung nicht als richtig bestätigt, muß man keinesfalls ihr Gegenteil richtig finden. Logisch folgt daraus nur, daß man das Gegenteil nicht ausschließt. Dennoch ist zu konstatieren, daß R2 (b) immer zusammen mit R2 (a) auftritt, wenn neben der wörtlich realisierten Einstellung im Kontext von *nicht-Ass* noch eine indirekt realisierte Einstellung im Spiel ist. R2 (b) folgt nicht aus allgemeinlogischen, sondern aus sprachlogischen Gründen aus R2 (a). Zwar gibt es auf Grund der expliziten Ausdrucksform satzartiger positionaler Ausdrucksmittel die Möglichkeit, Einstellung auch anderen Einstellungsträgern zuzuordnen, doch verschwindet diese Möglichkeit nahezu ganz, wenn es um nicht-satzartige positionale Ausdrucksmittel geht. Der Einstellungsträger aus der propositionalen positionalen Bedeutung ist in der Regel wörtlich spezifiziert; die Spezifizierung des Einstellungsträgers aus der nicht-propositionalen positionalen Bedeutung erfolgt — wie in R1 und R2 angegeben — indirekt, in Abhängigkeit von Aussage- und Frageform. Der indirekt spezifizierte Einstellungsträger aber ist, wegen der primären Ich- und Jetzt-Bezogenheit jedes Satzes mit Aussage- und Frageform, zunächst der Sprecher. Andere Einstellungsträger (der Hörer, ein Dritter, die Allgemeinheit und dergleichen), auf deren Einstellungen der Sprecher gegebenenfalls mit seiner Einstellung Bezug nimmt, kommen für eine indirekte Spezifizierung nur als zusätzliche Einstellungsträger in Betracht. Ist der Sprecher auf Grund der nicht-assertiven Relation nicht auf die wörtlich realisierte Einstellung festgelegt, dann ist er derjenige, dem die indirekt realisierte Einstellung zugeordnet wird (R2 (b)); ist der Sprecher auf Grund der assertiven Relation bereits auf die wörtlich realisierte Einstellung festgelegt, dann muß die indirekt realisierte Einstellung einem anderen zugeordnet werden (R1 (b)).

Um die bisher getroffenen Festlegungen etwas augenfälliger zu machen, möchte ich die bereits eingeführten Schreibkonventionen nutzen und die positionale Bedeutung der Sätze

Ist Konrad nicht verreist?
Konrad ist verreist?
Konrad ist n i c h t verreist.

noch einmal in übersichtlicher Form gegeneinander stellen. Die positionale Bedeutung des ersten Satzes wäre nach den bisherigen Annahmen mit

nicht-Ass(s, (neg(x, p))) und pos(s, p)

zu beschreiben, wobei der erste Ausdruck die wörtlich realisierte Bedeutung, der zweite die indirekt realisierte Bedeutung wiedergibt. Der zweite Satz hat dieselbe Bedeutungsstruktur, jedoch mit entgegengesetzt verteilten Einstellungen:

nicht-Ass(s, (pos(x, p))) und neg(s, p) .

Der letzte Satz verteilt die Einstellungsträger umgekehrt, wobei der nicht näher spezifizierbare Einstellungsträger der indirekt realisierten Einstellung zumindest als Nicht-Sprecher identifizierbar ist:

Ass(s, (neg(s, p))) und pos(nicht-s, p).

Die Strukturen beruhen auf der syntaktischen Integration der Bedeutung der einzelnen positionalen Ausdrucksmittel; im letzten Fall also z. B. aus

Aussageform: *Ass(s, ε)*, wobei $\varepsilon = E_i(x, p)$,
Negation: *neg(x, p)*,
Kontrastakzent: *nicht-E_i(x, p)*, wobei *nicht-E_i* die Alternative zur wörtlich realisierten Einstellung ist.

(Eine Präzisierung der Integrationsschritte erfolgt in einem späteren Kapitel.)

Da die bestätigende oder nicht-bestätigende Relation, die durch die Aussage- und Frageform eines Satzes festgelegt wird, immer die Beziehung des Sprechers zu ε bestimmt, will ich in der Folge der Einfachheit halber auf die Angabe des Sprechers in diesem Ausdruck verzichten und die bestätigende oder nicht-bestätigende Relation auf einen einstelligen Ausdruck verkürzen: *Ass(ε)*. Der Einstellungsträger der wörtlich oder indirekt realisierten Einstellung sei im Interesse einer übersichtlicheren Darstellung in Form eines Index zur jeweiligen Einstellung hinzugefügt. Mit dieser Vereinfachung, die nur die Schreibweise, nicht die Interpretation der Ausdrücke betrifft, wird z. B. die Bedeutungsstruktur von *Konrad ist n i c h t verreist.* zu

$$Ass(neg_s(p)) \text{ und } pos_{nicht\text{-}s}(p) \;.$$

4. Performativität

In der Ich- und Jetzt-Bezogenheit jener positionalen Ausdrucksmittel, durch die die indirekten Spezifizierungsmöglichkeiten der Einstellungsträger so stark eingeschränkt werden, manifestiert sich die primäre Ich- und Jetzt-Bezogenheit allen Denkens und Handelns. In handlungstheoretischen Arbeiten ist es üblich geworden, diesen Aspekt der Sprache an das Konzept der Äußerung zu binden und die den Vollzug einer Äußerung anzeigenden Ausdrucksmittel als performativ oder performativ verwendete Elemente von den anderen zu unterscheiden. Die Erkenntnis, daß scheinbar bedeutungsgleiche satzartige und nicht-satzartige positionale Ausdrucksmittel (wie *Ich vermute, daß Konrad verreist ist.* und *Konrad ist vermutlich verreist.*) den Vollzug ein- und derselben (sprachlichen) Handlung anzeigen, nützt aber nichts, wenn man die in Kapitel 3 illustrierten Verwendungsunterschiede zwischen diesen Mitteln erklären will. Wenn sie — scheinbar — denselben Einstellungssachverhalt identifizieren und denselben Sprechakt anzeigen, warum unterliegen sie dann nicht auch denselben Verwendungsbedingungen? Die umgekehrte Blickrichtung ist die richtige. Nicht vom Typ der sprachlichen Handlung, nicht vom sprachlich identifizierten Sachverhalt, kurz: vom Außersprachlichen zu den Eigenschaften sprachlicher Elemente, sondern von den Eigenschaften der sprachlichen Elemente selbst haben wir auszugehen, wenn wir ihre Spezifika adäquat beschreiben und erklären wollen. Die Tatsache, daß bestimmt sprachliche Elemente prinzipiell nicht miteinander kombinierbar sind, beruht nicht auf der außersprachlichen Spezifik der Sprechhandlungen, die durch diese sprachlichen Elemente angezeigt werden, sondern auf der sprachlichen Spezifik ihrer Bedeutung. Dabei ist, wie die folgenden Überlegungen zeigen sollen, nicht die Ich- und Jetzt-Bezogenheit der Bedeutung bestimmter Ausdrucksmittel das Entscheidende, sondern generell die indirekte Form der Spezifizierung variabler Bedeutungsanteile.

Zunächst seien die im vorigen Kapitel gewonnenen Erkenntnisse über die Bedeutung der Aussage- und Frageform auf den Fall der Einstellungssätze übertragen. Sie realisieren, wie bereits festzustellen war, über die propositionale positionale Bedeutung hinaus zugleich auch eine nicht-propositionale Bedeutung, deren Einstellungsträger wie bei jeder anderen nicht-propositionalen positionalen Bedeutung primär der Sprecher ist. In Abhängigkeit von der Aussage- und Frageform des Satzes wird auch in diesem Fall die Meinung des Sprechers über die Richtigkeit der nicht-propositionalen positionalen Bedeutung festgelegt. Repräsentiert man die Spezifik der mit „vermutlich" oder „vermuten" identifizierten Einstellung durch „VERMUTUNG", so läßt sich die positionale Bedeutung des Satzes *Konrad ist vermutlich verreist.* mit

$$Ass(VERMUTUNG_s(p))$$

wiedergegeben. Demgegenüber lautet die nicht-propositionale positionale Bedeutung aus

Ich vermute, daß Konrad verreist ist.

auf Grund der affirmativen Aussageform des Satzes:

$$Ass(pos_s(\varepsilon))$$

und die nicht-propositionale positionale Bedeutung aus

Vermute ich, daß Konrad verreist ist?

auf Grund der Frageform des Satzes:

$$nicht\text{-}Ass(pos_x(\varepsilon)) \ .$$

Die gesamte positionale Bedeutung ist also im ersten Fall eine vom Sprecher als richtig bestätigte positive Einstellung zu ε und im zweiten eine positive Einstellung zu ε, deren Richtigkeit vom Sprecher nicht bestätigt wird.

Man könnte nun annehmen, daß *ε als* $VERMUTUNG_s(p_{NS})$ auszubuchstabieren ist (wobei p_{NS} die propositionale Bedeutung des Nebensatzes ist). Aber auch die durch das Prädikat des Matrixsatzes spezifizierte positionale Bedeutung identifiziert nicht nur eine bestimmte Einstellung, sondern zugleich die Meinung des Einstellungsträgers über die Richtigkeit dieser Einstellung. Das wird deutlich, wenn man an die Stelle von „vermuten" ein anderes positionales Ausdrucksmittel setzt, wie z. B. in

Ich frage mich, ob Konrad verreist ist.

Der Einstellungsträger der propositionalen positionalen Bedeutung, kurz: der propositionale Einstellungsträger (wegen des Pronomens in der ersten Person Singular der Sprecher) bestätigt das Bestehen des mit dem Nebensatz identifizierten Sachverhalts nicht, er läßt vielmehr offen, ob eine positive oder negative Einstellung dazu die richtige ist. Demgegenüber bestätigt der Sprecher mit *Ich vermute, daß* . . . das Bestehen des mit dem Nebensatz identifizierten Sachverhalts, wenn auch nur in dem Maße, in dem dies mit einer als Vermutung spezifizierten Einstellung möglich ist. Ich will den Begriff des Bestätigens hier wegen der Analogie zwischen der propositionalen und nichtpropositionalen positionalen Bedeutung weiter verwenden, obwohl er nicht nur eine epistemische Einstellung identifiziert, sondern auch eine Verbalisierung dieser Einstellung, und letzteres nur auf die nicht-propositionale positionale Bedeutung notwendigerweise zutrifft. Daß der Unterschied bezüglich einer Verbalisierungskomponente (die für die „Performativität" in sprechakttheoretischer Sicht aufkommen müßte) keine große Rolle spielen kann, erhellt aus der Analogie der Verwendungsbeschränkungen für positionale Ausdrucksmittel im Kontext von satz(glied)artigen und nicht-satz(glied)artigen Frageformen, von der noch zu sprechen sein wird.

Man kann also annehmen, daß die propositionale positionale Bedeutung im Prinzip aus denselben Elementen besteht, wie die nicht-propositionale positionale Bedeutung: aus einer assertiven oder nicht-assertiven Relation zwischen einem Einstellungsträger und einem Einstellungssachverhalt; im Fall der nicht-propositionalen positionalen Bedeutung betrifft der Einstellungssachverhalt die Einstellung eines indirekt spezifizierten Einstellungsträgers zu dem mit dem restlichen Satz identifizierten Sachverhalt. Im Fall der propositionalen positionalen Bedeutung betrifft er die Einstellung des propositionalen Einstellungsträgers zu dem mit dem Nebensatz identifizierten Sachverhalt. Die assertive oder nicht-assertive Relation wird dem Einstellungsträger zugeordnet, der mit dem Subjekt des Matrixsatzes identifiziert ist, dem propositionalen Einstellungsträger. Der propositionale Einstellungsträger wird in

Nina vermutet, daß Konrad verreist ist.

als NINA identifiziert. Der Sprecher bestätigt, daß Nina den mit dem Nebensatz erfaßten Sachverhalt, p_{NS}, als vermutlich bestehend ansieht. Mit

Nina fragt sich, ob Konrad verreist ist.

bestätigt der Sprecher, daß Nina offenläßt, ob der mit p_{NS} identifizierte Sachverhalt besteht oder nicht.

Die propositionale assertive/nicht-assertive Relation soll durch einen Index p von der nicht-propositionalen Relation unterschieden werden: Ass_p/$nicht\text{-}Ass_p$. Da jeder Einstellungssatz zwei positionale Bedeutungen realisiert, eine propositionale und eine nicht-propositionale positionale Bedeutung, sind für die Beschreibung der gesamten positionalen Bedeutungen von Einstellungssätzen relativ komplexe Ausdrücke notwendig, auch dann wenn die Spezifik der durch das Prädikat des Matrixsatzes realisierten Einstellung noch nicht erschöpfend detailliert wiedergegeben wird.

Das Prädikat des Matrixsatzes von *Ich vermute, daß* . . . legt eine propositionale assertive Relation fest:

$$Ass(pos_s(Ass_p(VERMUTUNG_s(p_{NS})))) \,,$$

das Prädikat des Matrixsatzes von *Ich frage mich, ob* . . . eine propositionale nicht-assertive Relation:

$$Ass(pos_s(nicht\text{-}Ass_p(pos_x(p_{NS}))))$$

Die Aussageform beider Sätze bestimmt eine nicht-propositionale assertive Relation. Die Frageform in *Vermute ich, daß Konrad verreist ist?* bestimmt eine nicht-propositionale nicht-assertive Relation:

$$nicht\text{-}Ass(pos_x(Ass_p(VERMUTUNG_{Nina}(p_{NS})))) \,.$$

Anstelle der positiven nicht-propositionalen Einstellung können andere stehen:

Nina vermutet nicht, daß Konrad verreist ist.
$Ass(neg_s(Ass_p(VERMUTUNG_{Nina}(p_{NS})))) \,.$

Durch die Kombination bestimmter positionaler Ausdrucksmittel, wie z. B. Frageform und Negation, können wiederum indirekt zusätzliche Einstellungen realisiert werden, deren Einstellungsträger gemäß R2 (b) der Sprecher ist; mit

Nimmst du nicht an, daß Konrad verreist ist?

gibt der Sprecher zu verstehen, daß der Hörer, *h*, seiner Meinung nach annehmen müßte oder könnte, daß Konrad verreist ist:

$$nicht\text{-}Ass(neg_x(ANNAHME_h(p_{NS})))\ und\ pos_s(Ass_p(dt.))\ .$$

Mit

Du nimmst an, daß Konrad verreist ist?

gibt der Sprecher zu verstehen, daß ihn die Möglichkeit, die mit der wörtlichen Bedeutung erfaßt ist, überrascht, daß er dies nicht gedacht hätte:

$$nicht\text{-}Ass(pos_x(Ass_p(ANNAHME_h(p_{NS}))))\ und\ neg_s(Ass_p(ANNAHME_h(p_{NS})))\ .$$

Die Annahme, daß Einstellungssätze zwei positionale Bedeutungen realisieren, die beide eine Einstellung mit einer assertiven oder nicht-assertiven Relation verbinden, erklärt nicht nur die Analogien und Unterschiede in der Interpretation von Einstellungssätzen und Satzadverbien (bzw. anderen nicht-propositionalen Mitteln); sie erklärt auch die Unterschiede und Analogien in den Verwendungsbeschränkungen von Einstellungssätzen und Satzadverbien (bzw. anderen nicht-propositionalen Mitteln). Wie bereits festzustellen war, können propositionale positionale Bedeutungen im Kontext anderer positionaler Bedeutungen verwendet werden. Eine als Vermutung spezifizierte Einstellung konnte nur dann zum Gegenstand von anderen Einstellungen werden, wenn sie durch eine propositionale Bedeutung identifiziert war. Auch für die propositional identifizierte Assertionsrelation gilt, daß sie zum Gegenstand anderer Einstellungen werden kann. Das wird augenfällig, wenn es sich um die nicht-assertive Relation handelt:

Nina fragt sich vermutlich, ob Konrad verreist ist.
Nina fragt sich nicht, ob . . .
Fragt sich Nina, ob . . .

Die Modifizierbarkeit propositionaler positionaler Bedeutung wird auch dann nicht eingeschränkt, wenn die propositionale positionale Bedeutung den Sprecher als Einstellungsträger spezifiziert, wie z. B. in

Ich frage mich vermutlich, ob Konrad verreist ist.

Der damit identifizierte Einstellungssachverhalt einer Hypothese über die eigene Einstellung dürfte zwar selten sein, die sprachliche Wohlgeformtheit des Satzes steht aber außer Zweifel.

Nicht-propositionale positionale Bedeutungen können in der Regel nicht im Kontext anderer positionaler Bedeutungen verwendet werden. Dabei spielt es offensichtlich keine Rolle, ob der positionale Kontext propositional oder nicht-propositional ist. Ein Satzadverb wie „vermutlich" kann nicht im Kontext einer nicht-assertiven Relation verwendet werden, ob diese nun nicht-propositional oder propositional realisiert wird:

**Ist Konrad vermutlich verreist?*
**Ich frage mich, ob Konrad vermutlich verreist ist.*

Die Restriktion der nicht-propositionalen positionalen Bedeutung gegenüber der propositionalen positionalen Bedeutung gilt dabei gleichermaßen, wenn der propositionale Einstellungsträger nicht der Sprecher ist, wenn der Ausdruck also nicht performativ ist:

**Nina fragt sich, ob Konrad vermutlich verreist ist.*

Damit ist ein weiterer Beweis dafür erbracht, daß das Konzept der Performativität zur Erklärung der Eigenschaften positionaler Ausdrucksmittel nicht taugt. Es kann weder den Unterschied im Verhalten propositionaler und nicht-propositionaler Bedeutungen im Kontext anderer positionaler Bedeutungen erfassen, noch die Analogie im Verhalten nicht-propositionaler Bedeutungen im Kontext von propositionalen und nicht-propositionalen positionalen Bedeutungen, da beides nicht von der Ich- und Jetzt-Bezogenheit der entsprechenden Ausdrucksmittel abhängt.

5. Der Einstellungsmodus und seine Ausdrucksmittel

5.1. Sieht man einmal vom Imperativ ab, so kann man sagen, daß jeder selbständige Satz entweder eine Aussage- oder eine Frageform hat. Bei genauer Betrachtung erkennt man, daß diesbezüglich jeweils zwei sprachliche Realisierungsformen gegeben sind: eine syntaktische und eine phonologische, die gelegentlich sogar in ihren Bedeutungen divergieren können. In der Regel bestimmt der Deklarativsatz die assertive, der Interrogativsatz die nicht-assertive Relation des Sprechers zu der mit den übrigen positionalen Ausdrucksmitteln des Satzes identifizierten Einstellung. Verbindet man aber einen Deklarativsatz mit der phonologischen Form einer (Entscheidungs-)Frage, so wird damit eine nicht-assertive Relation bestimmt:

Konrad ist verreist?

Auch der umgekehrte Fall ist nachweisbar. Interrogativsätze können, wenn sie mit einer emphatischen Intonation verbunden sind, mit der steigenden Intonation einer Entscheidungsfrage, aber auch mit der fallenden Intonation einer Aussage verwendet werden. Sie bestimmen dementsprechend entweder eine nicht-assertive Relation:

Schmeckt das gut??

oder eine assertive Relation:

Schmeckt das gut!

Letzteres wird traditionell als „Ausruf" klassifiziert. Ich will die syntaktische Aussage- und Frageform den Satzmodus nennen und ihn von der phonologischen Aussage- und Frageform unterscheiden, die mit der Satzintonation[13] gegeben ist. Die assertive/nicht-assertive

[13] Welche Form eine verbindliche Analyse der phonologischen Ausdrucksmittel für positionale Bedeutungen haben könnte, zeigt J. PHEBY (1975) anhand seiner detaillierten Studie zur Intonation und Grammatik im Deutschen. Mit einem Inventar von 5 grundlegenden Tonmustern (und einigen zusätzlichen Differenzierungen) erfaßt er 50 verschiedene „grammatische" Oppositionen, die bezüglich verschiedener einfacher und komplexer Satzklassen unterschieden werden können. Abgesehen von den Subklassifizierungen,

Relation eines Einstellungsträgers zu einer Einstellung sei mit dem Begriff des Einstellungsmodus, EM, zusammengefaßt. Der EM kann, wie bereits erläutert, durch die Bedeutung bestimmter Prädikate (d. h. lexikalisch) sowie durch den Satzmodus (syntaktisch) und die Satzintonation (phonologisch) bestimmt sein. Im ersten Fall ist er Teil einer propositionalen positionalen Bedeutung, in den beiden anderen nicht-propositional. In seiner nicht-propositionalen Variante ist der EM aus den erwähnten sprachlogischen Gründen primär an den Sprecher gebunden.

Wie die Beispielsätze zeigen, wird eine Divergenz zwischen Satzmodus und Satzintonation zugunsten der Satzintonation entschieden. Man könnte dies als ein Indiz dafür ansehen, daß der EM eines Satzes überhaupt nur durch die Satzintonation bestimmt wird, wäre nicht die positionale Bedeutung von Sätzen, in denen Satzmodus und Satzintonation divergieren, um eine zusätzliche Komponente erweitert, die durch kein anderes Mittel ins Spiel gebracht werden kann, als durch eben die Divergenz zwischen den Bedeutungen von Satzmodus und Satzintonation. Die Möglichkeit

Konrad ist verreist?

als eine Äußerung zu verstehen, mit der der Sprecher die Aussage eines anderen fragend wiederholt, weist darauf hin, daß der deklarative Satzmodus die Einstellung dem Sprecher nur potentiell zuordnet. Ist diese potentielle Assertion mit einer assertiven Satzintonation verbunden, so wird die Einstellung vom Sprecher in der Tat bestätigt. Ist die potentielle Assertion aber mit einer nicht-assertiven Satzintonation verbunden, so wird die Einstellung vom Sprecher nicht bestätigt. Man kann annehmen, daß sich der Sprecher mit seiner Nicht-Bestätigung auf die (direkte oder indirekte) Bestätigung eines anderen Einstellungsträgers bezieht. In diesem Fall wäre die potentielle Assertion, die durch den Satzmodus realisiert wird, durch die Satzintonation einem anderen Einstellungsträger zugeordnet. Da Deklarativsätze mit Frageintonation auch in anderen Sprachen indirekt zum Ausdruck alternativer Einstellungen dienen, wird die Kombination: Frage des Sprechers bezüglich eines Sachverhalts, dessen Bestätigung durch einen anderen Einstellungsträger schon erfolgt war, vermutlich aus sprachlogischen Gründen zum Ausdrucksmittel einer zusätzlichen, indirekt realisierten, alternativen Sprechereinstellung.

Die zusätzliche Bedeutung, die durch die Kombination des interrogativen Satzmodus mit einer assertiven Satzintonation entsteht, fällt demgegenüber wesentlich weniger ins Gewicht, da sich die Assertion des Sprechers, die durch die Satzintonation bestimmt wird, nur auf die (direkte oder indirekte) Frage eines anderen Einstellungsträgers bezieht. Ist die potentielle Nicht-Bestätigung des interrogativen Satzmodus mit einer interrogativen Satzintonation verbunden, so ist es der Sprecher, der die Einstellung nicht bestätigt. Ist die potentielle Nicht-Assertion des Satzmodus aber wie in „*Schmeckt das gut!*“ mit einer assertiven

die sich durch die unterschiedlichen Einbettungen eines Satzes in den weiteren Kontext ergeben, handelt es sich dabei im wesentlichen um die Unterschiede zwischen Aussage, Frage, Aufforderung, Ausruf und den diversen Möglichkeiten ihrer weiteren Differenzierung durch Emphase und Kontrastierung, also gerade um die hier unter ihrem positionalen Aspekt interessierenden Bedeutungen. Auch wenn ich die Berechtigung der auf empirischer Basis getroffenen Unterscheidungen im einzelnen nicht zu beurteilen vermag, scheint mir die Annahme, daß phonologische Mittel zur Bedeutungsdifferenzierung z. B. zwischen Frage und Aussage entscheidend beitragen können, mit den empirischen Befunden, die Spezialisten wie Pheby dazu vorlegen können, ausreichend begründet. (Es versteht sich, daß Intonation in diesem Zusammenhang als Teil der sprachlichen Ausdrucksmittel des Satzes und nicht etwa als Teil von Äußerungen aufgefaßt wird.)

Satzintonation verbunden, so bestätigt der Sprecher die Einstellung. Die potentielle Nicht-Bestätigung wird einem anderen Einstellungsträger zugeordnet. Wegen der Vagheit, die — soweit es sich nicht um den Sprecher selbst handelt — der indirekten Spezifizierung des Einstellungsträgers anhaftet, bleibt es im übrigen nicht nur offen, wer der andere Einstellungsträger ist, sondern auch, ob er überhaupt existiert oder aber nur eine gedachte Möglichkeit ist, gegen die sich der Sprecher wendet: Falls jemand anderer Ansicht sein sollte als ich (zum Zeitpunkt des Sprechens[14]), dann hat er unrecht.

Auch wenn eine wörtlich realisierte Bestätigung oder Nicht-Bestätigung (aus sprachlogischen Gründen) immer nur dem Sprecher zuzuordnen ist, erfordert die Tatsache, daß die Bestätigung oder Nicht-Bestätigung einer Einstellung zumindest indirekt auch einem anderen Einstellungsträger zugeordnet werden kann, eine Modifikation in den Festlegungen bezüglich *Ass*, *nicht-Ass*, die nicht mehr generell dem Sprecher zuzuordnen sind, sondern im Fall einer indirekt realisierten positionalen Bedeutung dem jeweiligen Einstellungsträger der durch sie bestätigten oder nicht-bestätigten Einstellung.

Die Differenzierung zwischen Satzmodus und Satzintonation als Ausdrucksmittel des EM eines Satzes ist nicht nur für die Erklärung der durch ihren Bedeutungsunterschied zusätzlich realisierten Einstellung wichtig. Wie in den Ausführungen über die Einstellungspartikeln noch detailliert zu behandeln sein wird, ist deren Verwendung teilweise nur bezüglich des durch den Satzmodus realisierten EM eingeschränkt. So kann (das unbetonte) „doch“ z. B. nicht in einer durch den Interrogativsatz realisierten Frage stehen:

**Ist Konrad doch verreist?*

wohl aber in einer mit einem Deklarativsatz realisierten Frage:

Konrad ist doch verreist?

Der Einfachheit halber sollen Deklarativsätze mit Frageintonation von nun an „Sekundärfragen“ genannt werden. Daß auch satzartige positionale Ausdrucksmittel in Form von Sekundärfragen verwendet werden können, wurde bereits im vorigen Kapitel demonstriert:

Du nimmst an, daß Konrad verreist ist?

Unabhängig von der propositionalen positionalen Bedeutung drückt die durch die Form der Sekundärfrage realisierte Bedeutung die alternative Einstellung des Sprechers (zu dem propositional identifizierten Einstellungssachverhalt) aus.

5.2. Die syntaktischen und phonologischen Ausdrucksmittel des EM können nur bei selbständigen Sätzen zum Tragen kommen. Nebensätzen kommt nur dann ein EM zu, wenn die-

[14] Obwohl derjenige, der einen Satz äußert, in seiner Person mit einem Einstellungsträger identisch ist, der auch vor und nach der Sprechzeit bestimmte Einstellungen hat, sind die mit der Äußerung eines Satzes wörtlich oder indirekt ausgedrückten Einstellungen immer nur dem Sprecher zur Sprechzeit zugeordnet. Für den Fall, daß der Sprecher vor der Sprechzeit andere Einstellungen gehabt hat, steht er seinen vorangegangenen Einstellungen wie denen eines anderen Einstellungsträgers gegenüber. Dies ist z. B. der Fall, wenn wir einen Ausruf als Ausdruck von Überraschung interpretieren, mit dem der Sprecher die Erkenntnis aus der Sprechzeit zu seinen vorangegangenen gegenteiligen Ansichten in Bezug setzt.

ser lexikalisch realisiert wird. Eine Form der lexikalischen Realisierung von EM war mit den positionalen Prädikaten aus Einstellungssätzen gegeben. Allerdings blieb bei ihrer Behandlung bisher ein Umstand vernachlässigt. Das positionale Prädikat des Einstellungssatzes ist ja kein syntaktischer Bestandteil des Nebensatzes. Die Spezifizierung des propositionalen EM durch das positionale Prädikat des Matrixsatzes wird sozusagen von außen in die positionale Bedeutung des Nebensatzes hineingetragen. Dennoch gibt es auch innerhalb der syntaktischen Grenzen des Nebensatzes ein positionales Ausdrucksmittel, das zumindest eine Art Vorentscheidung über den EM trifft (durch den die Einstellung bezüglich der propositionalen Bedeutung des Nebensatzes bestätigt oder nicht bestätigt wird). Es ist dies der Satzkonnektor, der in der Regel in Verbindung mit assertiven Prädikaten als „daß", und in Verbindung mit nicht-assertiven Prädikaten als „ob" lexikalisiert ist. Mit den Einzelheiten dieses Falles wird sich das 9. Kapitel befassen. Es sei nur soviel vorweggenommen, daß der Satzkonnektor selbst nicht viel mehr als eine EM-Variable zu der mit den positionalen Ausdrucksmitteln des Nebensatzes bestimmten Einstellung bezüglich p_{NS} einbringt: $EM_p(E(p_{NS}))$. Erst das positionale Prädikat des Matrixsatzes legt fest, ob die Einstellung bezüglich p_{NS} vom propositionalen Einstellungsträger bestätigt oder nicht bestätigt wird (vgl. 9.2.). Unabhängig davon muß jedoch für „ob" angenommen werden, daß der innerhalb des Nebensatzes noch nicht spezifizierte Einstellungsträger nicht nur die Einstellung für möglich hält, die durch das positionale Ausdrucksmittel des Nebensatzes bestimmt wird, E_{NS}, sondern auch ihr Gegenteil, *nicht-*E_{NS}. Der Nebensatz

. . ., *ob Konrad verreist ist.*

läßt, unabhängig von der Spezifik des ihm übergeordneten positionalen Kontextes, beide epistemische Möglichkeiten offen. Die durch „ob" etablierte epistemische Alternative erklärt, warum der Nebensatz selbst, noch ehe ein nicht-assertives Prädikat im Matrixsatz dazukommt, mit einem Satzadverb wie „vermutlich" nicht verbindbar zu sein scheint:

. . ., *ob Konrad vermutlich verreist ist.*

Auch wenn, wie noch zu zeigen sein wird, dieser Schein trügt, gibt es eine ganze Reihe von kontextuellen Eigenschaften eines „Ob"-Satzes, die sich nur mit dessen quasi nicht-assertiven EM erklären lassen.

Nun kann man auch in einer Reihe anderer Teilsätze dieselben Verwendungsbeschränkungen in bezug auf nicht-propositionale positionale Bedeutungen feststellen, wie sie gegenüber dem nicht-assertiven EM gelten: man vgl.

Konrad beeilt sich vermutlich, damit er den Zug erreicht.
**Konrad beeilt sich, damit er vermutlich den Zug erreicht.*
**Wir bleiben zu Hause, wenn es vermutlich regnet.*
Wir bleiben zu Hause, weil es vermutlich regnet.

etc.

(Wie später noch zu zeigen sein wird, entsprechen auch die verschiedenen Verwendungsbedingungen für Einstellungspartikeln in solchen Teilsätzen denen, die sie gegenüber dem EM aufweisen.) Worauf ist diese distributionelle Analogie gegründet? Zunächst ist zu klären, was der Sprecher auf Grund des assertiven EM in adverbiellen Satzgefügen überhaupt bestätigt. Das wird durch einen Vergleich von Sätzen mit einem assertiven und Sätzen mit einem nicht-assertiven EM deutlich.

Konrad beeilt sich, damit er den Zug erreicht.
Beeilt sich Konrad, damit er den Zug erreicht?

Was mit dem ersten Satz bestätigt und mit dem zweiten erfragt wird, ist die Richtigkeit der (finalen) Beziehung zwischen den beiden Teilsätzen und nicht das Bestehen oder Nicht-Bestehen der durch sie identifizierten Sachverhalte. Die Bestätigung dieser Relation kann unterschiedlich verbindlich sein, je nachdem, welches positionale Ausdrucksmittel im Hauptsatz Verwendung findet. Auf Grund der affirmativen Satzform des Hauptsatzes bestätigt der Sprecher im ersten Fall die Richtigkeit einer positiven Einstellung bezüglich des Bestehens einer finalen Relation, *fin*, zwischen den beiden durch Haupt- und Nebensatz identifizierten Sachverhalten:

$$Ass(pos_s(fin(p_{NS}, p_{HS}))) .$$

In *Konrad beeilt sich vermutlich, damit er den Zug erreicht.* tritt an die Stelle der positiven Einstellung eine Vermutung. In der Frage läßt der Sprecher die Richtigkeit der positiven Einstellung offen. Die Verwendung des Adverbs „vermutlich“, das nicht im Kontext des nicht-assertiven EM stehen kann, wird folgerichtig als abweichend bewertet:

**Beeilt sich Konrad vermutlich, damit er den Zug erreicht?*

Mit einer Sekundärfrage

Konrad beeilt sich, damit er den Zug erreicht?

wird wiederum indirekt eine zusätzliche negative Sprechereinstellung bezüglich der Richtigkeit der finalen Relation ausgedrückt. Der Sprecher bezweifelt, daß der Sachverhalt, der durch den Nebensatz identifiziert wird, das Ziel ist, um dessentwillen der Sachverhalt, der durch den Hauptsatz identifiziert wird, besteht.

Jede Klasse von adverbiellen Nebensätzen charakterisiert eine für sie spezifische Relation zwischen den Sachverhalten, die durch die Bedeutungen von Haupt- und Nebensatz erfaßt werden. Die positionalen Ausdrucksmittel des Hauptsatzes legen eine Einstellung bezüglich dieser Relation fest, der Satzmodus und die Satzintonation einen EM zu dieser Einstellung:

$$EM(E_{HS}(R(p_{NS}, p_{HS}))) .$$

Mit

Wir bleiben zu Hause, weil es regnet.

bestätigt der Sprecher eine positive Einstellung zu einer kausalen Relation; mit

Bleiben wir zu Hause, weil es regnet?

bestätigt er sie nicht; mit

Wir bleiben zu Hause, wenn es regnet.

bestätigt er eine positive Einstellung zu einer konditionalen Relation; mit

Bleiben wir zu Hause, wenn es regnet?

bestätigt er sie nicht, etc.

Damit ist aber die positionale Bedeutung adverbieller Satzgefüge noch nicht voll erfaßt. Zumindest ist damit nicht erklärt, weshalb sich — wie eingangs gezeigt — konditionale und finale Nebensätze gegenüber einem Satzadverb wie „vermutlich" wie Fragesätze verhalten und weshalb dies kausale Nebensätze nicht tun. Da es immerhin möglich ist, finale und konditionale Nebensätze mit einem Satzadverb wie „wirklich" zu verwenden, z. B.

Wir bleiben zu Hause, wenn es wirklich regnet.,

kann man annehmen, daß generell auch mit adverbiellen Nebensätzen Einstellungen und Haltungen (bezüglich des mit dem Nebensatz identifizierten Sachverhalts) ausgedrückt werden: $EM(E_{NS}(p_{NS}))$. Im letzten Beispiel ist die Einstellung durch „wirklich" spezifiziert; in

Wir bleiben zu Hause, weil es vermutlich regnen wird.

ist die Einstellung durch „vermutlich" spezifiziert. Beide Male ist die Einstellung bezüglich p_{NS} mangels einer expliziten Bestimmung des Einstellungsträgers dem Sprecher zugeordnet. Der EM ist wie bei den Nebensätzen aus Einstellungssätzen nichts weiter als eine Variable, die allerdings im adverbiellen Satzgefüge durch kein übergeordnetes positionales Prädikat spezifiziert wird. Dennoch kann man annehmen, daß auch mit dem Satzkonnektor von adverbiellen Nebensätzen eine Art Vorentscheidung über die Spezifizierung dieser EM-Variablen getroffen wird.[15]

Was die kontextuellen Verwendungsbeschränkungen gegenüber positionalen Ausdrucksmitteln betrifft, macht es offensichtlich keinen Unterschied, ob der nicht-assertive EM durch den Satzmodus und die Satzintonation des ganzen Satzgefüges oder durch die epistemischen Bedeutungsanteile bestimmter Lexeme, wie z. B. durch die Bedeutung des Satzkonnektors, realisiert wird. Analoges war ja schon über die kontextuellen Auswirkungen des (durch das Prädikat eines positionalen Matrixsatzes) realisierten nicht-assertiven EM festzustellen gewesen.

6. Implizierte positionale Bedeutung

6.1. Ehe ich weitere positionale Ausdrucksmittel in die Betrachtung einbeziehe, möchte ich an dieser Stelle eine Zwischenbilanz ziehen und den Versuch machen, die bisher getroffenen Annahmen, die eine einheitliche Erklärung analoger kontextueller Eigenschaften

[15] Die positionalen Ausdrucksmittel des Hauptsatzes können, neben der vom EM des Satzgefüges bestätigten oder nicht bestätigten Einstellung bezüglich der adverbiellen Relation, auch eine Einstellung bezüglich des mit der propositionalen Bedeutung des HS erfaßten Sachverhalts realisieren. Im konditionalen und finalen Satzgefüge entspricht die Einstellung zu p_{HS} der Einstellung zu $R(p_{NS}, p_{HS})$. In

Wir bleiben wahrscheinlich zu Hause, wenn es regnet.

spezifiziert „wahrscheinlich" die Einstellung zu p_{HS} und zur konditionalen Relation zwischen den propositionalen Bedeutungen von Haupt- und Nebensatz. Im kausalen Satzgefüge kann sich E_{HS} nur auf die adverbielle Relation oder nur auf p_{HS} beziehen. Wird das Satzadverb in

Wir bleiben wahrscheinlich zu Hause, weil es regnet.

auf die kausale Relation bezogen, dann ist die Einstellung zu p_{HS} positiv; gilt die Bedeutung des Satzadverbs dem mit p_{HS} erfaßten Sachverhalt, dann ist die Einstellung zu $R(p_{NS}, p_{HS})$ positiv. Da ich die positionale Bedeutung adverbieller Satzgefüge nicht an sich, sondern nur als Kontext für EP betrachte, will ich auf ihre Spezifika hier nicht weiter eingehen.

ermöglichen sollten, auf vergleichbare Vorstellungen aus der einschlägigen Fachliteratur zu beziehen.

Von der Vorstellung ausgehend, daß Kontexte, die gegenüber offensichtlich positionalen Ausdrucksmitteln restriktiv wirken können, selbst zu den positionalen Ausdrucksmitteln zu zählen sind, konnten die affirmative Satzform, die Negation, die Aussage- und Frageform eines Satzes als positionale Ausdrucksmittel identifiziert werden. Die vergleichende Interpretation ihrer verschiedenen Kombinationen ermöglichte es, die positionale Spezifik dieser Ausdrucksmittel im einzelnen festzulegen. Die affirmative Satzform und die Negation wurden dabei — analog zu positionalen Satzadverbien — als (nicht-satzartige) Ausdrucksmittel für Einstellungen eines (variablen) Einstellungsträgers zu dem mit der übrigen Satzbedeutung identifizierten Sachverhalt bestimmt; die Aussage- und Frageform eines Satzes konnte als jenes Mittel identifiziert werden, das die Haltung des Sprechers gegenüber der nicht-satzartig ausgedrückten Einstellung (als assertiv oder nicht-assertiv) festlegt. Die assertiv/nicht-assertive Beziehung eines Einstellungsträgers zu einem Einstellungssachverhalt wurde als Einstellungsmodus verallgemeinert. Auf Grund analoger kontextueller Eigenschaften konnte der EM als ein Bedeutungsanteil der syntaktisch-phonologisch realisierten Frage- und Aussageform von Sätzen, aber auch von adverbiellen Satzgefügen sowie von positionalen Prädikaten und Satzkonnektoren aus Einstellungssätzen ermittelt werden. Schließlich wurde auf die Tatsache hingewiesen, daß neben den wörtlich realisierten Einstellungen bezüglich eines Sachverhalts noch zusätzliche, indirekt realisierte Einstellungen zum selben Sachverhalt ausgedrückt werden können.

Jede dieser Annahmen berührt Themen, zu denen es in der einschlägigen Fachliteratur heute bereits tradierte Vorstellungen gibt. Auf die entsprechenden sprechakttheoretischen Konzepte, die bisher für die Erklärung der Eigenschaften positionaler Ausdrucksmittel vor allem herangezogen wurden, habe ich bereits hingewiesen. Obwohl die primäre Sprecherbezogenheit als ein wesentliches Charakteristikum aller nicht-satzartigen positionalen Ausdrucksmittel festzustellen war, hoffe ich, gezeigt zu haben, daß diese Eigenschaft die Unterschiede und Analogien in den Verwendungsbedingungen positionaler Ausdrucksmittel nicht erklärt.

Die Festlegung, daß die Bedeutung satzartiger positionaler Ausdrucksmittel propositional ist, knüpft an die von der logischen Semantik übernommene Vorstellung an, nach der die Bedeutung eines Satzes, der ein Wahrheitswert zukommt, einer Proposition gleichgesetzt werden kann. Allerdings ist es nur ein Teil der Bedeutung, die durch die sprachlichen Mittel eines Satzes realisiert wird, der zusammen mit einem bestimmten Verwendungskontext eine Proposition determiniert (die dann in einer wirklichen oder fiktiven Welt wahr oder falsch sein kann). Wie die vorangegangenen Ausführungen gezeigt haben, legt ein anderer Teil der Satzbedeutung Einstellungen bezüglich des Sachverhalts fest, der durch den propositionalen Bedeutungsteil identifiziert wird, sowie das „Urteil“[16] des Sprechers bezüglich der Richtigkeit dieser Einstellungen. Obwohl es durch die satzartigen positionalen Ausdrucksmittel auch möglich ist, solche Einstellungen und Urteile über ihre Richtigkeit selbst propositional zu realisieren, legt jeder Satz zunächst das Sprecherurteil durch einen nicht-propositionalen Bedeutungsteil fest. Wir können also generell von einem nicht-propositionalen und einem propositionalen Bedeutungsteil eines Satzes sprechen, wobei u. U.

[16] Um nicht immer von der „Haltung eines Einstellungsträgers zu einer Einstellung bezüglich des Bestehens eines Sachverhalts“ sprechen zu müssen, nenne ich der Einfachheit halber jeden Ausdruck der Form *EM*(*E*(*p*)) ein Urteil, unabhängig davon, ob der EM assertiv oder nicht-assertiv ist.

nicht nur der nicht-propositionale, sondern auch der propositionale Bedeutungsteil eine positionale Bedeutung bestimmt.

Die Tatsache, daß sich die Einstellungen, von denen hier die Rede ist, auf Sachverhalte beziehen, hat anderswo ihren terminologischen Niederschlag in der Bezeichnung „propositionale Einstellungen" gefunden. Um mögliche Konfusionen mit der von mir eingeführten Unterscheidung zwischen propositionalen und nicht-propositionalen Bedeutungen zu vermeiden, habe ich auf die Differenzierung zwischen propositionalen und nicht-propositionalen Einstellungen verzichtet. Ohnehin ist der Ausdruck nicht besonders glücklich gewählt, da Einstellungen zunächst einem Sachverhalt gelten (seinem Bestehen, seiner Erwünschtheit und dergleichen mehr) und nur das Urteil über die Richtigkeit einer epistemischen Einstellung auf eine Aussage über Sachverhalte, also auf eine Proposition, Bezug nimmt.

Wie ich gezeigt habe, läßt sich die Integration von Haltung, Einstellung und Sachverhalt in der Satzbedeutung, durch die sie sprachlich reflektiert werden, nur auflösen, wenn man den unterschiedlichen kontextuellen Eigenschaften nachspürt, die ihren sprachlichen Ausdrucksmitteln im einzelnen eigen sind. Erst dann wird man gewahr, daß auch die Bedeutung eines Satzes wie

Konrad ist verreist,

die anscheinend nur einen Sachverhalt identifiziert, zu diesem Sachverhalt eine (positive epistemische) Einstellung festlegt und dazu noch die Meinung des Sprechers über diese Einstellung. Es gibt Autoren wie R. L. Stalnaker (1973) oder R. Kempson, die Einstellungen von Einstellungsträgern zum pragmatischen Kontext eines Satzes zählen, um den logisch-semantischen Ansatz in der Explikation von Satzbedeutung nicht zu trüben.[17] Nun gibt es zweifelsohne bei der Interpretation einer Äußerung auch solche Einstellungen, die aus den außersprachlichen Kenntnissen und Vorstellungen entstehen, die mit einer Satzbedeutung verknüpft sind. So kann ich z. B. die mit „nur" gegebene Bedeutung („nicht mehr als") in

Es ist nur Konrad.

[17] Nach R. C. Stalnaker (1973) bestimmt ein nach den semantisch-syntaktischen Regeln einer Sprache interpretierter Satz zusammen mit seinem Verwendungskontext eine Proposition und diese zusammen mit einer möglichen Welt einen Wahrheitswert. Diese Festlegungen vernachlässigen die Tatsache, daß ein Teil der Satzbedeutung, der gleichfalls durch die semantisch-syntaktischen Regeln einer Sprache bestimmt wird, eben nicht zu dem gehört, was zusammen mit dem jeweiligen Verwendungskontext eine Proposition bestimmt, sondern gerade zu dem, was die Einstellungen zum propositionalen Teil der Satzbedeutung bestimmt. Zwar kann die positionale Bedeutung immer als Teil einer Äußerungsbedeutung und somit auch immer pragmatisch (in Abhängigkeit vom Äußerungskontext) verstanden werden, doch ist sie auch immer schon unabhängig vom Äußerungskontext als Teil der Satzbedeutung, als ausschließlich sprachlich determinierte Bedeutung gegeben. Was bei einer Einschränkung der Semantik auf die logische Semantik von Wahrheitswertebedingungen auf der einen Seite an Präzision gewonnen wird, geht auf der anderen, wo sprachlich und außersprachlich Determiniertes nicht mehr unterschieden wird, wieder verloren. Es ist nur die sprachlich determinierte propositionale Bedeutung des Satzes, die jenen Teil der Satzbedeutung bestimmt, von dem man sagen könnte, daß er zusammen mit dem Verwendungskontext eine Proposition bestimmt (die zusammen mit einer möglichen Welt einen Wahrheitswert bestimmt). Analog dazu bestimmt die sprachlich determinierte positionale Bedeutung des Satzes jenen Teil der Satzbedeutung, der zusammen mit seinem Verwendungskontext Einstellungsrelationen von Einstellungsträgern zur Proposition bestimmt, die möglicherweise zusammen mit einer Relation zwischen dem Verwendungskontext und möglichen Welten Urteile über einen Wahrheitswert bestimmen (so etwa E. Lang 1979, S. 211).

als Ausdruck einer Erleichterung oder einer Enttäuschung ansehen, je nachdem, ob das, „mehr als" in der jeweiligen Äußerungssituation eine gefürchtete oder erhoffte Größe ist. In einem solchen Fall ist die mit der Äußerung ausgedrückte positive oder negative Bewertung des Sachverhalts tatsächlich ein Element aus dem pragmatischen Kontext des Satzes. Sie hat kein eigenes sprachliches Ausdrucksmittel. Im Unterschied dazu haben die positive epistemische Einstellung und die bestätigende Haltung, die der Sprecher zu ihr einnimmt, ihre eigenen sprachlichen Ausdrucksmittel: die affirmative Aussageform des Satzes. Wollte man bei der Trennung von logischer und pragmatischer Bedeutung bleiben, so müßte man innerhalb der pragmatischen Bedeutung zwischen einer sprachlich und einer außersprachlich determinierten Bedeutung unterscheiden. Da man zur Erklärung gemeinsamer kontextueller Eigenschaften aber dann die semantische Bedeutung und die sprachlich realisierte pragmatische Bedeutung wieder zusammenfassen müßte, sei unter „semantisch" lieber alles das subsumiert, was zur sprachlich determinierten Bedeutung gehört, und unter „pragmatisch" das, was bei der Interpretation einer Äußerung außersprachlich bestimmt ist.

Die Unterscheidung zwischen Urteilen, Einstellungen und Sachverhalten, von positionaler und propositionaler Bedeutung innerhalb dessen, was mit der semantischen Bedeutung eines Satzes sprachlich erfaßt ist, wäre dabei von untergeordnetem Interesse, wenn es nicht ein Spezifikum positionaler Bedeutung wäre, primär nicht-propositional zu sein (d. h. sprachlich in einer Form zu erscheinen, die nicht zusammen mit einem bestimmten Verwendungskontext eine Proposition bestimmt, die in einer wirklichen oder fiktiven Welt wahr oder falsch sein kann). Ich habe schon darauf hingewiesen, daß diese Besonderheit positionaler Bedeutung nicht mit Notwendigkeit aus der Spezifik des mit ihr erfaßten Sachverhalts folgt, da es ja auch möglich ist, positionale Bedeutung propositional zu realisieren. Nun kann man, wie E. Lang (1979), den Versuch machen, den Unterschied zwischen propositionalen und nicht-propositionalen Bedeutungen auf die Besonderheit der mit ihrer Hilfe ausgeführten kommunikativen Funktionen des Bezeichnens und Ausdrückens zurückzuführen. Mit allem, was eine propositionale Bedeutung konstituiert, bezeichnet der Sprecher etwas („beschreibt" etwas), mit einer nicht-propositionalen Bedeutung drückt er etwas (eine Einstellung, ein Urteil) aus („bezeugt" eine Einstellung).[18] Eine solche Unterscheidung knüpft an die sprechakttheoretische Unterscheidung zwischen propositionalen und illokutiven Akten an, womit sich die Performativität einer sprachlich realisierten Bedeutung als das wesentliche Kriterium für nicht-propositionale Bedeutung bestimmen läßt. Die Performativität einer Bedeutung ist aber auf die Ich- und Jetzt-Bezogenheit nicht-propositionaler Bedeutungen beschränkt. Bestimmen nicht-propositionale positionale Bedeutungen Einstellungen und Urteile, deren Träger nicht der Sprecher ist, so kann von Performativität allenfalls im übertragenen Sinne die Rede sein. Handlungstheoretisch ließen sich die mit „vielleicht" oder „wirklich" erfaßten Einstellungen in den Nebensätzen von

Nina denkt, daß Konrad vielleicht verreist ist.
Nina möchte wissen, ob Konrad wirklich verreist ist.

nicht mit jenen Einstellungen gleichsetzen, deren Vollzug einen Sprechakt anzeigen. Die im Nebensatz erwähnten Einstellungen können nicht einmal als Bestandteil einer indirekten Rede, analog zur direkten Rede, aufgefaßt werden, da sie sprachlich gar nicht zum Aus-

[18] S. 63.

druck gekommen sein müssen. Der Sprecher kann Ninas Einstellungen ebensogut aus außersprachlichen Anhaltspunkten erschlossen haben.

Gegen das Performativitätskriterium für nicht-propositionale Bedeutung spricht schließlich auch die Tatsache, daß sich nicht-propositionale Bedeutungen an dieser Stelle kontextuell nicht anders verhalten als nicht-propositionale Bedeutungen an Stellen, die eine performative Interpretation zulassen.

Für die Explikation des Unterschieds zwischen propositionalen und nicht-propositionalen Bedeutungen genügt es auch nicht, positionale Bedeutung im Rahmen einer logischen Semantik als Funktionsoperator (D. WUNDERLICH 1976) zu bestimmen, die Einstellungen zum Wertebereich und propositionale Gehalte zum Funktionsbereich haben[19], oder als „Einstellungsoperatoren": als Funktionen von Propositionen, die bezüglich einer möglichen Welt erfüllt sind, in Funktionen von Propositionen, die bezüglich einer aktualen Welt erfüllt sind (E. LANG 1979).[20] Wenn positionale Bedeutungen so beschrieben werden können, so gilt dies für propositionale und nicht-propositionale Bedeutungen gleichermaßen. „Vermutlich" spezifiziert eine solche Funktion ebenso wie „jemand vermutet, daß". Die sprachlich relevante Differenz zwischen beiden läßt sich nur erfassen, wenn man hinzufügt, daß der Funktionsoperator im zweiten Fall selbst propositional ist.

Die Differenzierung von propositionaler vs. nicht-propositionaler Bedeutung kann also weder auf den Handlungsaspekt von Sprache noch auf ihren allgemeinlogischen Gehalt reduziert werden; sie ist ebenso sprachspezifisch wie es etwa die syntaktische Hierarchie von Satzstrukturen und der davon bestimmte Teil der Satzbedeutung ist.

6.2. Die Feststellung, daß ein Satz mehr als eine positionale Bedeutung haben kann, traf nicht nur für die satzartigen positionalen Ausdrucksmittel zu, sondern auch für diverse markierte Verwendungen von positionalen Ausdrucksmitteln (wie Kontrastierung und Sekundärfragen) und schließlich sogar für die positionale Bedeutung von adverbiellen Satzgefügen. Allerdings bestand zwischen den positionalen Bedeutungen eines Satzes in jedem dieser Fälle ein anderer Zusammenhang. Bei den satzartigen positionalen Ausdrucksmitteln erfaßte die propositionale positionale Bedeutung jenen Sachverhalt, dem die mit den nicht-propositionalen Ausdrucksmitteln bestimmte Einstellung galt. Mit der Sekundärfrage wurde jener Fall demonstriert, indem es neben der wörtlich realisierten noch eine indirekt realisierte Einstellung zum selben Sachverhalt zu unterscheiden galt. Hier ist der Zusammenhang zwischen den beiden positionalen Bedeutungen nur indirekt gegeben, über ihre Bezugnahme zum selben Sachverhalt.

Für adverbielle Satzgefüge wurde die positionale Bedeutung des ganzen Satzgefüges von den positionalen Bedeutungen der Teilsätze unterschieden. Auch hier ist der Zusammenhang zwischen den verschiedenen Bedeutungen nur über die Identität der Sachverhalte vermittelt, um deren spezifische Relation es in dem gesamten Satzgefüge geht.

Der Vergleich der drei Fälle läßt sich dahingehend zusammenfassen, daß die positionalen Bedeutungen in einem Einstellungssatz, ebenso wie die positionalen Bedeutungen in einem adverbiellen Satzgefüge, auf unterschiedliche propositionale Bedeutungen, die positionalen Bedeutungen in einer Sekundärfrage aber immer auf dieselbe propositionale Bedeutung Bezug nehmen. Die bereits eingeführte prädikatenlogische Schreibweise mag zur besseren Veranschaulichung dieser Zusammenhänge dienen:

[19] Sinngemäß von S. 73.
[20] S. 211.

I Einstellungssatz: $EM(E_x(EM_p(E_p(p_{NS}))))$
II *Advb* Satzgefüge: $EM(E_x(R(p_{NS}, p_{HS})))$ *und*
$EM(E_x(p_{NS}))$ *und* $EM(E_x(p_{HS}))$
III Sekundärfrage: $EM(E_x(p))$ *und nicht-*$E_y(p)$

Da die positionalen Bedeutungen aller drei Fälle zu einer Satzbedeutung gehören, sind sie da, wo sie nicht ohnehin zusammen zu einem Ausdruck integriert sind, koordinativ verknüpft. Die Spezifizierung der Variablen für den indirekt realisierten Einstellungsträger erfolgt entsprechend den in R1 und R2 festgehaltenen allgemeinlogischen und sprachlogischen Zusammenhängen (zu denen es eben auch gehört, daß alternative Einstellungen zum selben Sachverhalt, wie in III, nicht denselben Einstellungsträger haben können).

Der EM eines Satzes drückt primär die Meinung des Sprechers über die Richtigkeit einer sprachlich realisierten Einstellung aus. Dies gilt nicht nur für jeden selbständigen Satz, sondern auch für jeden Teilsatz, ausgenommen jene Sätze, die auf Grund der Spezifik ihrer Bedeutung ausdrücklich die Meinung eines anderen Einstellungsträgers festlegen. Aus sprachlogischen Gründen gilt die Meinung des Sprechers der Richtigkeit jener Einstellung, die von der wörtlichen Bedeutung der positionalen Ausdrucksmittel im Geltungsbereich des EM bestimmt wird. Aus sprachlogischen Gründen steht aber auch fest, daß der Sprecher mit demselben Satz nur einmal seine Meinung über die Richtigkeit einer bestimmten Einstellung zu einem bestimmten Sachverhalt ausdrücken kann. Zur Richtigkeit weiterer Einstellungen zum selben Sachverhalt kann er nur noch indirekt Stellung nehmen, bestätigen kann er sie nicht.

Es ist üblich geworden, zwischen dem Teil einer Satzbedeutung zu unterscheiden, der mit einer Aussage bestätigt, und dem, der dadurch nicht bestätigt wird. Im allgemeinen gilt dabei das, was von dem nicht-bestätigten Teil durch eine Negation gleichfalls negiert wird, als impliziert und das, was durch eine Negation unberührt bleibt, als vorausgesetzt. Wendet man diese Konvention auf die positionalen Bedeutungen aus III an, die vom Sprecher nicht bestätigt werden kann (weil er nur die wörtlich realisierte Einstellung bestätigen kann), so müßte man sagen, daß die indirekt realisierte positionale Bedeutung impliziert ist, da ihre Spezifizierung von der wörtlich realisierten Einstellung abhängt. In den angeführten Beispielen war die indirekt realisierte Einstellung jeweils die Alternative zur wörtlich realisierten Einstellung. (Wie anhand von „doch“ zu zeigen sein wird, kann die indirekt realisierte Einstellung auch identisch mit der wörtlich realisierten Einstellung sein.) In jedem Fall bedeutet dies, daß sich die indirekt realisierte Einstellung in Abhängigkeit von der positiven oder negativen Spezifizierung der wörtlich realisierten Einstellung ändert. Nun kann es sich hier nicht um logische Implikation handeln, da die indirekt realisierte positionale Bedeutung ja keinesfalls eine logische Folge der wörtlich realisierten positionalen Bedeutung ist. (Allenfalls ein Teil daraus — der Fall, in dem der Einstellungsträger der indirekt realisierten Einstellung als ein anderer als der Sprecher spezifiziert werden muß (vgl. R1b) — beruht auf rein logischen Zusammenhängen: Einem Individuum kann nicht zugleich eine bestimmte Eigenschaft und ihr Gegenteil zugeschrieben werden.) GRICE (1975) hat für solche an die Spezifik sprachlicher Ausdrucksmittel gebundenen, nicht logisch implizierten Bedeutungen den Terminus der „konventionellen Implikatur“ eingeführt. Schließt man sich dieser Differenzierung an, so könnte man z. B. in der Satzbedeutung von

Konrad ist verreist?

zwischen einer konventionell und einer logisch implizierten Einstellung unterscheiden. Die Sekundärfrage impliziert konventionell eine zur wörtlich realisierten Einstellung alternative Einstellung (die wegen des nicht-assertiven EM, gemäß R2b, dem Sprecher zugeordnet wird); die (von der Frageintonation bestimmte) nicht-assertive Haltung des Sprechers zur wörtlich realisierten Einstellung impliziert logisch die nicht-assertive Haltung des Sprechers zu ihrem Gegenteil.

Wie zu zeigen sein wird, wirken sich sowohl konventionell wie logisch implizierte positionale Bedeutungen auf die Kombinierbarkeit ihrer Ausdrucksmittel mit anderen positionalen Ausdrucksmitteln aus. Während aber bestimmte Unterschiede in den kontextuellen Eigenschaften von implizierten gegenüber „expliziten" positionalen Bedeutungen nachzuweisen sind (vgl. im folgenden explizite vs. implizite Negation gegenüber transparenten Satzadverbien), scheint es zwischen den kontextuellen Auswirkungen konventionell implizierter und logisch implizierter positionaler Bedeutung keinen Unterschied zu geben.

Für die Repräsentation der positionalen Bedeutungen eines Satzes kann jedoch der Unterschied zwischen den beiden Arten von implizierter positionaler Bedeutung insofern genutzt werden, als nur die konventionell implizierte positionale Bedeutung notiert zu werden braucht. Die konventionell implizierte positionale Bedeutung sei in der Folge durch IM charakterisiert.

Implizierte positionale Bedeutungen unterscheiden sich von expliziten vor allem durch eine größere Vagheit in der durch sie realisierten positionalen Bedeutung. Sie unterscheiden sich aber noch in einer anderen Hinsicht von explizit realisierter positionaler Bedeutung. Letztere kann nur in Form von Urteilen vorkommen, d. h. der explizit identifizierte Einstellungssachverhalt muß immer eine Einstellung und einen EM enthalten. Implizierte positionale Bedeutungen können aber auch nur Einstellungen identifizieren. So impliziert

Konrad ist verreist?

zwei Einstellungssachverhalte, von denen der dem Sprecher zugeordnete nur aus einer Einstellung zu p besteht:

$$IM(Ass(pos_{nicht\text{-}s}(p)) \text{ und } neg_s(p)) \, .$$

7. Opaque und transparente Einstellungen

7.1. Die meisten Einstellungen, die durch nicht-propositionale positionale Bedeutungen identifiziert werden, können nicht im Argument des nicht-assertiven EM stehen, sei dieser nun syntaktisch/phonologisch oder syntaktisch/lexikalisch realisiert; man vgl. noch einmal

**Ist Konrad vermutlich verreist?*

**Ich frage mich, ob Konrad vermutlich verreist ist.*

**Konrad beeilt sich, damit er vermutlich den Zug erreicht.*

**Wir bleiben zu Hause, wenn es vermutlich regnet.*
**Beeilt sich Konrad vermutlich, damit er den Zug erreicht?*

etc.

Nicht-propositionale Einstellungen können auch nicht im Argument einer Negation, d. h. einer negativen epistemischen Einstellung stehen:

**Konrad ist nicht vermutlich verreist.*

Zwischen beiden Klassen von Restriktionen besteht ein logischer Zusammenhang: Wenn der Sprecher die wörtlich realisierte Einstellung auf Grund des nicht-assertiven EM nicht bestätigt, dann muß er logisch auch die Alternative zur wörtlich realisierten Einstellung zulassen. Aus der ausdrücklichen Nicht-Bestätigung von *E* folgt die Nicht-Bestätigung von *nicht-E*. Wenn *E* eine von den Einstellungen ist, die — wie z. B. „vermutlich" — nicht im Argument einer Negation stehen können, dann ist es nicht verwunderlich, daß eine solche Einstellung auch nicht im Argument eines nicht-assertiven EM stehen kann, da sie ja durch ihn per Implikation auch im Argument einer Negation steht.

Mit der Feststellung, daß eine wörtliche Negation dieselben kontextuellen Auswirkungen hat wie eine implizierte Negation, lassen sich die Verwendungsbeschränkungen nicht-propositionaler Bedeutungen gegenüber Negation, Fragen, konditionalen und finalen Nebensätzen als Varianten einer einzigen Restriktion zusammenfassen.

Man kann sich nun fragen, ob die Restriktion auch bei einer konventionell implizierten Negation zutrifft. Wie bereits gezeigt wurde, ist der Kontrastakzent Träger einer positionalen Bedeutung, in der die wörtlich realisierte Einstellung zu einer alternativen Einstellung in Bezug gesetzt wird. Man erinnere sich an die Ausführungen zu

Konrad ist n i c h t verreist.

Da aus der Bestätigung einer bestimmten Einstellung nicht notwendigerweise der Bezug zur alternativen Einstellung folgt, ist die durch den Kontrastakzent implizierte alternative Einstellung nicht logisch, sondern konventionell impliziert. Tatsächlich hat auch die konventionell implizierte Negation ihre restriktiven Auswirkungen auf jene nicht-propositionalen positionalen Bedeutungen, die nicht im Argument einer Negation stehen können. Eine Einstellung, die nicht negiert werden kann, kann auch nicht kontrastiert werden; man vgl. die Akzeptabilität des letzten Beispielsatzes mit der von

**Konrad ist v e r m u t l i c h verreist.*

Für die Kontextrestriktion von nicht-propositional realisierten Einstellungen wie „vermutlich" ist also der Unterschied zwischen explizit und logisch bzw. konventionell implizierter Negation zu vernachlässigen.

Wie „vermutlich" verhalten sich die meisten Satzadverbien. Es gibt aber auch Satzadverbien, wie z. B. „wirklich", die nur gegenüber einer expliziten Negation eine Verwendungsbeschränkung aufweisen.

**Konrad ist nicht wirklich verreist.*
Ist Konrad wirklich verreist?
Wenn Konrad wirklich verreist ist, . . .
Ich frage mich, ob Konrad wirklich verreist ist.
Konrad ist w i r k l i c h verreist.

Wie die Beispiele zeigen, kann „wirklich" nicht direkt negiert, kann aber kontrastiert werden und im Kontext des nicht-assertiven EM (in Fragen und entsprechenden Nebensätzen) stehen, also mit Ausdrucksmitteln verwendet werden, durch die die Negation der von „wirklich" spezifizierten Einstellung konventionell bzw. logisch impliziert ist. So wie „wirklich" verhalten sich „tatsächlich", „bestimmt", „vielleicht". Sieht man einmal von „vielleicht" ab, so sind die Einstellungen, die durch diese Satzadverbien spezifiziert werden, in einem Punkt gleich. Bestätigt man sie, so bestätigt man zugleich, daß der Sachverhalt, auf den sie sich beziehen, besteht. Bestätigt man dagegen eine Einstellung, die durch ein Satzadverb wie „vermutlich" spezifiziert wird, so bestätigt man das Bestehen des Sachverhalts, auf den sie sich bezieht, nur in einem eingeschränkten Sinn. (Mit der Bestätigung von nicht-epistemischen Einstellungen schließlich bestätigt man das Bestehen des Sachverhalts, auf den sie sich beziehen, in keinem Sinne). Ich will die Eigenschaft epistemischer Ausdrucksmittel, die Bestätigung der Einstellung, die sie spezifizieren, auf die Bestätigung (der Existenz) eines Sachverhalts zu übertragen, ihre „Transparenz" nennen, sowie die Einstellungen, die die Bestätigung uneingeschränkt übertragen, „transparente Einstellungen" und die Einstellungen, die die Bestätigung einschränken, „opaque Einstellungen". (Der Einfachheit halber sei analog von „transparenten" und „opaquen Ausdrucksmitteln" die Rede.)

Der oben demonstrierte Unterschied in den kontextuellen Eigenschaften nicht-propositionaler positionaler Ausdrucksmittel kann nun als ein Unterschied in der Negierbarkeit der durch sie spezifizierten opaquen und transparenten Einstellungen zusammengefaßt werden. Die generelle Restriktion nicht-propositionaler positionaler Ausdrucksmittel gegenüber einer Negation wird gegenüber implizierten Negationen aufgehoben, wenn die nicht-propositionalen Ausdrucksmittel transparente Einstellungen spezifizieren. Daß sich „vielleicht" kontextuell so verhält, als ob es eine transparente Einstellung spezifizieren würde, ist erklärlich, wenn man bedenkt, daß die Negation von „möglich *p*" einer transparenten Einstellung gleichkommt, da sie logisch dasselbe ist wie die Negation von *p* (siehe dazu noch die folgenden Ausführungen über die beiden Lesarten von „Negation *p*").

Der Unterschied zwischen transparenten und opaquen Einstellungen kommt auch bei jenen Verwendungsbeschränkungen zum Tragen, die die Kombinierbarkeit von Satzadverbien mit Satzadverbien betreffen. Ein epistemisches Satzadverb, das eine opaque Einstellung spezifiziert, kann nicht im Kontext eines anderen epistemischen Satzadverbs stehen:

**Konrad ist wahrscheinlich vermutlich verreist.*
**Konrad ist wirklich vermutlich verreist.*

Dagegen kann ein epistemisches Satzadverb, daß eine transparente Einstellung spezifiziert, u. U. im Kontext eines anderen epistemischen Satzadverbs stehen:

Konrad ist vermutlich w i r k l i c h verreist.

(Auf die Rolle, die dabei der Betonung zukommt, will ich gleich noch näher eingehen.) Die Restriktion opaquer Einstellungen gegenüber einer Negation kann auf Grund dieser Fälle als ein besonders variantenreicher Einzelfall eines noch allgemeineren Selektionsprinzips angesehen werden:

S 1 Die von einem nicht-propositionalen Ausdrucksmittel spezifizierte opaque Einstellung kann nicht im Kontext einer anderen Einstellung stehen.

Transparente Einstellungen weisen weniger Verwendungsbeschränkungen auf. Zunächst war festzustellen, daß sie in der Frage und mit Kontrastakzent, also im Kontext einer logisch oder konventionell implizierten negativen Einstellung stehen können. Die Restriktion, die transparente Einstellungen mit opaquen Einstellungen gegenüber der expliziten Negation teilen, kann bei transparenten Einstellungen aufgehoben werden. Ein kontrastiertes Satzadverb ist negierbar:

Konrad ist nicht wirklich verreist.

Da opaque Satzadverbien nicht kontrastierbar sind, entfällt für sie diese Möglichkeit. (Die Frage, wieso der Kontrastakzent diese Wirkung zeitigt, soll erst im nächsten Kapitel aufgegriffen werden.) Da auch das transparente Satzadverb nach einem opaquen Satzadverb betont ist, könnte man schlußfolgern, daß kontrastierte transparente Satzadverbien auch im Kontext einer expliziten Einstellung stehen können, wenn es nicht auch hier eine Kombination gäbe, die als abweichend bewertet werden muß. Während die transparente Einstellung offensichtlich im Kontext einer opaquen Einstellung akzeptabel ist, kann sie auch nicht unter der Bedingung einer Kontrastierung im Kontext einer transparenten Einstellung stehen:

**Konrad ist tatsächlich wirklich verreist.*

Die Verwendungsbeschränkung, die transparente Einstellungen gegenüber anderen transparenten Einstellungen aufweisen, ist keine spezifische Eigenschaft positionaler Ausdrucksmittel, sondern kann als Reflex eines allgemeineren Prinzips angesehen werden, nach dem es generell nicht sinnvoll ist, quasi tautologische Aussagen zu machen. (Unter dieses Prinzip würde auch die Kombination opaquer Einstellungen mit opaquen Einstellungen fallen. Die Verwendungsbeschränkung kann jedoch diesbezüglich wegen der für opaque Einstellungen spezifischeren Restriktion, S1, nicht sichtbar werden.)

Sieht man einmal von tautologischen Fällen wie dem letzten Beispiel ab, so kann man auch die Kombinationsbeschränkungen für transparente Einstellungen zu einem allgemeineren Prinzip zusammenfassen, wenn man die Negation selbst zu den Ausdrucksmitteln für transparente Einstellungen rechnet.

S2 Die von einem nicht-proportionalen Ausdrucksmittel spezifizierte transparente Einstellung kann, wenn sie kontrastiert ist, auch im Kontext einer explizit realisierten Einstellung stehen.

7.2. Durch die Klassifizierung der Negation als transparente Einstellung entsteht aber ein Problem, das die Anwendung von S2 auf jene Fälle betrifft, in denen eine negative Einstellung unkontrastiert im Kontext einer anderen Einstellung steht. Gemäß S2 müßte ein Satz wie

Konrad ist wahrscheinlich nicht verreist.,

in dem mit der Negation eine nicht-propositional realisierte transparente Einstellung im Kontext einer anderen (opaquen) Einstellung steht, als abweichend bewertet werden, was zweifelsohne falsch wäre. Das Problem ist lösbar, wenn man „nicht" nur dann als Träger einer epistemischen Bedeutung ansieht, wenn es mit dem EM unmittelbar in Verbindung steht. In Sätzen wie dem letzten aber, wo die Negation nicht direkt im Kontext des EM steht, sondern im Kontext einer anderen Einstellung und unmittelbar vor *p*, will ich sie als einen Bestandteil der propositionalen Bedeutung des Satzes ansehen und diese durch *nicht-p* repräsentieren. Mit einer negierten propositionalen Bedeutung wird ein Sachverhalt identifiziert, der durch die Abwesenheit eines Merkmals charakterisiert ist. Es mag praktisch gesehen kaum einen Unterschied machen, ob ich das Bestehen eines Sachverhalts bestätige, der durch die Abwesenheit eines Merkmals charakterisiert ist, oder ob ich das Bestehen eines Sachverhalts negiere, der durch die Abwesenheit desselben Merkmals charakterisiert ist. Der Unterschied, der zwischen der negierten Proposition: *nicht-p* und der negativen Einstellung zu *p*: *neg(p)* bestehen mag, wird durch den weiteren epistemischen Kontext des Satzes, in dem beide Ausdrücke stehen, kompensiert. Wenn ich die Negation in

Konrad ist nicht verreist.

nicht als epistemische Einstellung interpretiere, sondern als Element der propositionalen Bedeutung, dann ist der negierte Satz als ein Satz anzusehen, dem das propositionale Ausdrucksmittel zur Spezifizierung der Einstellung fehlt, auf die sich der assertive EM bezieht; damit muß die Form des Satzes als affirmative Satzform interpretiert werden, durch die eine positive Einstellung bezüglich *nicht-p* bestimmt wird: also $Ass(pos_s(nicht\text{-}p))$ anstelle von $Ass(neg_s(p))$. Während es keinen Anhaltspunkt dafür gibt, ob die epistemische oder die nicht-epistemische Interpretation von „nicht" in einem solchen Satz die richtige ist (oder ob beide gleich gut sind), weist die Tatsache, daß sich „nicht" vor nicht-propositionalen Ausdrucksmitteln anders verhält als nach nicht-propositionalen Ausdrucksmitteln, den unmittelbaren Zusammenhang zwischen der Negation und dem EM als ein entscheidendes Kriterium für die Interpretation der Negation aus. Auf dem Hintergrund aller anderen Verwendungsbedingungen für nicht-propositionale Ausdrucksmittel spricht dieser Unterschied für eine kontextabhängige Interpretation der Negation, die nur dann eine epistemische Einstellung spezifiziert, wenn sie unmittelbar mit dem EM verbunden ist.

Mit der Festlegung, daß die Negation, die im Kontext einer anderen Einstellung steht, keine epistemische Einstellung, sondern ein Element der propositionalen Bedeutung spezifiziert, kann die in S2 beschriebene Generalisierung über die Verwendungsbeschränkungen nicht-propositional realisierter transparenter Einstellungen aufrecht erhalten werden. Während also nicht-propositional realisierte opaque Einstellungen überhaupt nicht im Kontext anderer Einstellungen stehen können, können nicht-propositional realisierte transparente Einstellungen sowohl im Kontext einer logisch oder konventionell implizierten negativen Einstellung stehen als auch unter der Bedingung des Kontrastakzents im Kontext einer negativen oder opaquen Einstellung.

7.3. Es war bereits wiederholt die Rede davon, daß nicht-propositionale positionale Bedeutungen auch nicht im Kontext eines propositional realisierten nicht-assertiven EM verwendet werden können. Man kann sich fragen, ob die Generalisierungen S1 und S2 auch für andere Fälle von propositionalem positionalem Kontext gelten. Am einfachsten läßt sich die Auswirkung der Propositionalität an jenen Fällen überprüfen, wo es zu einem Satzadverb ein gleichlautendes Adjektiv gibt, womit dieselbe positionale Bedeutung einmal nicht-propositional, einmal propositional realisierbar wird. Vergleicht man die Verwendungsbedingungen für das Satzadverb „wahrscheinlich" als Kontext einer nicht-propositional realisierten opaquen oder transparenten Einstellung mit den Verwendungsbedingungen für das Adjektiv „wahrscheinlich" als Kontext einer nicht-propositional realisierten opaquen oder transparenten Einstellung, so kann man feststellen, daß die Propositionalität des positionalen Kontexts nichts verändert:

**Konrad ist wahrscheinlich vermutlich verreist.*
Konrad ist wahrscheinlich w i r k l i c h verreist.
**Es ist wahrscheinlich, daß Konrad vermutlich verreist ist.*
Es ist wahrscheinlich, daß Konrad w i r k l i c h verreist ist.

Für jene Satzadverbien, zu denen es keine parallelen Adjektive gibt, läßt sich eine propositionale positionale Bedeutung mit Hilfe von „so" realisieren.[21] Auch hier zeigt der Vergleich zwischen einem nicht-propositionalen und einem propositionalen positionalen Kontext dieselben Verwendungsbeschränkungen gegenüber nicht-propositionalen positionalen opaquen oder transparenten Einstellungen:

Konrad ist vermutlich w i r k l i c h verreist.
Es ist vermutlich so, daß Konrad w i r k l i c h verreist ist.
**Konrad ist wirklich vermutlich verreist.*
**Es ist wirklich so, daß Konrad vermutlich verreist ist.*

Die Sätze mit den epistemischen Adjektiven bzw. Adverbien plus „so" unterscheiden sich von den bisher betrachteten satzartigen Ausdrucksmitteln für positionale Bedeutung dadurch, daß sie anstelle des persönlichen Subjekts ein Platzhalter-„es" haben, das es erlaubt, das eigentliche Subjekt des Satzes, den „daß"-Satz, in einer rhematischen Position zu verwenden. Da das Subjekt, das sonst den Einstellungsträger einer propositional spezifizierten Einstellung bestimmt, hier fehlt, kommt als ein indirekt zu spezifizierender Einstellungsträger der Einstellungssätze mit „es" wiederum nur der Sprecher in Frage. Die Spezifizierung des propositionalen Einstellungsträgers erfolgt für diese propositionale positionale Bedeutung auf dieselbe Weise wie für jede nicht-propositionale positionale Bedeutung in Abhängigkeit vom EM. Gemäß dem assertiven EM der obigen Beispielsätze wird der propositionale Einstellungssprecher mit dem Sprecher identifiziert. In

Ist es wahrscheinlich, daß Konrad verreist ist?

und

Es ist wirklich so, daß Konrad verreist ist?

bleibt der propositionale Einstellungsträger unspezifiziert; die durch die Sekundärfrage konventionell implizierte alternative Einstellung wird dem Sprecher zugeordnet. Auch Einstellungssätze mit einem persönlichen Subjekt folgen demselben Muster, nach dem keine opaque, wohl aber — unter den entsprechenden Bedingungen — eine transparente Einstellung im Kontext einer anderen Einstellung stehen kann:

**Ich denke, daß Konrad vermutlich verreist ist.*
Ich vermute, daß Konrad w i r k l i c h verreist ist.

[21] Wenn man annimmt, daß epistemische Adjektive wie epistemische Verben einen propositionalen EM realisieren (und gegebenenfalls auch die Einstellung des Nebensatzes weiter spezifizieren), so muß dies auch die Funktion von „so" in dem Fall sein, wo nur ein epistemisches Adverb zur Verfügung steht, da das Adverb nur die nicht-propositionale Einstellung bestimmen kann und nicht den EM_p, der die Einstellung des Nebensatzes bindet. „So" ersetzt in diesem Rahmen ein assertives Prädikat (Verb oder Adjektiv): $E_x(Ass_p(\varepsilon_{NS}))$, wobei E_x durch die Bedeutung des Satzadverbs bestimmt wird.

Die in S1 und S2 zusammengefaßten Verwendungsbeschränkungen für nicht-propositional realisierte opaque und transparente Einstellungen gelten also gleichermaßen für den propositionalen und nicht-propositionalen Kontext.

8. Kontrastakzent

Um zu erklären, warum durch eine Kontrastierung von Satzadverbien Verwendungsbeschränkungen aufgehoben werden können, will ich mich in diesem Abschnitt zunächst mit der positionalen Bedeutung des Kontrastakzents, von der bereits an einigen Stellen die Rede war, etwas genauer befassen.

Der Begriff des „Kontrastakzents" stellt eine semantisch-phonologische Hybride dar. Er bezeichnet eine phonologische Form, die unabhängig von einer bestimmten semantischen Interpretation dem „nuclear stress", dem „primären" oder „Hauptakzent" gleichzusetzen ist. Der Hauptakzent ist nur bestimmten Bedingungen mit einer kontrastiven Interpretation verbunden, zeigt aber immer — unabhängig davon, ob er kontrastiv oder nicht-kontrastiv interpretiert wird — den Fokus des Satzes an, und damit das Rhema. Die Entscheidung darüber, ob ein Hauptakzent kontrastiv interpretiert wird oder nicht, fällt in Abhängigkeit vom sprachlichen und außersprachlichen Kontext. Die Ausführungen dieses Kapitels gelten allesamt für die Fälle, in denen ein Hauptakzent kontrastiv interpretiert wird (ungeachtet der Tatsache, daß die Beispiele mitunter auch noch anders interpretiert werden können). Der Kontrastakzent ist nur eines der verschiedenen sprachlichen Mittel, einen Kontrast (nach F. DANEŠ, 1972, eine „kontrastive Emphase") auszudrücken. Neben anderen phonologischen Möglichkeiten zählen dazu auch Veränderungen in der Wortstellung, die jedoch im Rahmen dieser Arbeit nicht behandelt werden.

Wird eine Konstituente als kontrastiert interpretiert, so ändert sich die Interpretation der positionalen Bedeutung des Satzes, zu dem die kontrastierte Konstituente gehört. In

Das ist K o n r a d s Hut.

gilt die als richtig bestätigte positive Einstellung nicht mehr dem ganzen durch die propositionale Bedeutung des Satzes identifizierten Sachverhalt, sondern nur noch der Identifizierung des Besitzers. Das Bestehen des übrigen Sachverhalts (der den Besitz eines Hutes betrifft) ist dabei vorausgesetzt — wie der Vergleich mit der diesbezüglich gleichbedeutenden negierten Aussage zeigt:

Das ist nicht K o n r a d s Hut.

Auch die negative Einstellung gilt nur der Identifizierung des Besitzers. Was in beiden Fällen vorausgesetzt ist, ist ein Sachverhalt, der ein unspezifiziertes Element enthält. Ich will dies durch p^{α} andeuten. Die Bestätigung der positiven Einstellung bzw. der negativen Einstellung gilt der Richtigkeit der Identifizierung des als unspezifiziert vorausgesetzten Elements (des Individuums, das als Besitzer des Huts in Frage kommt) als „Konrad"; allgemeiner gesagt, der Spezifizierung der Variablen α aus p durch das, was mit der Bedeutung der kontrastierten Konstituente identifiziert wird: α = *Konrad.* Damit ist der Sachverhalt, auf den sich die positionale Bedeutung eines Satzes mit kontrastierter Konstituente bezieht, auf eine Art Mini-Proposition reduziert. Der bisher besprochene Teil der positionalen Bedeutung des affirmativen Satzes ließe sich mit

$Pres(p^{\alpha})$ *und* $Ass(pos_s(\alpha = Konrad))$

angeben. Für die Beschreibung des Satzes als Antwort auf die Frage „Wessen Hut ist das?" würde dies genügen. Wenn der Akzent auf „Konrad" als Kontrast interpretiert wird, dann wird aber die wörtlich realisierte Einstellung noch auf eine alternative Einstellung zum selben Sachverhalt bezogen:

. . . *und* $IM(neg_{nicht\text{-}s}(\alpha = Konrad))$

Ihr Einstellungsträger muß (wegen des assertiven EM) ein anderer als der Sprecher sein. In

Ist das K o n r a d s Hut?

ist der Einstellungsträger der alternativen Einstellung wegen des nicht-assertiven EM der Sprecher:

$Pres(p^{\alpha})$ *und* $nicht\text{-}Ass(pos_x(\alpha = Konrad))$ *und* $IM(neg_s(\alpha = Konrad))$

Da sich die indirekt realisierte Einstellung in Abhängigkeit von der wörtlich realisierten Einstellung ändert, handelt es sich bei ihr um eine (konventionell) implizierte Einstellung.

Statt auf eine alternative Einstellung bezüglich der Spezifizierung des kontrastierten Elements kann auch direkt auf eine alternative Spezifizierung Bezug genommen werden. Angenommen, α wird durch die kontrastierte Konstituente als „a" spezifiziert, dann könnte eine positive Einstellung impliziert sein, die α als „b" spezifiziert, wobei „a" und „b" alternative Spezifizierungsmöglichkeiten von α sind. Wenn aber einem Einstellungsträger eine positive Einstellung bezüglich der Spezifizierung von α als „b" zugeordnet ist, dann muß ihm zugleich eine negative Einstellung bezüglich der Spezifizierung von α als „a" zugeordnet sein:

$pos_x(\alpha = b) \rightarrow neg_x(\alpha = a)$.

Der Einfachheit halber soll die weitere Darstellung auf die alternative E i n s t e l l u n g bezüglich der Spezifizierung von α beschränkt und die Fälle, in denen diese Einstellung nur die logische Folge einer alternativen S p e z i f i z i e r u n g von α ist, darunter subsumiert werden.

Der Kontrastakzent kann auch Konstituenten betreffen, die selbst Einstellungen ausdrücken. Der einfachste Fall darunter ist der, in dem „nicht" kontrastiert wird:

Konrad ist n i c h t verreist.

Durch die Kontrastierung von „nicht" wird die negative Einstellung zu *p* selbst das Element, dessen Spezifizierung strittig ist. Damit beziehen sich die alternativen Einstellungen nicht auf die Spezifizierung eines Elements aus *p*, sondern auf die einer Einstellung zu *p*.

Identifiziert die kontrastierte Konstituente eine Einstellung, so setzt der Sprecher mit einem solchen Satz nicht mehr *p* voraus, sondern nur noch eine nicht-spezifizierte Einstellung zu *p*:

$Pres(\alpha(p))$.

Daß es sich auch hier um eine Voraussetzung handelt, zeigt wiederum der Vergleich mit der affirmativen Version:

Konrad ist *verreist.*

In beiden Fällen geht es um die richtige Spezifizierung der epistemischen Einstellung zum selben Sachverhalt. Im ersten Fall wird α als negative, im zweiten als positive Einstellung identifiziert. Auf Grund des assertiven EM beider Sätze bestätigt der Sprecher eine positive Einstellung zu dieser Identifizierung (und weist eine implizierte negative Einstellung dazu zurück). Wird die wörtliche Einstellung nicht assertiert, wie in

Ist Konrad nicht *verreist?*,

so ist gemäß R 2b die implizierte Einstellung die Sprecher-Einstellung:

$Pres(\alpha(p))$ *und* $nicht\text{-}Ass(pos_x(\alpha = nicht))$ *und* $IM(neg_s(\alpha = nicht))$.

Zusammenfassend läßt sich nun also sagen, daß der Kontrastakzent eine positionale Bedeutung realisiert, durch die die propositionale Bedeutung des Satzes mit einer Variablen über das durch die Bedeutung der kontrastierten Konstituente spezifizierte Element vorausgesetzt wird und zwei einander alternative Einstellungen bezüglich der Spezifizierung dieser Variablen aufeinander bezogen werden; allgemein:

Kontrastakzent: $Pres(\alpha)$ *und* $E_x(\alpha = C)$ *und* $IM(nicht\text{-}E_y(\alpha = C))$. ,

wobei C die Bedeutung der kontrastierten Konstituente repräsentiert und E die Bedeutung des positionalen Ausdrucksmittels, das sich auf C bezieht. Die Bedeutung der kontrastierten Konstituente kann dabei ein Element aus dem Sachverhalt identifizieren, der durch die propositionale Bedeutung des Satzes erfaßt wird, p^{α}, oder eine (nicht-propositional realisierte) Einstellung zu diesem Sachverhalt $\alpha(p)$.

Indem der Kontrastakzent die Spezifizierung einer Variablen zum Gegenstand alternativer Einstellungen macht, erweitert er die Bedeutung des kontrastierten Elements zu einer Art propositionaler Bedeutung: an die Stelle von „Konrad" tritt „α = Konrad"; an die Stelle von „neg" tritt „α = neg" etc. Ich will diese Form von propositionaler Bedeutung, die erst aus der Aufspaltung der Bedeutung eines primär nicht-propositionalen Elements entsteht, eine „sekundäre" propositionale Bedeutung nennen und den Effekt sprachlicher Mittel, die — wie der Kontrastakzent — eine solche Aufspaltung bewirken, einen „Propositionalisierungseffekt".

Der Propositionalisierungseffekt des Kontrastakzents erklärt nun, warum Einstellungen, die durch an sich nicht-propositionale positionale Bedeutung ausgedrückt werden, unter der Bedingung der Kontrastierung im Kontext anderer Einstellungen stehen können. Einstellungen, die nicht-propositional realisiert werden, können normalerweise nicht zum Gegenstand anderer Einstellungen werden, gerade weil sie nicht-propositional realisiert werden. Alle Einstellungen, von denen hier die Rede war, galten Sachverhalten. Die Bedeutungen, durch die diese Sachverhalte erfaßt waren, waren generell propositionale Bedeutungen. Einstellungen selbst sind aber nur dann propositional, wenn sie durch die Bedeutung satzartiger Ausdrucksmittel erfaßt werden. Nicht-satzartige Ausdrucksmittel wie Satzadverbien realisieren nicht-propositionale Bedeutungen. Sie können folglich generell nicht zum Gegenstand von anderen Einstellungen werden. Für opaque Satzadverbien ist dies, wie S 1 zeigte, richtig. Ihre Bedeutungen können nicht einmal zum Gegenstand implizierter Einstellungen werden. Bei transparenten Satzadverbien gab es jedoch verschiedene

Ausnahmen. Ihre Bedeutungen können nicht nur uneingeschränkt zum Gegenstand impliziter Einstellungen werden, sie können auch zum Gegenstand expliziter negativer oder opaquer Einstellungen werden, vorausgesetzt, das Satzadverb, durch das die transparente Einstellung realisiert wird, ist kontrastiert. Da der Kontrastakzent die Bedeutung des von ihm betroffenen Elements propositionalisiert, erweitert er die primär nicht-propositionale Bedeutung des transparenten Satzadverbs zu einer sekundären Proposition und hebt damit jene Bedingung auf, die generell die Verwendung der Bedeutung von Satzadverbien im Kontext anderer Einstellungen beschränkt.[22] Daß der Kontrastakzent dies nur bei transparenten Satzadverbien vermag, geht auf die mangelnde Kontrastierbarkeit von opaquen Satzadverbien zurück und damit auf die Verwendungsbeschränkung, die opaque Einstellungen auch noch gegenüber implizierten Einstellungen aufweisen. Die vom Kontrastakzent konventionell implizierte alternative Einstellung wirkt sich dabei ebenso restriktiv aus wie die vom nicht-assertiven EM logisch implizierte alternative Einstellung (vgl. die vorangegangenen Ausführungen dazu).

Der Unterschied in der Kontextsensitivität transparenter und opaquer Satzadverbien gegenüber implizierten Einstellungen hängt wohl damit zusammen, daß die Kontextbeschränkungen für transparente Satzadverbien im wesentlichen nur in ihrer mangelnden Propositionalität begründet sind, die Kontextbeschränkungen für opaque Satzadverbien aber in ihrer mangelnden Propositionalität und in ihrer Opaqueheit. Die mangelnde Propositionalität kann offensichtlich im Kontext implizierter Einstellungen vernachlässigt werden, die Opaqueheit bleibt auch im Kontext implizierter Einstellungen ein obstruierender Faktor. Es mag dies mit der Interpretierbarkeit der jeweiligen Einstellungskombinationen zusammenhängen, die bei der Integration verschiedener positionaler Bedeutungen entstehen. Unter „nicht wirklich" (eine Kombination, die durch die positionalen Bedeutungen des kontrastierten „wirklich" sowie einer Frage mit „wirklich" konventionell bzw. logisch impliziert wird) kann man sich so etwas wie „scheinbar" vorstellen, unter „nicht vermutlich" kann man sich nichts vorstellen. Es ist denkbar, daß die Vorstellbarkeit ihrerseits von der Existenz eines sprachlich manifesten Gegenbegriffs abhängt und daß die sprachlich manifeste Menge solcher Gegenbegriffe wiederum auf transparente Einstellungen beschränkt ist.

9. Vorausgesetzte Einstellungen

9.1. Es gibt einen positionalen Kontext, in dem die in S1 und S2 zusammengefaßten Verwendungsbeschränkungen für transparente und opaque Satzadverbien aufgehoben werden. Dieser Fall ist im wesentlichen an die Besonderheiten eines einzigen Verbs, an „wissen" gebunden. Dennoch verdient er es, eigens behandelt zu werden, da er — wie die folgenden

[22] Mit der Annahme des Propositionalisierungseffekts des Kontrastakzents läßt sich auch „nicht" in einem Satz wie

Konrad ist wahrscheinlich nicht w i r k l i c h verreist.

als Teil einer (sekundären) propositionalen Bedeutung auffassen, die den Gegenstand der vom Kontrastakzent aufeinander bezogenen alternativen Einstellungen bestimmt: α = nicht-WIRKLICH.

Ausführungen zeigen sollen — zu einem noch besseren Verständnis von Gemeinsamkeiten und Unterschieden in den Verwendungsbeschränkungen transparenter und opaquer Satzadverbien verhelfen kann.

Was auf dem Hintergrund der bisherigen Betrachtungen am meisten auffällt, ist die Akzeptabilität von opaquen Satzadverbien im Nebensatz eines Einstellungssatzes mit „wissen", wie z. B. in

Nina weiß, daß Konrad vermutlich verreist ist.

Aber auch die Tatsache, daß transparente Satzadverbien hier, wie in

Nina weiß, daß Konrad wirklich verreist ist., *

ohne Kontrastierung verwendet werden können, muß als eine Besonderheit angesehen werden. Letzteres gilt allerdings, zumindest für transparente Einstellungen, auch im Nebensatz anderer Einstellungssätze, wie z. B. in

Nina glaubt, daß Konrad wirklich verreist ist.

Wie kann man erklären, daß sich „wissen" und andere positionale Prädikate auf transparente Satzadverben beziehen können, ohne daß diese kontrastiert sind, und daß „wissen" sich überdies auch noch auf opaque Satzadverbien beziehen kann, also alle Restriktionen aufhebt, die aus S 1 und S 2 für die Verwendung positionaler Satzadverbien im Nebensatz eines Einstellungssatzes folgen? Wie die Beispiele zeigen, hilft eine Differenzierung der positionalen Prädikate in faktive und implikative Prädikate (wie sie von P. und C. KIPARSKY und L. KARTTUNEN 1973 vorgeschlagen worden war) nicht weiter, da sie durch Objektsätze mit opaquen Satzadverbien einfach außer Kraft gesetzt wird.

Zunächst einmal könnte man annehmen, daß alle positionalen Prädikate eine Variable über die im Nebensatz stehende Einstellung[23] voraussetzen: $Pres(\alpha(p_{NS}))$, die dann mit der Einstellung identifiziert wird, die der Einstellungsausdruck des Nebensatzes bestimmt: $\alpha = E_{NS}$.

Damit gäbe es neben dem Kontrastakzent noch andere Ausdrucksmittel, die einen propositionalisierenden Effekt auf nicht-propositionale positionale Bedeutungen haben und Verwendungsbeschränkungen für nicht-propositionale positionale Bedeutungen aufheben können. Da durch „wissen" sogar opaque Einstellungen im Kontext einer anderen Einstellung verwendbar werden, zeigt es sich nun, daß die Möglichkeit der Propositionalisierung nicht nur für die Verwendung transparenter Einstellungen wichtig ist. An die Stelle von S2 (der an den Kontrastakzent geknüpften Verwendungsbedingung für transparente Einstellungen) kann damit eine für transparente und opaque Einstellungen gleichermaßen geltende Propositionalitätsbedingung gesetzt werden:

S3 Nur Einstellungen, die propositional realisiert sind, können zum Gegenstand anderer Einstellungen werden.

[23] Die Variable steht dabei nicht nur für die Einstellung, die durch den Einstellungsausdruck des Nebensatzes spezifiziert wird, sie steht auch für den Einstellungsträger, der jedoch — sprachlich — unspezifiziert bleibt. Ich will deshalb keine Angaben über den Einstellungsträger einer vorausgesetzten Einstellung machen (auch wenn es zum Teil in Abhängigkeit vom weiteren positionalen Kontext möglich ist, mit Hilfe von allgemeinlogischen und sprachlogischen Zusammenhängen zu entscheiden, ob der Sprecher und der propositionale Einstellungsträger diese Einstellung teilen oder nicht).

Positionale Bedeutungen können die Bedingung S 3 erfüllen, wenn sie primär propositional sind (d. h. von vornherein durch satzartige Ausdrucksmittel realisiert werden), aber auch, wenn sie sekundär propositional sind (d. h. dem Propositionalisierungseffekt anderer Ausdrucksmittel, wie z. B. dem des Kontrastakzents oder eines Prädikats wie „wissen", unterliegen).

Da sich epistemische Einstellungen auf Sachverhalte beziehen, ist es nicht überraschend, daß opaque und transparente Einstellungen gleichermaßen einer Propositionalitätsbedingung unterliegen, daß also jede Einstellung dieser Art generell erst den Charakter eines Sachverhalts annehmen muß, ehe sie zum Gegenstand anderer Einstellungen werden kann. Aber erst die kontextuellen Besonderheiten von „wissen" erbringen den Beweis dafür, daß sich diese Zusammenhänge tatsächlich in den Eigenschaften positionaler Ausdrucksmittel sprachlich manifestieren.

Wie kann man sich nun den Unterschied zwischen „wissen" und den anderen positionalen Prädikaten erklären? Nur „wissen" kann sich auch auf opaque Einstellungen beziehen. Vergleicht man

Nina weiß, daß Konrad vermutlich verreist ist.

mit

Nina weiß nicht, daß Konrad vermutlich verreist ist.

so kann man feststellen, daß die positionale Bedeutung des Nebensatzes von der affirmativen oder negativen Form des Einstellungssatzes mit „wissen" unabhängig ist. In beiden Sätzen ist eine durch „vermutlich" spezifizierte Einstellung zu p_{NS} gegeben und zwar unabhängig davon, ob Nina von ihr weiß oder nicht weiß. In allen anderen Einstellungssätzen impliziert die Einstellung des Sprechers (bezüglich des propositional realisierten Einstellungssachverhalts) eine korrespondierende Einstellung des propositionalen Einstellungsträgers zu p_{NS}; in

Nina glaubt nicht, daß Konrad wirklich verreist ist.[24]

impliziert die negative Form des Einstellungssatzes eine negative Einstellung des propositionalen Einstellungsträgers; in

Nina glaubt, daß Konrad wirklich verreist ist.

impliziert die affirmative Form des Einstellungssatzes eine positive Einstellung des propositionalen Einstellungsträgers. Dies gilt nach „wissen" allenfalls per logischer Implikation (da „nicht wissen" bezüglich E_{NS} die Möglichkeit von *nicht*-E_{NS} nicht ausschließen kann). Dafür gibt es bei „wissen" aber einen indirekt realisierten Einstellungssachverhalt, bei dem E_{NS} von der Negation unberührt ist und somit als vorausgesetzt gelten muß.

Man kann sich also den Unterschied und die Analogie im kontextuellen Verhalten von

[24] „Glauben" kann allerdings auch noch in einem anderen Sinn verwendet werden, der am deutlichsten in Sätzen wie

Nina glaubt Konrad nicht, daß er wirklich verreist gewesen ist.

zum Ausdruck kommt. In diesem Fall ist eine assertive Haltung Konrads bezüglich ε_{NS} impliziert — was aber eben noch nicht genügt, um opaque Einstellungen im Skopus von „glauben" akzeptabel zu machen:

**Nina glaubt mir nicht, daß Konrad vermutlich verreist ist.*

„wissen" und den meisten anderen positionalen Prädikaten mit der Annahme erklären, daß alle positionalen Prädikate eine Einstellung (genauer eine Einstellungsvariable) bezüglich p_{NS} voraussetzen, aber nur mit „wissen" zugleich die Spezifizierung dieser Einstellung vorausgesetzt ist:

Nina weiß, daß Konrad wirklich verreist ist.
$Pres(\alpha(p_{NS})\ und\ (\alpha = WIRKLICH))$
$Ass(pos_s(Ass_p(WISS_{Nina}(\alpha = WIRKLICH))))$

und

Nina glaubt, daß Konrad wirklich verreist ist.
$Pres(\alpha(p_{NS}))$
$Ass(pos_s(Ass_p(GLAUB_{Nina}(\alpha = WIRKLICH))))$.

Durch die Voraussetzung einer Einstellungsvariablen haben alle positionalen Prädikate, also auch „glauben", einen Propositionalisierungseffekt auf eine ihnen untergeordnete Einstellung. Da „glauben" — wie die meisten positionalen Prädikate — eine opaque Einstellung spezifiziert, steht der Verwendung einer transparenten Einstellung im Nebensatz nichts im Wege. Anders als nach „wissen", kann aber nach „glauben" keine opaque Einstellung im Nebensatz stehen, da durch „glauben" nur eine Einstellungsvariable, aber nicht die Spezifizierung dieser Variablen vorausgesetzt ist:

**Nina glaubt, daß Konrad vermutlich verreist ist.*

Wenn also transparente und opaque Satzadverbien im Kontext von „wissen" verwendet werden können, so ist dies nicht nur auf den Propositionalisierungseffekt des Prädikats zurückzuführen, sondern vor allem darauf, daß die Spezifizierung der sekundär propositionalisierten Einstellung nicht nur Teil der explizit realisierten positionalen Bedeutung, sondern auch Teil der vorausgesetzten positionalen Bedeutung ist. Ist nur eine Einstellungsvariable vorausgesetzt, so ist zwar S 3 erfüllt, die in S 1 formulierte Restriktion für opaque Einstellungen bleibt aber erhalten. Wenn wir den relevanten Kontext für die Verwendung eines positionalen Ausdrucksmittels seinen Geltungsbereich nennen und das Element aus dem relevanten Kontext, auf das sich die durch das positionale Ausdrucksmittel realisierte Bedeutung bezieht, seinen Skopus, so können wir sagen, daß eine vorausgesetzte Einstellung zwar im Geltungsbereich, aber nicht im Skopus einer übergeordneten Einstellung stehen kann.

Sieht man einmal von der spezifischen Problematik der Kombination von Einstellungen mit Einstellungen ab, so ist das Verhalten von Voraussetzungen gegenüber der Negation ein exemplarischer Fall für die allgemeine Eigenschaft vorausgesetzter Bedeutungen, im Geltungsbereich, aber nicht im Skopus einer übergeordneten Einstellung zu stehen. Weil eine vorausgesetzte Bedeutung nicht im Skopus der übergeordneten Negation steht, wird sie von der Negation nicht affiziert. Selbst wenn R. KEMPSON mit der Feststellung Recht hat daß es Voraussetzungen in dem bisher verwendeten Sinn gar nicht gibt (weil sich eine Negation in Abhängigkeit von der Äußerungssituation auch auf jene Bedeutungsteile beziehen kann, die im allgemeinen „vorausgesetzt" sind)[25], so gibt es sie doch im Bereich der positionalen Bedeutungen. Vorausgesetzte positionale Bedeutungen bleiben — wie „wissen" zeigte — von der Negation unberührt. Explizit oder implizit realisierte positionale

[25] Sinngemäß S. 135f. (und im ganzen Abschnitt 6.4.).

Bedeutungen werden von der Negation betroffen. (Man vergegenwärtige sich noch einmal die Abhängigkeit der impliziten positionalen Bedeutungen von Kontrastakzent, Sekundärfrage und desgleichen von der Negation.)

9.2. Vergleicht man Einstellungssätze mit „wissen, daß" und Einstellungssätze mit „wissen, ob", so muß man feststellen, daß es hier Bedeutungsunterschiede gibt, die die Annahme einer vorausgesetzten Einstellung nur für „wissen, daß" richtig erscheinen lassen. Mit

Nina weiß, daß Konrad wirklich verreist ist.

war eine Einstellung vorausgesetzt, deren Spezifik durch den positionalen Ausdruck des Nebensatzes bestimmt wird. Mit

Nina weiß, ob Konrad wirklich verreist ist.

wird dagegen eine Einstellungsalternative vorausgesetzt, die aus der Verbindung der Bedeutung des positionalen Ausdrucksmittels aus dem Nebensatz mit der des Satzkonnektors „ob" entsteht. „Ob" setzt die Einstellung aus dem Nebensatz zu einer alternativen Einstellungsmöglichkeit in Bezug und macht diese Einstellungsalternative zum Gegenstand einer EM_p-Variablen, die dann durch das übergeordnete Prädikat als assertiv oder nicht-assertiv bestimmt wird:

$$EM_p(E_x(p_{NS}) \text{ oder nicht-}E_x(p_{NS}))$$

Da der nicht-assertive EM die Möglichkeit einer alternativen Einstellung logisch impliziert, tritt die positionale Spezifik des Satzkonnektors „ob" im Kontext nicht-assertiver Prädikate nicht in Erscheinung und wird erst im Kontext eines assertiven Prädikats wie „wissen" sichtbar.

Während durch „wissen, daß" $\alpha = E_{NS}$ vorausgesetzt wird, wird mit „wissen, ob" $\alpha = E_{NS}$ *oder* $\alpha = \text{nicht-}E_{NS}$ vorausgesetzt (wobei E durch die positionale Bedeutung des Nebensatzes spezifiziert wird). Für „wissen" entstehen also in Abhängigkeit vom Satzkonnektor zwei Bedeutungsstrukturen:

wissen, daß $Pres(\alpha(p_{NS}) \text{ und } (\alpha = E_{NS})$
$\quad \ldots Ass_p(WISS_{ps}(\alpha = E_{NS}))$

wissen, ob $Pres(\alpha(p_{NS}) \text{ und } (\alpha = E_{NS}) \text{ oder } (\alpha = \text{nicht-}E_{NS}))$
$\quad \ldots Ass_p(WISS_{ps}(\alpha = E_{NS}) \text{ oder } (\alpha = \text{nicht-}E_{NS}))$.

Unterschiede in den positionalen Bedeutungen von Einstellungssätzen mit „wissen" können die Spezifizierung von E_{NS} und die Spezifizierung des nicht-propositionalen Bedeutungsteils aus dem Matrixsatz betreffen. In

Nina weiß, ob Konrad wirklich verreist ist.

ist die propositionale positionale Bedeutung Gegenstand einer vom Sprecher assertierten positiven Einstellung; in

Nina weiß nicht, ob Konrad wirklich verreist ist.

ist sie Gegenstand einer negativen Einstellung. In beiden Sätzen ist E_{NS} durch „wirklich" spezifiziert, in

Nina weiß nicht, ob Konrad verreist ist.

ist E_{NS} durch die affirmative Form des Nebensatzes spezifiziert. Opaque Einstellungen sind wegen der involvierten Negation *nicht-*E_{NS} ausgeschlossen:

**Nina weiß, ob Konrad vermutlich verreist ist.*

So wie „wissen" verhält sich nur noch „bekannt sein":

Es ist Nina bekannt, daß Konrad vermutlich verreist ist.
Es ist Nina nicht bekannt, daß Konrad vermutlich verreist ist.
Es ist Nina bekannt, ob Konrad wirklich verreist ist.
**Es ist Nina bekannt, ob Konrad vermutlich verreist ist.*

Wenn auch Verben wie „sagen" und „meinen" opaque Einstellungen im „daß"-Satz zulassen:

Nina sagt, daß Konrad vermutlich verreist ist.,

so wohl deshalb, weil sie selbst keine spezifische Einstellung spezifizieren, so daß das Satzadverb im Nebensatz gar nicht im Skopus einer anderen Einstellung steht:

$\ldots Ass_p(WAHRSCHEINLICH_{ps}(p_{NS}))$

Um die Besonderheiten der Einstellungssätze mit „wissen" zu erklären, habe ich das Beschreibungsinventar für positionale Bedeutung um ein Grundelement erweitert. Auf Einstellungssachverhalte kann demnach nicht nur explizit bzw. implizit referiert werden; Einstellungssachverhalte können auch vorausgesetzt sein. Vorausgesetzte positionale Bedeutungen sind ebenso wie implizierte positionale Bedeutungen nur indirekt realisiert. Sie unterscheiden sich in ihrem Verhalten gegenüber übergeordneten Einstellungen, sind aber analog strukturiert.

Bisher war nur von Einstellungssachverhalten die Rede, in denen es um Einstellungen zu einer propositionalen oder zumindest sekundär propositionalen Bedeutung ging. Ausgeklammert waren jene Frage- und Einstellungssätze, die die Spezifizierung eines noch nicht spezifizierten Elements aus einer propositionalen Bedeutung betreffen: direkte und indirekte Ergänzungsfragen, wie z. B.

Wo ist Nina gewesen?
Konrad fragt, wo Nina gewesen ist.
Konrad weiß nicht, wo Nina gewesen ist.

etc. Das nächste Kapitel soll prüfen, wieweit sich die bisherigen Annahmen auf die positionale Bedeutung solcher Sätze anwenden lassen.

10. Einstellungen zu alternativen Spezifizierungsmöglichkeiten (Ergänzungsfrage)

10.1. In der Ergänzungsfrage geht es, ähnlich wie beim Kontrastakzent, nicht um den richtigen Sachverhalt, sondern um die richtige Spezifizierung eines Elements aus einem Sachverhalt. Die Klasse von Elementen, die für die Spezifizierung in Frage kommt, wird in der Ergänzungsfrage durch das Fragepronomen bestimmt. Der Sachverhalt selbst wird als gegeben vorausgesetzt: $Pres(p^w)$, wobei w eine Variable über die Menge von Elementen ist, die für die Spezifizierung in Frage kommt.

Wie bei Entscheidungsfragen ist bei Ergänzungsfragen die Verwendung opaquer Satzadverbien ausgeschlossen:

**Wo ist Nina wahrscheinlich gewesen?*

Aber anders als bei Entscheidungsfragen können nicht-propositionale transparente und negative Einstellungen nur unter bestimmten Bedingungen mit einer Ergänzungsfrage verbunden werden und sind auch dann nicht als Teil der wörtlich realisierten positionalen Bedeutung der Frage anzusehen. Betrachten wir zunächst den Fall der Negation; mit

Wer hat das Buch nicht gelesen?

wird ebenso wie mit

Wer hat das Buch gelesen?

nach der richtigen Spezifizierung von w gefragt. Stellt man die verschiedenen Spezifizierungsmöglichkeiten von w durch eine offene Reihe von alternativen Identifizierungspropositionen dar: $w = a$ oder $w = b$ oder ... (wobei a, b, ... einzelne Elemente aus der mit w erfaßten Klasse symbolisieren), so ergibt sich für die wörtlich realisierte positionale Bedeutung beider Fragen dasselbe:

$$nicht\text{-}Ass(pos_x(w = a) \text{ oder } (w = b) \text{ oder } \ldots) .$$

Die beiden Fragen unterscheiden sich aber bezüglich des vorausgesetzten Sachverhalts. In der negierten Frage ist mit w eine Menge von Elementen vorausgesetzt, die zu einem negativen Sachverhalt gehören, in der affirmativen Frage ist w eine Menge von Elementen, die zu einem positiven Sachverhalt gehören. D. h. die Negation in einer Ergänzungsfrage ist Teil der vorausgesetzten propositionalen Bedeutung: $Pres(nicht\text{-}p^w)$.

Die Möglichkeit, nach der Spezifizierung eines Elements aus einer negierten propositionalen Bedeutung zu fragen, ist allerdings beschränkt. Eine Frage wie

**Wo ist Nina nicht gewesen?*

muß als nicht akzeptabel bewertet werden. Die Verwendbarkeit einer Negation in Ergänzungsfragen hängt davon ab, ob w eine Menge ist, die nur ein Element enthalten kann, oder eine Menge, die eine beliebige Zahl von Elementen enthalten kann. Für den vorigen Sachverhalt spielte es keine Rolle, ob w eine Menge von einem Element oder von mehreren Elementen ist (oder auch gar kein Element enthält). Das Buch kann von einem, von mehreren, von allen oder auch gar nicht gelesen worden sein. Anders liegen die Dinge für den mit

Wo ist Nina gewesen?

identifizierten Sachverhalt. Es kann (zumindest für einen bestimmten Zeitpunkt) nur einen Ort geben, an dem Nina gewesen ist.

Wie die Inakzeptabilität der negierten Version zeigt, ist die Negation in den Fällen nicht verwendbar, wo w bezüglich p auf ein einziges Element eingeschränkt ist.

Man kann dieses Phänomen erklären, wenn man sich die logischen Implikationen vergegenwärtigt, die aus den Unterschieden in der Interpretation von w folgen. Wenn das erfragte *w* eine beliebige Menge von Elementen (aus der durch die Bedeutung des Fragepronomens und dem Äußerungskontext determinierten Klasse) ist und zu einem positiven Sachverhalt gehört, dann ist es (spiegelbildlich) auch eine beliebige Menge von Elementen, die nicht zu diesem, sondern zu dem entsprechenden negativen Sachverhalt gehört: Wenn die Menge kein Element enthält, das zu *p* gehört (keiner das Buch gelesen hat), gehören alle Elemente zu *nicht-p* (haben alle das Buch nicht gelesen); wenn die Menge nur ein Element enthält, das zu *p* gehört, gehören alle anderen zu *nicht-p* (einer hat das Buch gelesen, alle anderen nicht) etc.

Wenn nun für *w* nur eine Menge von einem Element in Frage kommt, dann müssen alle anderen Elemente (aus der Klasse, um die es gemäß Fragepronomen und Äußerungskontext geht) zu *nicht-p* gehören. Wenn Nina an einem Ort gewesen ist, ist sie notwendigerweise (zur selben Zeit)[26] an allen anderen Orten nicht gewesen. Würde nun nach diesem einen Element mit einer negierten Ergänzungsfrage gefragt, so müßten alle anderen Elemente notwendigerweise zu *p* gehören, was aber eben durch die Art des Sachverhalts ausgeschlossen ist. Wenn Nina (nur) an einem Ort nicht gewesen ist, müßte sie notwendigerweise (zur selben Zeit) an allen anderen Orten gewesen sein.

Wenn diese Analyse zutrifft, dann gehen die Verwendungsbeschränkungen für Negation in Ergänzungsfragen auf die logischen Implikationen zurück, die aus der vorausgesetzten positionalen Bedeutung folgen; genauer noch, auf die Implikationen, die aus der vorausgesetzten positionalen Bedeutung von Ergänzungsfragen und den außersprachlichen Kenntnissen folgen, die den unterschiedlichen Interpretationen von *w* in Abhängigkeit von der Art des mit *p* erfaßten Sachverhalts zugrunde liegen.

Nun gibt es aber doch noch ein paar Bedingungen, unter denen eine Negation auch in jenen Ergänzungsfragen erscheinen kann, in denen *w* nur als ein Element aus einem positiven Sachverhalt zu spezifizieren ist. Mit einem Kontrastakzent auf „nicht“ oder auf dem Fragepronomen sind auch solche Fragen akzeptabel; man vgl.:

Wo ist Nina n i c h t gewesen?
W o ist Nina nicht gewesen?

Wie läßt sich das erklären?

10.2. Enthält eine Ergänzungsfrage eine kontrastierte Konstituente wie in den letzten Beispielen oder in

Wo ist N i n a gewesen?,

so ist die propositionale Bedeutung mit zwei unspezifizierten Elementen vorausgesetzt, da ja auch der Kontrastakzent eine propositionale Bedeutung mit einem noch zu spezifizierenden Element voraussetzt. Ich will diesen Fall durch $p^{w,\alpha}$ repräsentieren, wobei *w* die Variable über das erfragte, α eine Variable über das kontrastierte Element ist. Mit der letzten Frage wird nicht nur $p^{w,\alpha}$ vorausgesetzt (d. h. Ninas Anwesenheit an einem nicht spezifizierten

[26] Wenn es möglich ist, die propositionale Bedeutung als einen Sachverhalt zu verstehen, der sich zu verschiedenen Zeiten wiederholt, kommt für die Spezifizierung von *w* nicht mehr nur ein Element in Betracht. Damit entfällt denn auch die Restriktion gegen die Negation. Dies ist z. B. der Fall in einer emphatisch uminterpretierten Ergänzungsfrage wie

Wo ist Nina nicht (überall) gewesen!

vgl. dazu 10.3.

Ort); es werden zugleich alternative Einstellungen bezüglich der Spezifizierung von α als „Nina" impliziert. Dabei ist die positive Einstellung dem Sprecher zugeordnet, die negative einem anderen Einstellungsträger:

$$Pres(p^{w,\alpha}) \text{ und } IM(pos_s(\alpha = Nina) \text{ und } neg_{nicht\text{-}s}(\alpha = Nina))$$

Nach der Meinung des Sprechers ist derjenige, um dessen Anwesenheit an einem nicht näher spezifizierten Ort es geht, Nina; nach der Meinung eines anderen ist sie es nicht bzw. ist es ein anderer[27] (vgl. dazu im 8. Kapitel die Ausführungen zu alternativen Spezifizierungen, die an die Stelle von alternativen Einstellungen treten könnten, S. 47). Da die Frage des Sprechers der Spezifizierung des Ortes gilt, an dem sich Nina aufhält, kann ihm nur die positive Einstellung bezüglich $\alpha = Nina$ zugeordnet werden. Damit folgt die Spezifizierung der Einstellungsträger zu implizierten Einstellungen in Ergänzungsfragen nicht den in R1 und R2 festgehaltenen Regularitäten, was — wenn man sich die Unterschiede in den allgemeinlogischen Zusammenhängen zwischen den wörtlichen und indirekt realisierten Bedeutungen von Ergänzungs- und Entscheidungsfragen (bzw. Aussagen) klarmacht — auch zu erwarten war. Ehe ich jedoch eine R1/R2 entsprechende Generalisierung für Ergänzungsfragen zu formulieren versuche, seien noch einige andere Fälle von Ergänzungsfragen mit kontrastierten Konstituenten betrachtet.

Das Mittel der Kontrastierung ermöglicht es, Ergänzungsfragen auch mit anderen als positiven Einstellungen zu verwenden. Wenn die positionale Konstituente kontrastiert ist, dann steht sie nicht mehr in unmittelbarem Zusammenhang mit dem EM, da sie ja selbst Gegenstand einer Einstellung (bzw. zweier alternativer Einstellungen) geworden ist. Mit

Wo ist Nina nicht gewesen?

und

Wo ist Nina tatsächlich gewesen?

werden zwei alternative Einstellungen bezüglich der Spezifizierung von α als einer (negativen oder einer durch „tatsächlich" identifizierten) transparenten Einstellung ausgedrückt (wobei sich die transparente Einstellung ihrerseits auf die vorausgesetzte propositionale Bedeutung mit dem unspezifizierten Element w bezieht). Daß opaque Einstellungen hier ausgeschlossen sind, versteht sich, da sie nicht kontrastierbar sind.

Anders als in *Wo ist Nina gewesen?* ist die Variable über das kontrastierte Element in den beiden letzten Fragen nicht Teil der vorausgesetzten propositionalen Bedeutung, sondern eine Einstellung dazu: $Pres(\alpha(p^w))$, genauer gesagt, eine Einstellung bezüglich der richtigen Spezifizierung von w aus p. Auch wenn die richtige Spezifizierung von w für den Sprecher — gemäß der nicht-assertiven wörtlichen Bedeutung der Fragen — noch offen ist, beziehen sich die vom Kontrastakzent implizierten Einstellungen auf eine bestimmte,

[27] Die Vagheit indirekt realisierter Bedeutung läßt offen, ob es dem anderen Einstellungsträger auch um die Spezifizierung des Ortes geht (bezüglich eines anderen Subjekts) oder ob ihm der Ort bekannt ist (an dem sich das andere Subjekt aufhält). Mit

Wo ist Nina gewesen?

kann man deswegen ebensogut auf eine Frage „*Wo ist Konrad gewesen?*" wie auf eine Aussage „*Konrad ist im Garten gewesen.*" reagieren.

bereits assertierte Spezifizierung von w, sagen wir: $w = w_i$. Die kontextabhängige Veränderung in der Interpretation von w im Rahmen der implizierten Einstellungen entspricht diesbezüglich derjenigen, die bei der Verwendung eines Fragepronomens in Sätzen wie „Ist dies der Ort, wo Nina gewesen ist?“ oder „Dies ist der Ort, wo Nina gewesen ist.“ auftritt. In

Wo ist Nina nicht gewesen?
Wo ist Nina tatsächlich gewesen?

ist die negative Einstellung dazu, daß w_i der Ort ist, wo Nina tatsächlich bzw. nicht gewesen ist, die Einstellung des Sprechers:[28]

$$Pres(\alpha(p^w)) \text{ und } IM(neg_s(\alpha = TATSACHE) \text{ und } pos_{nicht\text{-}s}(\alpha = TATSACHE))$$
$$nicht\text{-}Ass(pos_x(\alpha = TATSACHE))$$

In Abhängigkeit vom übergeordneten (implizit) assertiven oder (explizit) nicht-assertiven EM gilt α der Spezifizierung von w durch ein bestimmtes Element oder durch eine Menge alternativer Möglichkeiten.

10.3. Ist es das Fragepronomen selbst, das den Kontrastakzent trägt, so gelten die vom Kontrastakzent implizierten alternativen Einstellungen direkt der Spezifizierung von w, da die vom Kontrastakzent vorausgesetzte Variable mit w zusammenfällt. Mit

Wo ist Nina gewesen?

drückt der Sprecher eine negative Einstellung bezüglich einer bestimmten Spezifizierung von w aus, die positive Einstellung ist einem anderen Einstelllungsträger zugeordnet:

$$Pres(p^\alpha) \text{ und } IM(pos_{nicht\text{-}s}(\alpha = w_i) \text{ und } neg_s(\alpha = w_i))$$

Das Ganze wird als Rückfrage des Sprechers verstanden bezüglich der direkten oder indirekten Aussage eines anderen über Ninas Aufenthaltsort. Allerdings gilt dies nur, wenn die Ergänzungsfrage mit dem kontrastierten Fragepronomen mit einer steigenden Satzintonation verbunden ist. Im Kontext einer fallenden Satzintonation beziehen sich die vom Kontrastakzent implizierten alternativen Einstellungen in

Wo ist Nina gewesen?

auf die Richtigkeit des Fragepronomens: $\alpha = wo$, (wie z. B. in „Ich habe gefragt, ‚Wo Nina gewesen ist‘ und nicht, ‚Was Nina gewesen ist‘.“)

$$IM(pos_s(\alpha = wo) \text{ und } neg_{nicht\text{-}s}(\alpha = wo))$$

[28] In

Wo ist Nina nicht gewesen?

gilt die alternative Sprechereinstellung einer bestimmten Spezifizierung von w aus *nicht-p* (es ist nicht der Fall, daß Nina an dem Ort w_i nicht gewesen ist). Die Einstellung des anderen aber gilt einer bestimmten Spezifizierung von w aus p (es ist der Fall, daß Nina an dem Ort w_i gewesen ist). Da die Negation in einer Ergänzungsfrage als ein Element der propositionalen Bedeutung interpretiert wird, wird auch die vom Kontrastakzent einander gegenübergestellte Einstellungsalternative bezüglich einer bestimmten Spezifizierung von w zugleich als eine Alternative bezüglich p^w verstanden. Die negative Einstellung bezüglich $w = w_i$ ordnet w *nicht-p* zu, die positive Einstellung bezüglich $w = w_i$ ordnet $w\,p$ zu.

Mit einer solchen ‚Frage' bezieht sich der Sprecher nicht auf die Aussage, sondern auf die Frage eines anderen, die er damit korrigieren möchte.

Daß die Spezifizierung der Einstellungsträger zu den vom Kontrastakzent implizierten alternativen Einstellungen nicht nur von der Satzstruktur, sondern auch noch von der Satzintonation bestimmt wird, kann nicht überraschen. Man erinnere sich an die entsprechenden Veränderungen, die die markierte Satzintonation in Sekundärfragen oder Ausrufen wie

Konrad ist verreist?
Schmeckt das gut!

bezüglich der Einstellung des Sprechers bewirkt.

Wegen der positionalen Spezifik der Ergänzungsfrage sind die Mechanismen, die die Interpretation implizierter Einstellungen bestimmen, allerdings etwas komplizierter. Dies zeigt sich schon daran, daß es für die Spezifizierung des EM in Ergänzungsfragen nicht nur e i n e markierte Satzintonation gibt.

Wenn man davon ausgeht, daß die neutrale Satzintonation bei Ergänzungsfragen die fallende ist, dann handelt es sich bei der steigenden Satzintonation in

W o ist Nina gewesen?

um eine markierte Satzintonation. Aber auch der auf der Basis einer Ergänzungsfrage realisierte Ausruf

Wer kennt Konrad!

ist als intonatorisch markiert anzusehen, obwohl seine Satzintonationen — wie die der neutralen Ergänzungsfrage — fallend ist. Die fallende Satzintonation muß hier zugleich als emphatisch markiert gelten.[29] Vergleicht man die Sprecherhaltungen, die durch die steigende Satzintonation in der Ergänzungsfrage impliziert wird, mit der, die durch die emphatisch fallende Satzintonation impliziert wird, so stellt man fest, daß es sich zwar in beiden Fällen um negative Sprechereinstellungen (bezüglich einer Spezifizierung von *w*) handelt, daß aber der Grad ihrer Verbindlichkeit unterschiedlich groß ist. Mit

W o ist Nina gewesen?

drückt der Sprecher eine negative Einstellung bezüglich der Richtigkeit einer bestimmten Spezifizierung von *w* aus, die man als Zweifel, Überraschung oder dergleichen versteht. Je nach der Äußerungssituation ließe sich die implizierte Sprechereinstellung als „das hätte ich nicht gedacht", „das glaube ich nicht", „das darf nicht wahr sein" etc. ausbuchstabieren. Mit

Wer kennt Konrad!

drückt er eine negative Einstellung bezüglich der Menge alternativer Spezifizierungsmöglichkeiten von *w* aus, die man als bestätigt (und übertrieben) versteht: es gibt nie-

[29] Da die Satzintonation der emphatisch assertiv uminterpretierten Ergänzungsfrage, anders als die der emphatisch assertiv uminterpretierten Entscheidungsfrage, der nicht-assertiven Satzintonation der Ergänzungsfrage so ähnlich ist, wird die Disambiguierung in der Regel durch den situativen Kontext erfolgen.

manden, der Konrad kennt.[30] Der Sprecher läßt also im Kontext der steigenden Satzintonation die seiner eigenen Einstellung entgegengesetzte Möglichkeit weiterhin zu, im Kontext der fallenden Satzintonation schließt er sie aus. Die fallende Satzintonation wirkt sich quasi bestätigend auf die implizierte Sprechereinstellung aus, die steigende Satzintonation nichtbestätigend. Dies entspricht der Interpretation der fallenden und steigenden Satzintonation in bezug auf Aussagen.

Die positionale Spezifik der Ergänzungsfrage legt den Sprecher explizit auf eine nichtassertive Haltung bezüglich der Menge alternativer Spezifizierungsmöglichkeiten von *w* fest. Wie bei der Entscheidungsfrage ist das sprachliche Mittel, das die nicht-assertive Sprecherhaltung primär bestimmt, der interrogative Satzmodus. Während aber die nichtassertive Sprecherhaltung in der Entscheidungsfrage durch eine markierte Satzintonation uminterpretiert werden kann, ist dies in der Ergänzungsfrage nicht mehr möglich; jedenfalls nicht bezüglich der mit der Ergänzungsfrage wörtlich angesprochenen Menge alternativer Spezifizierungsmöglichkeiten. Im Kontext der Ergänzungsfrage kann eine phonologisch bedingte assertive Uminterpretation nur im Rahmen der implizierten positionalen Bedeutung zur Geltung kommen. Die mit einer Ergänzungsfrage implizierten positionalen Bedeutungen haben ja nicht den Charakter von Ergänzungsfragen, sondern den von Aussagen. Die markierte Satzintonation in der Ergänzungsfrage drückt dementsprechend nicht die explizite, sondern die implizite Haltung des Sprechers aus.

Wie der Vergleich der verschiedenen Ergänzungsfragen zeigt, hängt sowohl die Spezifizierung der Einstellungsträger wie die Form des Arguments implizierter Einstellungen von der Spezifik jenes Ausdrucksmittels ab, durch das die zusätzliche positionale Bedeutung realisiert wird. Auf der einen Seite stehen dabei alle jene Ergänzungsfragen, in denen die zusätzliche positionale Bedeutung durch den Kontrastakzent eingeführt wird, auf der anderen Seite die Ergänzungsfragen, deren zusätzliche positionale Bedeutung nur durch eine assertiv emphatische Uminterpretation realisiert wird. Letztere verwandeln, wie ihre Gegenstücke bei den Entscheidungsfragen, die nicht-assertive Sprecherhaltung in eine assertive, nur daß diese wegen der positionalen Spezifik der Ergänzungsfrage nur implizit zum Ausdruck kommen kann.

Bei Ergänzungsfragen mit kontrastierten Konstituenten aber hängt die Spezifizierung der implizierten Einstellungssachverhalte von der Beziehung der kontrastierten Konstituente zu der mit der Ergänzungsfrage vorausgesetzten propositionalen Bedeutung ab. Vergleicht man die Ergänzungsfragen mit einem kontrastierten Element aus der propositionalen Bedeutung:

Wo ist N i n a gewesen?

mit denen, die die Einstellung bezüglich der propositionalen Bedeutung kontrastieren:

Wo ist Nina t a t s ä c h l i c h gewesen?

und denen, die das Fragepronomen kontrastieren:

W o ist Nina gewesen?,

so kann man feststellen, daß der Sprecher die implizierte Spezifizierung der Variablen implizit bestätigt, wenn die Variable durch ein Element aus der vorausgesetzten propositionalen Bedeutung spezifiziert wird, und daß er sich gegen die von einem anderen Ein-

[30] Vgl. dazu aber auch 20.5.

stellungsträger vertretene Spezifizierung der Variablen wendet, wenn die Variable nicht durch ein Element aus der propositionalen Bedeutung spezifiziert wird.

R 3 Wird mit einer Ergänzungsfrage eine Einstellungsalternative, *E* und *nicht-E*, bezüglich der Spezifizierung einer Variablen α impliziert, so gilt *E* als vom Sprecher bestätigt, wenn α ein Element aus der vorausgesetzten propositionalen Bedeutung ist, bzw. als von einem anderen Einstellungsträger bestätigt, wenn α kein Element aus der vorausgesetzten propositionalen Bedeutung ist.

In

Wo ist Nina gewesen?

identifiziert die kontrastierte Konstituente ein Element aus der vorausgesetzten propositionalen Bedeutung. Der Sprecher bestätigt implizit seine positive Einstellung bezüglich der Spezifizierung von α als „Nina"; in

Wo ist Nina tatsächlich gewesen?

identifiziert die kontrastierte Konstituente nur eine Einstellung zur propositionalen Bedeutung. Die implizierte positive Einstellungsmöglichkeit bezüglich der Spezifizierung von α als TATSACHE ist nicht dem Sprecher zugeordnet.

Trägt das Fragepronomen selbst den Kontrastakzent, fällt die vom Kontrastakzent vorausgesetzte Variable α mit der vom Fragepronomen vorausgesetzten Variablen *w* zusammen, so sind beide Interpretationen möglich, da ein Teil der Bedeutung des Fragepronomens zur vorausgesetzten propositionalen Bedeutung gehört und ein Teil zu der noch zu spezifizierenden Bedeutung. Die Satzintonation entscheidet darüber, ob es in

Wo ist Nina gewesen?

um den vorausgesetzten oder den noch zu spezifizierenden Teil aus der Bedeutung des Fragepronomens geht. Ist die Ergänzungsfrage mit einer neutralen, fallenden Satzintonation verbunden, so wird die Variable durch den bereits vorausgesetzten Bedeutungsteil spezifiziert; der Sprecher bestätigt implizit seine positive Einstellung bezüglich der Spezifizierung von *w* als *WO*. Ist die Ergänzungsfrage mit der für Entscheidungsfragen typischen steigenden Satzintonation verbunden, so wird die Variable gerade durch den Bedeutungsteil des Fragepronomens spezifiziert, nach dem die Ergänzungsfrage fragt; die implizierte Bestätigung der Spezifizierung von *w* als w_i ist einem anderen Einstellungsträger zugeordnet. Sie kann eingeschränkt oder uneingeschränkt erfolgt sein; man vgl. die letzte Ergänzungsfrage mit

Wo ist Nina wahrscheinlich gewesen?

Die als WAHRSCHEINLICH spezifizierte Einstellung gehört nicht zur expliziten, sondern zur impliziten positionalen Bedeutung der Ergänzungsfrage und ist dem Einstellungsträger zugeordnet, dem die Spezifizierung von *w* zugeschrieben wird:

$$IM(WAHRSCHEINLICH_{nicht\text{-}s}(w = w_i)\ und\ neg_s(w = w_i))$$

Das opaque Satzadverb steht damit nicht im Skopus des interrogativen Satzmodus und wird auch nicht zum Gegenstand der durch den nicht-assertiven EM implizierten Negation.

Wenn Ergänzungsfragen implizierte Bestätigungen enthalten können, so geht dies darauf zurück, daß die positionale Bedeutung dieser Fragen von vornherein nur partiell nicht-assertiv ist. Die mit der Ergänzungsfrage verbundene propositionale Bedeutung ist ja, mit Ausnahme des noch nicht spezifizierten Teils aus der Bedeutung des Fragepronomens, als bereits bestätigt vorausgesetzt. Die implizierten Einstellungen knüpfen an den assertiven Teil der Ergänzungsfrage an, indem sie auf eine bestimmte Ergänzungsmöglichkeit der propositionalen Bedeutung Bezug nehmen. Geht es dabei nur um Elemente aus dem bereits assertierten Teil der propositionalen Bedeutung, dann ist der Sprecher selbst derjenige, der die implizierte Bestätigung gegen alternative Möglichkeiten vertritt; geht es aber um Elemente, die zum nicht-assertierten Teil der propositionalen Bedeutung gehören, dann ist der Sprecher derjenige, der die nicht-assertive Haltung vertritt und damit die alternative Einstellungsmöglichkeit. Die implizierte Bestätigung wird einem anderen Einstellungsträger zugeordnet. Daß mit einer Ergänzungsfrage nicht nur Einstellungen, sondern auch bestätigte Einstellungen impliziert sind, kann also als logische Folge der spezifischen positionalen Bedeutung von Ergänzungsfragen angesehen werden. Die Unterscheidung zwischen implizierter Einstellung und implizit bestätigter Einstellung soll deshalb bei der Beschreibung der positionalen Bedeutungen von Ergänzungsfragen nur eine kontextabhängige zusätzliche Spezifizierungsmöglichkeit sein, die — wie die verschiedenen Interpretationsmöglichkeiten alternativer Einstellungsmöglichkeiten — auf der Grundlage von allgemeinlogischen Zusammenhängen ausbuchstabiert werden kann.

11. Einstellungspartikeln

Die bisher betrachteten lexikalischen, syntaktischen und phonologischen positionalen Ausdrucksmittel können hinsichtlich ihrer Bedeutung zwei grundlegend unterschiedlichen Kategorien zugeordnet werden: Satzadverbien, Negation und affirmative Satzform dienen dem Ausdruck von Einstellungen; der Satzmodus und die ihm entsprechende Satzintonation sowie adverbielle Satzkonnektoren dienen dem Ausdruck von Meinungen über die Richtigkeit einer Einstellung, dem Einstellungsmodus. In den Prädikaten von Einstellungssätzen sind beide Kategorien positionaler Bedeutung vereinigt. Bestimmte positionale Ausdrucksmittel (oder bestimmte Kombinationen positionaler Ausdrucksmittel) wie der Kontrastakzent, die Sekundärfrage oder die markierte Satzintonation in der Ergänzungsfrage dienen überdies dem Ausdruck von indirekten implizierten oder vorausgesetzten Einstellungen. Soweit der Träger einer Einstellung nicht explizit festgelegt ist (und dies ist er nur in Einstellungssätzen mit persönlichen Subjekten), erfolgt seine Spezifizierung nach sprach- und allgemeinlogischen Regeln in Abhängigkeit vom EM und dem (expliziten, impliziten oder vorausgesetzten) Status der Einstellung (gemäß R 1—3).

Die aus den Bedeutungen von EM, E und p bedingte Grundstruktur der positionalen Bedeutung eines Satzes: EM — E — p kann unter bestimmten Bedingungen um eine zusätzliche Einstellung erweitert werden. Sieht man einmal von dem Fall ab, in dem p selbst einen Einstellungssachverhalt identifiziert, so ist es in der Regel aber nur e i n e Einstellung, die noch dazukommen kann: $EM - E1 - E2 - p$.

Gibt es zwischen EM und p zwei Einstellungen, dann kann die erste (wie die Beispiele mit kontrastierten Einstellungen zeigten) positiv, negativ oder opaque sein (transparente

Satzadverbien sind aus Gründen der Tautologie ausgeschlossen), die zweite Einstellung aber nur (sekundär propositionalisiert[31] und) transparent.

Dies jedenfalls ergab sich aus den Verwendungsbedingungen, die für Satzadverbien im Kontext anderer Einstellungen zu beobachten sind. Mit der generellen Formulierung dieser Verwendungsbeschränkungen in S1 und S3 war unterstellt, daß sie (nicht nur für die von Satzadverbien identifizierten, sondern) für alle nicht-propositional realisierten Einstellungen gelten.

Bezieht man nun aber die Einstellungspartikeln als eine weitere Klasse nicht-propositionaler positionaler Ausdrucksmittel in die Betrachtung mit ein, so scheint die Allgemeingültigkeit von S1 und S3 in Frage gestellt. Einstellungspartikeln realisieren positionale Bedeutungen, die sich nahezu uneingeschränkt auf andere Einstellungen beziehen lassen, unabhängig davon, ob diese propositionalisiert sind oder nicht, transparent oder opaque; man vgl.:

Nina denkt doch, daß Konrad verreist ist.
Konrad ist doch wirklich verreist.
Konrad ist doch wahrscheinlich verreist.

Die beiden letzten Sätze scheinen — da die Satzadverbien unkontrastiert, also nicht-propositional verwendet werden — S3 zu widersprechen, der letzte Satz überdies — da er eine opaque Einstellung im Skopus einer anderen Einstellung zuzulassen scheint — S1. Mißt man das Verhalten der Einstellungspartikeln am Verhalten der Satzadverbien, so entspricht nur der erste Satz den Erwartungen, da ja propositional realisierte Einstellungen uneingeschränkt zum Gegenstand anderer Einstellungen werden können.

Das Verhalten der Einstellungspartikeln weicht aber auch in anderer Hinsicht vom Verhalten der Satzadverbien ab. EP können in der Regel nicht (bzw. nur, wenn sie kontrastiert sind) negiert oder im Skopus anderer Einstellungen verwendet werden, doch korrespondiert diese Restriktion nicht, wie bei den Satzadverbien, mit der Restriktion gegenüber dem nicht-assertiven EM; ja es gibt sogar EP, die nicht gegenüber dem nicht-assertiven, sondern gegenüber dem assertiven EM Verwendungsbeschränkungen aufweisen; man vgl.:

**Konrad ist nicht ja verreist.*
**Ist Konrad ja verreist?*
**Konrad ist nicht doch verreist.*
Konrad ist doch verreist?
Ist Konrad denn verreist?
**Ist Konrad nicht denn verreist?*
**Konrad ist denn verreist.*

[31] Daß von zwei Einstellungen diejenige, die im Skopus der anderen steht, (wenigstens sekundär) propositional sein muß, mag der Grund dafür sein, daß zwischen dem EM und der propositionalen Bedeutung immer nur höchstens zwei Einstellungen stehen können. Da sich Einstellungen nur auf Sachverhalte beziehen können, muß eine Einstellung, die zum Gegenstand einer anderen Einstellung werden soll, zu einem Sachverhalt erweitert (propositionalisiert) werden. Zwischen einem sekundär propositionalen Element und der Proposition, zu der dieses Element gehört, kann aber — wie kontrastierte Konstituenten zeigen — generell keine weitere Einstellung stehen, unabhängig davon, ob das sekundär propositionalisierte Element eine Einstellung zu *p* oder ein Element aus *p* identifiziert.

Wie diese Beispiele zeigen, unterliegt jede EP einer anderen Kombination von Restriktionen: „ja" ist nicht negierbar und nicht in einer Frage verwendbar; „doch" ist nicht negierbar, aber (zumindest) in einer (Sekundär-)Frage verwendbar; „denn" ist nicht negierbar und nicht assertierbar. Wie der Vergleich zwischen „ja" und „doch" zeigt, durch die zweifelsohne transparente positionale Bedeutungen realisiert werden, spielt dabei das Kriterium der Transparenz, das ja bei den Satzadverbien über ihre Kombinierbarkeit mit dem nicht-assertiven EM entscheidet, bei den EP keine Rolle.

Auch im Kontext von propositionalen Einstellungen unterscheiden sich die Verwendungsbedingungen von Satzadverbien und EP. Während wenigstens alle transparenten Satzadverbien in den Nebensätzen von Einstellungssätzen verwendet werden können, sind gerade EP wie „ja" und „doch" hier ausgeschlossen:

Nina nimmt an, daß Konrad ja verreist ist.
Nina glaubt, daß Konrad doch verreist ist.

Selbst das ‚immunisierende' „wissen", in dessen Geltungsbereich sowohl transparente wie opaque Satzadverbien möglich sind, macht keine der EP im Nebensatz akzeptabel:

Nina weiß, daß Konrad doch verreist ist.
Nina weiß, daß Konrad ja verreist ist.

Auch in den nicht-assertierten Nebensätzen von Einstellungssätzen und adverbiellen Satzgefügen, in denen transparente Satzadverbien verwendet werden konnten, können „ja" und „doch" nicht verwendet werden.

Nina fragt sich, ob Konrad doch verreist ist.
Wenn es doch regnet, bleiben wir zu Hause.

Selbst die EP „denn", die mit dem nicht-assertiven EM verwendet werden muß, kann hier nicht stehen:

Nina fragt sich, ob Konrad denn verreist ist.
Wenn es denn regnet, bleiben wir zu Hause.

Eine Kontrastierung der EP kann zwar auch zur Aufhebung der Restriktion führen:

Nina fragt sich, ob Konrad d o c h verreist ist.,

aber nicht jede EP, die kontrastierbar ist, kann mit dem bestätigenden EM verwendet werden:

Wo ist Nina d e n n gewesen?[32]
Konrad ist d e n n verreist.

Daß sich Satzadverbien und EP in allen relevanten Kontextklassen unterschiedlich verhalten, spricht dafür, daß es sich bei Satzadverbien und EP um zwei unterschiedliche Klassen von positionalen Ausdrucksmitteln handelt. Einige dieser Unterschiede weisen darüber hinaus auf große Ähnlichkeiten zwischen der Klasse der EP und dem EM hin.

32 Obwohl das kontrastierte „denn" möglicherweise zur saloppen Umgangssprache gehört, soll es in die Betrachtung mit aufgenommen werden, da sich seine Eigenschaften nicht weniger systematisch als die der anderen kontrastierten Partikeln auf die Integration der Bedeutung der Partikeln mit der ihres Kontexts zurückführen lassen.

Wie die Beispiele oben zeigen, lassen EP nahezu uneingeschränkt transparente und opaque, unkontrastierte Satzadverbien in ihrem Skopus zu, können ihrerseits aber so gut wie gar nicht im Skopus anderer, nicht-propositionaler oder propositionaler Einstellungen stehen. Einige EP (z. B. „ja“) können nur mit dem assertiven EM, andere (z. B. „denn“) nur mit dem nicht-assertiven EM verwendet werden, wobei diejenigen, die — wie „doch“ oder „wohl“ — im Prinzip mit beiden EM verwendbar sind, dies auch nur unter bestimmten, wiederum den EM betreffenden Bedingungen sind. Beide können nämlich nur in einer Sekundärfrage stehen, in einer Frage also, in der der assertive EM zumindest durch den Satzmodus vertreten ist; vgl.

Konrad ist doch verreist?

mit

**Ist Konrad doch verreist?*

Für die Annahme, daß die Bedeutung von EP dem EM näher steht als der Bedeutung von Satzadverbien, kann schließlich noch ein Fall angeführt werden, in dem EP zur Vervollständigung von Teilsätzen beitragen, die an sich nicht als selbständige Sätze verwendet werden können. Wie noch zu zeigen sein wird, fehlt einem Teilsatz wie

**Wenn er käme!*

gerade das Ausdrucksmittel für den assertiven EM. Während Satzadverbien (die hier ja nur kontrastiert verwendbar sind) nicht viel verbessern:

**Wenn er t a t s ä c h l i c h käme!*,

kann eine EP wie „doch“ Abhilfe schaffen:

Wenn er doch käme!

Die Anzeichen dafür, daß EP EM-ähnliche Ausdrucksmittel sind, sind also in der Gesamtheit ihres kontextuellen Verhaltens, im Vergleich zu dem der Satzadverbien, nicht zu übersehen. Nun stößt man zwar sowohl bei der Analyse der Bedeutung von Einstellungssätzen wie bei der Analyse der Bedeutung von adverbiellen Teilsätzen auf die Tatsache, daß der EM außer durch Satzmodus und Satzintonation noch durch andere Ausdrucksmittel realisiert werden kann, doch handelt es sich in diesen Fällen immer nur um die beiden grundlegenden Möglichkeiten des assertiven und nicht-assertiven EM, d. h. um die bestätigende oder nicht-bestätigende Haltung des Sprechers gegenüber der Einstellung, die durch das positionale Ausdrucksmittel im Skopus des EM spezifiziert ist. Daß EP aber eine differenziertere positionale Bedeutung determinieren, daß sie mehr als nur die bestätigende oder nicht-bestätigende Haltung des Sprechers gegenüber einer Einstellung festlegen, folgt schon allein aus der Tatsache, daß es mehr als zwei EP gibt, die sich in ihren Bedeutungen voneinander unterscheiden. Sieht man aber einmal von der assertiven bzw. nicht-assertiven Spezifik des EM ab, so läßt sich die EM-Ähnlichkeit der EP erklären, wenn man annimmt, daß sie — wie der EM — die Meinung des Sprechers (oder gegebenenfalls die eines propositionalen Einstellungsträgers) bezüglich der Einstellung festlegen, die durch das positionale Ausdrucksmittel in ihrem Skopus spezifiziert wird. Wie dies im einzelnen aussieht und was die Bedeutungen der einzelnen EP voneinander unterscheidet und folglich die individuellen Unterschiede in ihrem Kontextverhalten bedingt, sollen die nächsten Kapitel zeigen.

12. „Doch“

Die Betrachtung der einzelnen EP soll mit „doch“ beginnen, dessen positionale Bedeutung beschrieben werden kann, ohne daß die bisher eingeführten Grundelemente erweitert zu werden brauchen. Da die Interpretation von „doch“ in Abhängigkeit vom sprachlichen und außersprachlichen Kontext relativ viele Varianten aufweist, bietet „doch“ einen besonders ergiebigen Modellfall für die positionale Bedeutung von EP. Die verschiedenen Interpretationsvarianten von „doch“ verleiten Autoren von Wörterbüchern, aber auch von speziellen Partikelarbeiten, immer wieder zu der Annahme, daß „doch“ verschiedene Bedeutungen hat. HARRAP's German English Dictionary unterscheidet zwischen einem „doch“, durch das man jemanden drängt, etwas zu tun, und einem „doch“, durch das man Unsicherheit, Empörung oder einen Wunsch ausdrückt, einer Sache Nachdruck verleiht, etwas bestätigt, begründet oder zusammenfaßt bzw. (im Fall des betonten „doch“) jemandem widerspricht oder jemanden korrigiert. Für den fremdsprachigen Leser mag diese Differenzierung auf den ersten Blick sogar recht nützlich erscheinen, dennoch dürfte auch er durch die Angabe einer invarianten Bedeutung und die Illustration ihrer kontextabhängigen Variierbarkeit zu einem produktiveren Verständnis der Partikel gelangen.

Was die relevanten Kontextklassen für „doch“ sind, läßt sich schon deutlicher in einer Arbeit von G. HELBIG (1977) erkennen, der zwischen einem „doch“ unterscheidet, das der Vergewisserung dient (a), einem „doch“, das einen Gegensatz (b) oder eine Emphase (c) ausdrückt bzw. eine Aufforderung verstärkt (d). Die Differenzierung korrespondiert mit den Kontextklassen von Sekundärfrage, Aussage, Ausruf und Imperativ; man vgl.:

Konrad ist doch verreist? (a)
Konrad ist doch verreist. (b)
Das ist doch die Höhe! (c)
Komm doch herein! (d)

H. WEYDT (1969), der ganz gezielt alle Partikeln miteinander im Kontext von Aussage, Ausruf, (Entscheidungs- bzw. Ergänzungs-)Frage und Imperativ vergleicht, schlußfolgert aus der Verteilung von „doch“ auf eine allen Vorkommen gemeinsame „leicht adversative Bedeutung“, einen „Gegensatz zu der bis dahin angenommenen Vorstellung“[33]. Er erklärt sich die Restriktion von „doch“ gegenüber Fragen mit der Annahme, daß „doch“ dazu dient, jemandem einen Sachverhalt mitzuteilen oder gar einzureden, wozu eine Frage ja nicht verwendet werden kann. Da aber „doch“ auch in (Sekundär-)Fragen verwendet wird, trifft dieser Teil der Generalisierung von WEYDT nicht zu. Der Versuch, die kontextuellen Eigenschaften der Partikel durch ihre — wie wir heute sagen würden — illokutionären Funktionen (des Mitteilens, Einredens etc.) zu erklären, muß scheitern. Obwohl „Mitteilen“ schon das allgemeinste ist, was es an illokutionären Funktionen gibt, ist es immer noch nicht allgemein genug, um auch die Bedeutung von „doch“ in Sekundärfragen zu erfassen.

Die außerordentliche Variabilität von „doch“ kann (zugleich mit seinen Verwendungsbeschränkungen) erklärt werden, wenn man die illokutionären Möglichkeiten der Partikel als eine Folgeerscheinung ihrer positionalen Bedeutung betrachtet.

Die invariante Bedeutung von „doch“ liegt (ähnlich wie die des Kontrastakzents) in der Gegenüberstellung zweier alternativer Einstellungssachverhalte, von denen dem

[33] H. WEYDT (1969), S. 39.

Sprecher gerade jene Einstellung zu *p* zugeordnet ist, die durch das positionale Ausdrucksmittel im Skopus von „doch“ bestimmt ist. Dies wird deutlich, wenn man

Konrad ist doch verreist.

mit

Konrad ist doch wirklich verreist.

oder

Konrad ist doch wahrscheinlich verreist.

vergleicht. Im einen Fall bestätigt der Sprecher eine durch „wirklich“ spezifizierte Einstellung zu *p*, im anderen eine durch „wahrscheinlich“ spezifizierte Einstellung, und — analog dazu — im ersten Beispiel eine durch die Abwesenheit eines positionalen Ausdrucksmittels als positiv spezifizierte Einstellung. Aber auch mit

Konrad ist doch wirklich verreist?

und

Konrad ist doch verreist?

ist die Einstellung, die durch das positionale Ausdrucksmittel im Skopus von „doch“ bestimmt wird, die Einstellung des Sprechers. Durch den nicht-assertiven EM der Sekundärfrage wird diese Einstellung jedoch nicht bestätigt, sondern nur impliziert. Davon, daß auch mit einer Sekundärfrage ohne „doch“ wie

Konrad ist verreist?

eine Sprechereinstellung impliziert wird, war bereits wiederholt die Rede. Beide Sätze werden mit dem deklarativen Satzmodus (also primär assertiv) verwendet, durch den der Sprecher potentiell auf die Einstellung festgelegt wird, die im Skopus des EM steht.

Die angenommene EM-Ähnlichkeit der Partikeln läßt sich nun für „doch“ dahingehend präzisieren, daß es zwischen „doch“ und dem deklarativen Satzmodus eine Funktionsgleichheit gibt, die darin besteht, daß beide Ausdrucksmittel den Sprecher potentiell auf die in ihrem Skopus stehende Einstellung festlegen. Damit erklärt sich mühelos die Verwendungsbeschränkung der Partikel gegenüber dem Interrogativsatz:

**Ist Konrad doch verreist?*

Im Unterschied zum deklarativen Satzmodus legt der interrogative Satzmodus den Sprecher potentiell auf eine Haltung fest, die die Möglichkeit von *E* ebenso wie die von *nicht-E* einräumt (also gewissermaßen auf beide Einstellungen). Analoges gilt für die Verwendungsbeschränkung der Partikel in nicht-assertiven adverbiellen Teilsätzen wie

**Wenn es doch regnet, bleiben wir zu Hause.*

und Einstellungssätzen mit nicht-assertiven Prädikaten:

**Nina fragt, ob Konrad doch verreist ist.*

Indem „doch“ den Sprecher bereits potentiell auf die Einstellung im Skopus der Partikel festgelegt hat, ist innerhalb desselben Einstellungssachverhalts nur noch die Entscheidung über den assertierten oder implizierten Status dieser Sprechereinstellung offen. Dennoch besteht zwischen einer potentiellen Assertion, die durch „doch“ und einer, die durch den deklarativen Satzmodus realisiert wird, ein Unterschied. Mit einer Sekundärfrage ohne „doch“ wie

Konrad ist verreist?

wird eine zur wörtlichen Einstellung alternative Sprechereinstellung impliziert; in derselben Sekundärfrage mit „doch“

Konrad ist doch verreist?

entspricht die implizierte Sprechereinstellung der wörtlich realisierten Einstellung. Zwischen der potentiell assertiven Bedeutung von „doch“ und der des deklarativen Satzmodus gibt es einen, wenn auch relativ geringfügigen, Unterschied, der die unterschiedliche Interpretation beider Sekundärfragen erklären kann. Während nämlich die potentielle Assertion von „doch“ dem Sprecher und nur dem Sprecher zuzuordnen ist, kann die potentielle Assertion des deklarativen Satzmodus dem Sprecher oder einem anderen Einstellungsträger zugeordnet werden. Gerade dies schafft die Möglichkeit, den deklarativen Satzmodus mit einer assertiven oder einer nicht-assertiven Satzintonation zu verbinden (man erinnere sich an die entsprechenden Ausführungen im 5. Kapitel). Die alternative Sprechereinstellung entsteht dabei als eine sprachlogische Folge aus der Kombination des deklarativen Satzmodus mit einer nicht-assertiven Satzintonation, d. h. aus einer Frage des Sprechers bezüglich einer durch einen anderen bereits erfolgten Bestätigung.

Der Unterschied zwischen Sekundärfragen mit und ohne „doch“ läßt sich also darauf zurückführen, daß „doch“ die potentielle Assertion von vornherein auf den Sprecher einschränkt. An dieser Entscheidung ändert auch die Bedeutung des deklarativen Satzmodus nichts mehr. Wird dann die Bedeutung des Satzmodus durch eine interrogative Satzintonation als nicht-assertive Haltung uminterpretiert, so kann die potentiell assertierte Einstellung, als deren Träger der Sprecher bereits festliegt, nur noch zur implizierten Sprechereinstellung werden.

Wenn Ass' eine potentielle Assertion symbolisiert, dann wird durch „doch“: $Ass'(E_s(p))$ und durch den deklarativen Satzmodus: $Ass'(E_\sigma(p))$ realisiert (wobei σ eine Variable über *s* und *nicht-s* ist). Wird die potentielle Assertion durch die assertive Satzintonation aktualisiert, so entsteht in beiden Fällen $Ass(E_s(p))$. Wird die potentielle Assertion durch die nicht-assertive Satzintonation uminterpretiert, so entsteht im Fall ohne „doch“ *nicht-*$Ass(E_x(p))$ *und* $IM($*nicht-*$E_s(p))$ und im Fall mit „doch“ *nicht-*$Ass(E_x(p))$ *und* $IM(E_s(p))$.

Mit der Annahme, daß „doch“ den Sprecher potentiell auf die Einstellung im Skopus der Partikel festlegt, erklärt sich auch die Verwendungsbeschränkung von „doch“ gegenüber allen anderen übergeordneten Einstellungen:

**Konrad ist nicht doch verreist.*
**Konrad ist wahrscheinlich doch verreist.*
**Nina glaubt, daß Konrad doch verreist ist.*
**Nina weiß, daß Konrad doch verreist ist.*

etc.[34]

[34] Da „sagen“ und „meinen“ selbst keine Einstellung festlegen, lassen sie „doch“ im Nebensatz zu:
Nina sagte, daß Konrad doch verreist sei und daß ...
Nina meint, daß Konrad doch verreist sein muß, weil ...

Die (nicht-propositional realisierte) Sprechereinstellung kann nicht mehr zum Gegenstand einer anderen Einstellung werden. Wo eine sekundäre Propositionalisierung einer Partikelbedeutung möglich ist, verschwindet – wie bei den Satzadverbien – eine ganze Reihe von Kontextbeschränkungen; vgl.

Konrad ist wahrscheinlich doch verreist.,

wo „doch“ durch die Kontrastierung sekundär propositionalisiert ist.

Aber auch ohne eine entsprechende Propositionalisierung kann „doch“ überdies noch im Skopus einer anderen EP erscheinen:

**Konrad ist ja doch verreist.*

Ehe ich auf die Kontrastierung von „doch“ und die Kombinatorik von EP untereinander näher eingehe, will ich mich noch mit dem Teil der positionalen Bedeutung von „doch“ befassen, den H. Weydt (1969) mit der Vorstellung der „leicht adversativen Bedeutung“ angesprochen hat.

Während die wörtliche Einstellung im Skopus von „doch“ dem Sprecher zugeordnet wird (und je nach EM assertiert oder impliziert wird), ist mit „doch“ auch eine der wörtlichen Einstellung entgegengesetzte Einstellung bestimmt, die generell nur impliziert sein kann und – in Abhängigkeit vom EM – vom Sprecher als Möglichkeit zugelassen oder gänzlich ausgeschlossen wird. In

Konrad ist doch verreist.

ist die positive Einstellung die vom Sprecher bestätigte Einstellung, womit die alternative Einstellung von ihm ausgeschlossen werden muß. In *Konrad ist doch wahrscheinlich verreist.* ist die durch „wahrscheinlich“ spezifizierte Einstellung die vom Sprecher bestätigte Einstellung, womit er die alternative Einstellung noch in dem Maß zulassen muß, in dem die Bestätigung von p durch „wahrscheinlich“ eingeschränkt wird. In *Konrad ist doch verreist?* ist die Sprechereinstellung im Kontext des nicht-assertiven EM nur noch impliziert, womit die alternative Einstellung vom Sprecher zugelassen werden muß (eine Haltung, auf die er durch den nicht-assertiven EM ohnehin festgelegt ist). Während „doch“ den Einstellungsträger der Einstellung in seinem Skopus eindeutig als den Sprecher identifiziert, spezifiziert es den Einstellungsträger der alternativen Einstellung nicht (logisch fixiert ist nur die Haltung des Sprechers zu dieser alternativen Einstellung). Ob es sich bei dem Einstellungsträger oder der vom Sprecher ausgeschlossenen alternativen Einstellung um eine bestimmte Person handelt (z. B. den Hörer) oder ob es sich dabei nur um eine denkbare Einstellungsmöglichkeit zu p handelt, entscheidet sich erst im weiteren (letztendlich im außersprachlichen) Kontext eines Satzes mit „doch“. So kann die mit *Konrad ist doch verreist.* implizierte negative Einstellung zu p je nach der Situation, in der der Satz verwendet wird, die Einstellung des Hörers sein, der denkt, daß Konrad nicht verreist ist, oder nicht weiß, daß Konrad verreist ist, oder auch nur im Moment nicht daran denkt, daß Konrad verreist ist. Der Sprecher kann von dieser Einstellung des Hörers Kenntnis haben (direkt oder indirekt aus einer Äußerung oder irgendeinem anderen Verhalten des Hörers);

Allerdings scheint dieser Bericht von der Haltung des propositionalen Einstellungsträgers nicht auf die Wiedergabe des einen Satzes mit „doch“ beschränkt sein zu dürfen (möglicherweise, um die Bezugssituation für die Einstellungen des propositionalen Einstellungsträgers von der des Berichterstatters deutlicher abzugrenzen).

er kann diese Einstellung aber auch nur vermuten oder versuchsweise unterstellen, um damit (im Vertrauen auf die Befolgung der einschlägigen Kooperationsprinzipien à la GRICE) einen gemeinsamen epistemischen Ausgangspunkt für die weitere Verständigung zu sichern. Der Einstellungsträger der alternativen Einstellung kann schließlich ohne jegliche Referenz (rein attributiv) gesetzt sein: für den Fall, daß es jemanden gibt, der eine solche Einstellung hat, hält ihm der Sprecher seine alternative Einstellung entgegen. Dies dürfte z. B. die Interpretationsvariante von „doch“ in Ausrufen sein, wenn sie — wie in *Das ist doch die Höhe!* — nicht in Reaktion auf (wirkliche oder angenommene) Meinungen verwendet werden.

Während die von „doch“ dem Sprecher zugeordnete Einstellung, je nach dem, welches positionale Ausdrucksmittel im Skopus der Partikel steht, beliebig variieren kann, scheint die implizierte alternative Einstellung nur eine negative oder positive Einstellung zu *p* zu bestimmen, je nachdem, ob es sich bei der Einstellung im Skopus von „doch“ um eine eingeschränkt oder uneingeschränkt positive oder negative Einstellung handelt. So implizieren

Konrad ist doch verreist.

und

Konrad ist doch wahrscheinlich verreist.

eine negative Einstellung zu *p* (die vom Sprecher völlig ausgeschlossen oder noch als Möglichkeit zugelassen wird);

Konrad ist doch nicht verreist.

und

Konrad ist doch wahrscheinlich nicht verreist.

implizieren eine positive Einstellung zu *p* (die vom Sprecher völlig ausgeschlossen bzw. noch als Möglichkeit zugelassen wird). Daß die durch „wahrscheinlich“ bestimmte Einschränkung in beiden Fällen nur die Sprechereinstellung betrifft und nicht die alternative Einstellung, die mit „doch“ impliziert wird, mag sprachlogische Gründe haben; auf alle Fälle kann die Reduktion des alternativen Einstellungssachverhalts auf eine „ja“-„nein“-Haltung mit der Vagheit implizierter positionaler Bedeutung in Zusammenhang gesehen werden. Würde die alternative Einstellung der Einstellung gelten, die im Skopus von „doch“ steht, so käme in den Sätzen mit „wahrscheinlich“ eine opaque Einstellung in den Skopus einer negativen Einstellung, was gemäß S 1 generell ausgeschlossen ist. Davon, daß S 1 auch in der Gegenwart von „doch“ wirksam bleibt, zeugt die Verwendungsbeschränkung opaquer Satzadverbien im Kontext eines nicht-assertierten „doch“:

**Konrad ist doch wahrscheinlich verreist?*

Es gibt nur einen Weg, die Einstellung im Skopus von „doch“ auch zum Gegenstand der von „doch“ implizierten alternativen Einstellung zu machen, und das ist die Kontrastierung des positionalen Ausdrucksmittels im Skopus der Partikel; mit

Konrad ist doch w i r k l i c h verreist.

wird die Einstellung, Konrad könnte nicht w i r k l i c h verreist sein, zurückgewiesen. Opaque Einstellungen sind allerdings mangels Kontrastierbarkeit auch hier nicht verwendbar. Da man die Negation wie in *Konrad ist doch wahrscheinlich nicht verreist.* auch als Teil der propositionalen Bedeutung auffassen kann, lassen sich die beiden Varianten der durch „doch“ implizierten alternativen Einstellungen als eine negative Einstellung zu einem positiv oder negativ gefaßten Sachverhalt zusammenfassen. Wenn *p* eine Variable über *p* und *nicht-p* ist, dann kann die invariante Bedeutung von „doch“ als die positionale Bedeutung:

$$Ass'(E_s(p)) \text{ und } IM(neg_x(p))$$

angegeben werden, wobei *E* durch das positionale Ausdrucksmittel im Skopus der Partikel bestimmt wird und „neg“ der Einfachheit halber für die alternative negative bzw. (bei *E* = *neg*) positive Einstellung stehen soll.

Zu welchem illokutionären Zweck diese Einstellungskonstellation jeweils verwendet wird, ist dabei vom weiteren sprachlichen und außersprachlichen Kontext abhängig. Die kontextabhängigen Interpretationen der Äußerungen von „doch“ ergeben sich sprachlich aus der Integration der positionalen Bedeutungen von „doch“ und den Ausdrucksmitteln für *E*, *p* und EM, die der Satz mit „doch“ enthält, sowie außersprachlich aus den Kenntnissen und Vorstellungen, die mit dem durch *p* identifizierten Sachverhalt und der Äußerungssituation des Satzes verbunden sind.

W. Bublitz (1978) hat gerade letzteres zum Ausgangspunkt seiner Partikelanalysen gemacht. Er führt eine Reihe von Quasisyllogismen auf, ohne damit zu einer tragbaren Verallgemeinerung über die Bedeutung der einzelnen Partikeln zu gelangen. Wie weit man sich durch einen solchen Ansatz von der eigentlichen linguistischen Fragestellung entfernen kann, sei mit einem der quasisyllogistischen Beispiele illustriert, die er für die Beschreibung der Bedeutung von „doch“ ausformuliert hat. (Daß das Beispiel, mit dem Bublitz den Fall von „doch“ im Aussagesatz demonstriert, für eine Analyse der Spezifik der Partikel denkbar ungeeignet ist, weil es sich dabei zugleich um einen Einstellungssatz mit „wissen“ handelt, sei nur nebenbei bemerkt.)

„Kannst du Auto fahren? — Das weißt du doch.“
X = du kannst Autofahren
Ich nehme an, du weißt, ob X;
Wenn man etwas weiß, dann erfragt man es im allgemeinen nicht;
Also fragst du wahrscheinlich auch nicht, ob X;
Aber es ist nicht der Fall, daß du nicht fragst, ob X.[35]

Daraus folgt laut Bublitz als konventionelle Implikatur ein „Gegensatz zwischen der Bedingung deiner Frage und meiner Annahme“ und als konversationelle Implikatur: „Ich frage dich, warum fragst du, ob X.“ Dies wird von Bublitz als „vorwurfsvolle Gegenfrage“ interpretiert („verbunden mit einem Appell an den Hörer, den Sachverhalt einzusehen oder sich an ihn zu erinnern“[36], was in einem anderen Zusammenhang als „Vorwurf im Widerspruch“ charakterisiert worden war).

Sieht man einmal von der Begrenztheit allen Wissens ab, so ist der Sprecher durch die Ausdrucksmittel des Satzes nicht auf „ich nehme an, daß du weißt, ob X“, sondern auf (die Bestätigung von)

(1) *Du weißt, daß X.*

[35] W. Bublitz (1978), S. 104ff.
[36] Ebenda, S. 107.

festgelegt. Die nächsten Prämissen, die nun nicht mehr aus der Bedeutung des Satzes mit „doch“, sondern aus der Bedeutung des Vorgängerseatzes und allgemeinen außersprachlichen Kenntnissen folgen, müßten lauten:

(2) *Du fragst, ob X.*
(3) *Wenn man fragt, ob X, weiß man im allgemeinen nicht, ob X.*

Demnach heißt die Schlußfolgerung:

(4) *Also weißt du nicht, daß X.*

Der Gegensatz, der zwischen (1) und (4) entstanden ist, ist der Gegensatz zwischen der Sprechereinstellung (bezüglich des Sachverhalts: der Höhrer weiß, daß *X*) und der vom Hörer quasi implizierten Einstellung zu diesem Sachverhalt (er weiß nicht, daß *X*).

Die konversationelle Schlußfolgerung, von der aus Bublitz zu der Verallgemeinerung einer „vorwurfsvollen Gegenfrage“ gelangt, ist keine notwendige Interpretation des Beispielsatzes. Es steht dem Sprecher frei, ob er mit „Das weißt du doch.“ den Hörer dazu bewegen will, zuzugeben, daß er es weiß, oder zu erklären, welche Gründe ihn dazu bewogen haben, nach etwas, was er weiß, zu fragen, usw. usf. Auch muß das Ganze kein Vorwurf sein, allenfalls wird der Sprecher erstaunt sein, aber selbst das braucht nicht zuzutreffen. Es könnte ja natürliche Ursachen dafür geben, daß der Fragende das, was er schon einmal gewußt hat (durch Schock, Drogen, Alter etc.), im Moment nicht weiß. Wollte man alle diese Variationsmöglichkeiten berücksichtigen, so würde man wohl nie bis zur invarianten Bedeutung von „doch“ durchdringen, die zwar — wenn man sie schon gefunden hat — in der Abfolge (1)—(4) erkennbar wird, aber nur, wenn man den Blick von den illokutionären Funktionen weg auf jene positionale Bedeutung richtet, die alle Sätze mit „doch“ aufweisen.

13. „Etwa“

Auch für die Beschreibung der positionalen Bedeutung von „etwa“ genügen die bisher eingeführten Grundelemente. Im Unterschied zu „doch“ scheint „etwa“ in seiner Bedeutung wenig variabel, unterliegt dafür aber — verglichen mit „doch“ und anderen EP — auch verhältnismäßig wenig Verwendungsbeschränkungen und kann sogar im Skopus einer anderen Einstellung verwendet werden (bzw. muß dies in bestimmten Kontexten); man vgl.:

Ist Konrad etwa verreist?
**Konrad ist etwa verreist.*
Konrad ist nicht etwa verreist.
Ist Konrad nicht etwa verreist?

Wie die Beispiele zeigen, kann „etwa“ nur, wenn es negiert ist, mit dem assertiven EM verwendet werden (im Skopus des nicht-assertiven EM kann es mit und ohne Negation stehen). Allerdings ist die negative auch die einzige Einstellung, in deren Skopus die Partikel verwendet werden kann:

**Konrad ist wirklich etwa verreist.*
**Konrad ist wahrscheinlich etwa verreist.*

Auch negiert ist „etwa“ nicht im Skopus einer weiteren Einstellung verwendbar:

**Konrad ist wirklich nicht etwa verreist.*

bzw. im Nebensatz von Einstellungssätzen mit assertiven Prädikaten:

**Nina denkt, daß Konrad nicht etwa verreist ist.*
**Nina weiß, daß Konrad nicht etwa verreist ist.*

Dagegen kann „etwa“ im Nebensatz von Einstellungssätzen mit nicht-assertiven Prädikaten (mit und ohne Negation) stehen:

Nina fragt sich, ob Konrad etwa verreist ist.
Nina fragt sich, ob Konrad nicht etwa verreist ist.

sowie u. U. (mit Negation) in assertiven und (mit und ohne Negation) in nicht-assertiven adverbiellen Teilsätzen:

Wir bleiben nicht etwa zu Hause, weil es regnet.
**Wir bleiben etwa zu Hause, weil es regnet.*
Wenn es etwa regnet, bleiben wir zu Hause.
Wir machen einen Ausflug, wenn es nicht etwa regnet.

Hinzuzufügen ist, daß sich „etwa“ immer direkt auf eine propositionale Bedeutung beziehen muß. Einstellungen können im Skopus dieser Partikel immer nur in einer propositionalisierten Form stehen:

Ist Konrad etwa n i c h t verreist?
Ist Konrad etwa w i r k l i c h verreist?
**Ist Konrad etwa nicht verreist?*
**Ist Konrad etwa wirklich verreist?*
Denkt Nina etwa, daß Konrad verreist ist?

etc.

Die Verwendungsbedingungen von „etwa“ lassen sich erklären, wenn man folgendes annimmt. „Etwa“ legt eine (durch seine affirmative Form bestimmte) positive oder eine (durch seine negierte Form bestimmte) negative Einstellung zu p fest und bezieht diese Einstellung auf eine alternative Einstellung zu p. Die Spezifizierung der Einstellungsträger beider Einstellungen erfolgt in Abhängigkeit vom EM des Satzes. Der nicht-assertive EM ordnet die implizierte Einstellung dem Sprecher zu, der assertive EM ordnet ihm die assertierte Einstellung zu. Damit ist zugleich festgelegt, ob der Sprecher die seiner Einstellung entgegengesetzte Einstellung völlig ausschließt oder noch als Möglichkeit zuläßt. Analoges gilt für den Fall, in dem es — wie in *Nina fragt sich, ob Konrad etwa verreist ist.* und *Nina fragt sich, ob Konrad nicht etwa verreist ist.* — um die Einstellung eines propositional realisierten Einstellungsträgers geht.

In *Ist Konrad etwa verreist?* ist die wörtliche, nicht-assertierte Einstellung positiv. Die dazu alternative, implizierte Einstellung ist demzufolge negativ und wegen des nicht-assertiven EM die Einstellung des Sprechers:

$nicht\text{-}Ass(pos_x(p))\ und\ IM(neg_s(p))$

In *Ist Konrad nicht etwa verreist?* ist die wörtliche, nicht-assertierte Einstellung negativ. Demzufolge ist die dazu alternative, implizierte Einstellung des Sprechers positiv:

$$nicht\text{-}Ass(neg_x(p))\ und\ IM(pos_s(p))$$

Auch in *Konrad ist nicht etwa verreist.* ist die wörtliche Einstellung negativ, wird aber wegen des assertiven EM vom Sprecher bestätigt. Die der Sprechereinstellung entgegengesetzte Einstellung ist in der affirmativen und negierten Frage die wörtliche Einstellung, die der Sprecher — wegen des nicht-assertiven EM dieser Sätze — noch als Möglichkeit zuläßt. In der negierten Aussage ist die der Sprechereinstellung entgegengesetzte Einstellung die implizierte Einstellung, die vom Sprecher — wegen des assertiven EM des Satzes — völlig ausgeschlossen wird (deren Einstellungsträger also notwendigerweise ein anderer als der Sprecher ist):

$$Ass(neg_s(p))\ und\ IM(pos_{nicht\text{-}s}(p))\ .$$

Die Tatsache, daß es nicht möglich ist, die affirmative Form von „etwa“ im Kontext des assertiven EM zu verwenden, weist darauf hin, daß die Spezifizierung der Einstellungsträger der von „etwa“ bestimmten alternativen Einstellungen zu p nicht völlig frei ist, sondern durch die Bedingung eingeschränkt wird, daß der Sprecher p nicht bestätigt. Diese Bedingung wird im Kontext des nicht-assertiven EM erfüllt; sie ist auch erfüllt, wenn der Sprecher eine negative Einstellung zu p bestätigt, da damit die Bestätigung von p notwendigerweise ausgeschlossen ist. Sie ist nicht erfüllt, wenn der Sprecher durch die affirmative Form von „etwa“ im Kontext des assertiven EM darauf festgelegt ist, p zu bestätigen.

Da der Sprecher p nicht bestätigen kann, ist die Partikel auch in der Sekundärfrage nur in ihrer negierten Form verwendbar.

Konrad ist nicht etwa verreist?
**Konrad ist etwa verreist?*

Der deklarative Satzmodus ordnet die wörtliche Einstellung dem Sprecher zu, ehe die Satzintonation darüber entscheidet, ob die Sprechereinstellung assertiert oder nur impliziert ist. Der Inakzeptabilität des letzten Beispiels liegt offensichtlich die Tatsache zugrunde, daß hier eine positive Sprechereinstellung im Skopus des primär assertiven Satzmodus steht, ehe sie infolge einer phonologischen Uminterpretation zur implizierten Einstellung wird. Während „doch“ in der Sekundärfrage möglich ist, gerade weil der deklarative Satzmodus die Verwendungsbedingungen der Partikel erfüllt, ist das (affirmative) „etwa“ in der Sekundärfrage ausgeschlossen, weil der deklarative Satzmodus gegen die Verwendungsbedingung der Partikel verstößt. Beide Fälle zeigen, daß die Partikelbedeutung in streng hierarchischer Abfolge in die gesamte positionale Bedeutung des Satzes integriert wird, wobei zunächst die Integration mit dem durch den Satzmodus determinierten EM erfolgt und erst dann die mit dem durch die Satzintonation determinierten EM.

Nur nebenbei sei bemerkt, daß die Uminterpretation eines Interrogativsatzes durch eine fallende Intonation als Ausruf weder mit dem affirmativen noch mit dem negierten „etwa“ möglich ist:

**Ist Konrad etwa verreist!*
**Ist Konrad nicht etwa verreist!*

Zwar sind beide Versionen von „etwa“ primär mit dem interrogativen Satzmodus verbindbar (da ja beide in richtigen Fragen verwendet werden), doch ist die Uminterpretation eines Interrogativsatzes als Ausruf generell an eine assertive Sprecherhaltung zu *p* gebunden. Sowohl mit

Schmeckt das gut!

wie mit

Schmeckt das nicht gut!

wird eine (emphatisch betonte) positive Sprechereinstellung zu *p* assertiert, unabhängig davon, daß die epistemischen Ausdrucksmittel im letzten Fall eine negative Einstellung zu *p* vorgeben.[37]

Zusammenfassend kann man sagen, daß durch „etwa“ wie durch „doch“ zwei alternative Einstellungen zu *p* aufeinander bezogen werden, daß „etwa“ den Sprecher aber nicht wie „doch“ auf eine Einstellung zu *p* festlegt, sondern auf eine variable, jedoch immer nicht-bestätigende Haltung zu *p*, und daß es dabei die Menge der möglichen Einstellungen zu *p* auf die beiden grundlegenden epistemischen Einstellungen einschränkt.

Wenn diese Analyse zutrifft, dann stellt die Negation von „etwa“ nun doch einen anderen Fall dar als die Negation anderer nicht-propositionaler Ausdrucksmittel. Obwohl die empirische Basis hier ziemlich schmal ist („etwa“ ist die einzige Partikel, die auch negiert verwendet werden kann), scheint mir folgende Verallgemeinerung durch die Eindeutigkeit des Falls legitimiert. Wenn es die der Partikel übergeordnete Negation ist, die die wörtliche Einstellung zu *p* als negative Einstellung determiniert, dann kann man annehmen, daß es auch die der Partikel übergeordnete affirmative Satzform ist, die die wörtliche Einstellung zu *p* als positiv bestimmt. „Etwa“ selbst legt damit nichts anderes als eine (auf eine positive oder negative Einstellung eingeschränkte) Variable zu *p* fest, die es zu einer entsprechend alternativen Einstellung in Beziehung setzt. Erst durch das der Partikel übergeordnete Ausdrucksmittel wird bestimmt, welchen der beiden Werte die Einstellungsvariable annimmt.

Da die affirmative Form von „etwa“ nicht im Kontext des assertiven EM verwendet werden kann, ist die als positiv zu spezifizierende Einstellung von vornherein an eine potentiell nicht-assertive Haltung gebunden:

$nicht\text{-}Ass'(E_x(p))$ *und* $nicht\text{-}E_y(p)$, mit $E = pos$

Ist der der Partikel übergeordnete Einstellungsausdruck positiv, so muß er mit einem interrogativen Satzmodus und einer interrogativen Satzintonation verbunden werden, da die Assertion der positiven Einstellung den Vorgaben einer potentiell nicht-assertierten positiven Einstellung widersprechen würde. (Die implizierte negative Einstellung wird dann gemäß R 2 dem Sprecher zugeordnet.) Ist der der Partikel übergeordnete Einstellungsausdruck negativ, so kann er mit jeder Kombination von Satzmodus und Satzintonation verbunden werden, womit sich dann jeweils entscheidet, ob die implizierte positive Einstellung dem Sprecher oder einem anderen Einstellungsträger zuzuordnen ist. Nur die assertive Uminterpretation eines interrogativen Satzmodus ist wiederum ausgeschlossen, weil ihr Ergebnis der Vorgabe einer potentiell nicht assertierten positiven Einstellung widersprechen würde.

[37] Ich werde auf die positionale Bedeutung von emphatisch uminterpretierten Fragen und ihre Verbindbarkeit mit EP im 20. Kapitel noch ausführlich eingehen.

14. „Denn“

Durch „denn“ wird der Sprecher auf eine nicht-assertive Haltung festgelegt. Anders als bei „etwa“ gilt die Haltung des Sprechers aber nicht *p* (bzw. den beiden grundlegenden epistemischen Einstellungen zu *p*), sondern der im Skopus von „denn“ stehenden Einstellung (zu *p* oder *nicht-p*). Mit

Ist Konrad denn wirklich (nicht) verreist?

wird eine nicht-assertive Haltung des Sprechers zu der durch „wirklich“ spezifizierten Einstellung zu *p* (*nicht-p*) ausgedrückt. In dieser Hinsicht unterscheidet sich das Beispiel nicht von einer Entscheidungsfrage ohne „denn“. Daß die Einstellung im Skopus von „denn“ nicht opaque sein kann

**Ist Konrad denn wahrscheinlich verreist?*,

folgt aus der nicht-assertiven Bedeutung der Partikel ebenso wie die Verwendungsbeschränkung von „denn“ gegenüber dem assertiven EM:

**Konrad ist denn verreist.*

bzw. gegenüber anderen übergeordneten Einstellungen:

**Ist Konrad nicht denn verreist?*
**Nina denkt, daß Konrad denn verreist ist.*

oder die Verwendungsbeschränkung von „denn“ gegenüber Sekundärfragen:

**Konrad ist denn verreist?*

(wo bereits der deklarative Satzmodus mit der positionalen Bedeutung von „denn“ kollidiert).

Auch der Einstellungssachverhalt, zu dem die nicht-assertive Haltung des Sprechers durch „denn“ in Bezug gesetzt wird, ist kaum ein anderer, als der, den man per konversationeller Implikatur ohnehin mit einer Frage verbindet. Durch „denn“ wird impliziert, daß ein anderer Einstellungsträger weiß, ob *E* zu bestätigen oder nicht zu bestätigen ist. Diesbezüglich ist die durch „denn“ implizierte positionale Bedeutung analog zu der von Einstellungssätzen mit „wissen, ob“:

$$Pres(\alpha(p)) \text{ und } nicht\text{-}Ass(E_x(p)) \text{ und } IM(WISS_{nicht\text{-}s}(\alpha = E) \text{ oder } (\alpha = nicht\text{-}E))\ .$$

E wird durch das positionale Ausdrucksmittel im Skopus der Partikel bestimmt.

Da sich die positionale Bedeutung von „denn“ in nichts von den mit einer Frage konversationell verbundenen Erwartungshaltungen unterscheidet, läßt sich die Richtigkeit dieser Annahme nicht interpretativ nachvollziehen. Sie ist nur über die Verwendungsbeschränkungen der Partikel nachweisbar. Dabei kann zusätzlich zu den oben angeführten Fällen die Verwendungsbeschränkung von Fragen mit „denn“ gegenüber einer illokutionären Uminterpretation als Aufforderung angeführt werden. Die nur über Außersprachliches implizierte epistemische Bedeutung kann im entsprechenden Äußerungskontext eliminiert werden, wodurch eine Frage wie

Kommst du mit?

als Aufforderung verstehbar wird. Dies ist bei der durch „denn“ konventionell implizierten epistemischen Bedeutung nicht möglich.

Kommst du denn mit?

läßt sich nur als Frage, nicht als Aufforderung verstehen.[38]

Durch die Bedeutung von „denn“ wird der illokutionäre Interpretationsspielraum auf die Entscheidung zwischen der Bestätigung oder nicht-Bestätigung von *E* eingeschränkt.

Die Spezifik der durch „denn“ implizierten Einstellung erklärt auch, warum „denn“ trotz des nicht-assertiven EM eines Satzes wie

**Nina fragt sich, ob Konrad denn verreist ist.*

— wo das nicht-assertive „etwa“ in beiden Versionen verwendbar war — nicht akzeptabel ist. Während Fragen ohne „denn“ auch reflektorisch verwendet werden können, d. h. vom Fragenden an sich selbst gerichtet sein können, ist durch den von „denn“ implizierten Einstellungssachverhalt festgelegt, daß sich der Sprecher (und analog dazu der propositionale Einstellungsträger) auf die Einstellung eines anderen Einstellungsträgers bezieht. Läßt man das Reflexivpronomen weg, so wird „denn“ wieder akzeptabel:

Nina fragt, ob Konrad denn verreist ist.

Die durch „denn“ implizierte Einstellung erklärt auch die Restriktion der Partikel gegenüber nicht-assertiven Teilsätzen wie

**Wenn es denn regnet, . . .*

Auch hier ist die durch „denn“ implizierte Bezugnahme auf das Wissen eines anderen Einstellungsträgers mit der positionalen Charakteristik eines konditionalen Nebensatzes (in dem das Bestehen eines Sachverhalts von dem eines anderen abhängig gemacht wird) nicht kompatibel.[39]

15. „Ja“

„Ja“ kann wie „doch“ vor transparenten und opaquen Satzadverbien stehen:

Konrad ist ja wirklich verreist.
Konrad ist ja wahrscheinlich verreist.,

[38] Auf diese Unterscheidung macht auch E. König (1977) aufmerksam, wenn er von Beispielen wie

Würdest du denn das Fenster öffnen?

schreibt, daß sie nur ohne „denn“ als Aufforderungen verwendbar sind (S. 122).

[39] Betrachtet man die Sache vom rein logischen Gesichtspunkt aus, dann dürfte die Kombination einer epistemischen Einstellungsalternative des Sprechers mit dem epistemischen Wissen eines anderen keinen Widerspruch ergeben. Sprachlogisch ist der Sprecher aber durch diese Kombination zugleich auf verschiedene positionale „Richtungen“ festgelegt. Durch „denn“ setzt er seine Haltung zu p_{NS} zum Wissen eines anderen in Bezug, durch „wenn“ macht er seine Haltung zu p_{HS} von der Bestätigung von p_{NS} abhängig.

kann aber in keiner Weise mit dem nicht-assertiven EM verbunden werden:

**Ist Konrad ja wirklich verreist?*
**Konrad ist ja wirklich verreist?*

Damit ist klar, daß „ja" den Sprecher nicht nur auf die im Skopus der Partikel stehende Einstellung (zu *p* oder *nicht-p*) festlegt, sondern darüber hinaus auf eine assertive Haltung. Der nicht-assertive EM ist in jeder seiner Erscheinungsformen ausgeschlossen, also auch in nicht-assertiven Einstellungssätzen und adverbiellen Teilsätzen:

**Nina fragt (sich), ob Konrad ja verreist ist.*
**Wenn es ja regnet, . . .,*

ebenso wie jede weitere, der Partikel übergeordnete Einstellung:

**Konrad ist wahrscheinlich ja verreist.*
**Konrad ist nicht ja verreist.*
**Nina denkt, daß Konrad ja verreist ist.*

etc.

Im Unterschied zu „doch" bezieht „ja" die Sprechereinstellung auch nicht auf eine alternative Einstellung zu *p*, sondern auf eine mit der assertierten Einstellung korrespondierende Einstellung zu *p*. Da „ja" den Sprecher auf die Bestätigung der wörtlichen Einstellung festlegt, kommt der Einstellung, auf die „ja" die Sprechereinstellung bezieht, immer der Status einer implizierten Bedeutung zu. Dabei hängt es von der Art des betroffenen Sachverhalts und von der jeweiligen Äußerungssituation ab, welchem Einstellungsträger die implizierte Einstellung zuzuordnen ist und ob es sich um eine bereits assertierte oder nur mögliche Einstellung handelt. Ist von einem allgemeingültigen Sachverhalt die Rede, wie z. B. in

Die Drossel ist ja ein Singvogel.,

so stellt „ja" den Bezug zu einem allgemeinen Einstellungsträger (vergleichbar mit „man") und einer bereits assertierten Einstellung her. Dies erklärt, warum die Partikeln in einem Satz wie

Die Krähe ist ja ein Singvogel.

etwas unangebracht wirkt, da der damit assertierte Sachverhalt zwar zutrifft, die Kenntnis davon (und damit die entsprechend positive epistemische Einstellung dazu) jedoch relativ wenig verbreitet ist. Handelt es sich um einen Sachverhalt, von dem nur die Teilnehmer einer bestimmten Äußerungssituation Kenntnis haben können, wie z. B. in

Ich bleib ja da.,

so bezieht sich die Partikel gegebenenfalls nur noch auf die Möglichkeit des Gesprächspartners, von dem assertierten Sachverhalt Kenntnis zu haben. (Vgl. die entsprechenden Ausführungen zur referentiellen oder attributiven Interpretation der mit „doch" implizierten alternativen Einstellung.)

Da die durch „ja" implizierte positionale Bedeutung der Einstellung entspricht, auf deren Bestätigung der Sprecher durch die Partikel festgelegt ist, bestätigt der Sprecher mit allen Sätzen, in denen, wie in den letzten drei Beispielsätzen, kein weiteres positionales Ausdrucksmittel im Skopus von „ja" steht, eine positive Einstellung zu *p* und bezieht sich damit zugleich auf eine positive Einstellung zu p, deren Einstellungsträger in Abhängigkeit von primär außersprachlichen Kenntnissen spezifiziert wird. Damit lautet die positionale Bedeutung eines Satzes wie

Konrad ist ja verreist.
$Ass(pos_s(p))$ *und* $IM(pos_x(p))$

Analog dazu lautet die positionale Bedeutung von

Konrad ist ja nicht verreist.
$Ass(neg_s(p))$ *und* $IM(neg_x(p))$

und die von

Konrad ist ja wahrscheinlich verreist.
$Ass(WAHRSCHEINLICH_s(p))$ *und* $IM(WAHRSCHEINLICH_x(p))$

Die Bezugnahme auf einen Einstellungssachverhalt, der die vom Sprecher assertierte Einstellung enthält, kann dabei unterschiedlichen illokutionären Zwecken dienen. Meist wird damit der Angesprochene daran erinnert, daß das, wovon die Rede ist, bereits bekannt ist bzw. bekannt sein könnte. Es gibt aber auch eine Verwendung von „ja“, wo der weitere positionale Kontext der Partikel festlegt, daß der Sprecher als Einstellungsträger der implizierten Einstellung ausgeschlossen ist. In einem Satz wie

Konrad ist ja verreist!

impliziert die emphatische Intonation eine der wörtlichen Einstellung entgegengesetzte Einstellung, deren Einstellungsträger ein anderer als der Sprecher, aber auch der Sprecher selbst (vor der Sprechzeit) sein kann. Im zweiten Fall klassifizieren wir die Äußerung eines solchen Satzes als einen Ausdruck von Überraschung: Der Sprecher bestätigt zur Sprechzeit eine seiner vorangegangenen Einstellung entgegengesetzte Einstellung zu p. Diese Interpretation gilt unabhängig von „ja“. Auch

Konrad ist verreist!

hat zwei Lesearten. Repräsentiert man die zeitlich bedingte Trennung des Sprechers in zwei Einstellungsträger durch s und s', so kann der Satz als

(a) $Ass(pos_s(p))$ *und* $IM(neg_{nicht\text{-}s}(p))$

oder

(b) $Ass(pos_s(p))$ *und* $IM(neg_{s'}(p))$

verstanden werden.

Durch die emphatische Intonation ist auch der Satz mit „ja“ um eine entsprechende positionale Bedeutung erweitert, die für den Fall, daß die alternative Einstellung s' zugeordnet wird, festlegt, daß die durch „ja“ implizierte Einstellung *nicht-s'* zugeordnet wird[40]:

$Ass(pos_s(p))$ *und* $IM(pos_x(p)$ *und* $neg_{s'}(p))$

[40] Die Kenntnis des anderen kann auch hier nur virtuell angesprochen sein: weil dieser Sachverhalt besteht, kann man bestätigen, daß er besteht.

Wird aber die durch die emphatische Intonation implizierte alternative Einstellung einem anderen als dem Sprecher (vor der Sprechzeit) zugeordnet, so legt die Übereinstimmung zwischen der assertierten und der durch „ja“ implizierten Einstellung nahe, daß letztere (zumindest auch) dem Sprecher (schon vor der Sprechzeit) zugeordnet ist. Damit hängt der Unterschied in der Interpretation einer Aussage und eines Ausrufs mit „ja“ von der positionalen Bedeutung der emphatischen Intonation und mit ihr von der außersprachlich determinierten Spezifizierung des Einstellungsträgers der durch sie implizierten alternativen Einstellung ab und ist nicht — wie man anfangs zu glauben geneigt sein mag — auf einen Unterschied in der Bedeutung der Partikel zurückzuführen.[41] Nur durch eine säuberliche Trennung der verschiedenen (sprachlichen und außersprachlichen) kontextuellen Faktoren, die zusammen die Bedeutung einer Äußerung konstituieren, wird erkennbar, daß „ja“ selbst nur wenig zur positionalen Bedeutung des übrigen Satzes hinzufügt:

$Ass(E_s(p))$ *und* $IM(E_x(p))$

(wobei E durch das positionale Ausdrucksmittel im Skopus der Partikel bestimmt wird).

16. „Wohl“

Die kontextuellen Eigenschaften von „wohl“ sind bis auf weniges mit denen von „doch“ zu vergleichen. Wie „doch“ ist „wohl“ in der Aussage und in der Sekundärfrage verwendbar:

Konrad ist wohl verreist.
Konrad ist wohl verreist?,

kann aber nicht in einer direkten Frage stehen:

**Ist Konrad wohl verreist?*

Dementsprechend ist „wohl“ auch in assertiven adverbiellen Teilsätzen akzeptabel:

Wir bleiben wohl zu Hause, wenn es regnet.

und nicht in nicht-assertiven adverbiellen Teilsätzen:

**Wir bleiben zu Hause, wenn es wohl regnet.*

[41] Auch D. Hartmann (1977) sieht das emphatische „ja“ als eine kontextbedingte Variante an, die sich von den anderen Vorkommen von „ja“ dadurch unterscheidet, daß der Sprecher sein Wissen erst in der Sprechsituation erworben hat (S. 108). Allerdings sieht Hartmann diese Variante als von den „Situationsumständen“ bedingt an und setzt ihr als invariante Bedeutung von „ja“ die pragmatische Präsupposition“: p ist dem Hörer bekannt gegenüber. Für mich ist der unterschiedliche Anteil des Sprechers am Wissen darüber, daß p besteht, jedoch durch den sprachlichen Kontext determiniert (durch die emphatische Intonation in einem solchen Ausruf), während der Anteil des Hörerwissens durch die Situation bestimmt wird.

Ebenso wie „doch“ kann „wohl“ nicht im Skopus anderer Einstellungen stehen, seien diese nun nicht-propositional oder propositional realisiert:

**Konrad ist nicht wohl verreist.*
**Konrad ist wahrscheinlich wohl verreist.*
**Nina denkt, daß Konrad wohl verreist ist.*

Damit steht fest, daß „wohl“ (wie „doch“) den Sprecher auf eine Einstellung zu *p* oder *nicht-p* festlegt, die (wie bei „doch“) assertiert oder impliziert sein kann. Im Unterschied zu „doch“ lassen sich im Skopus von „wohl“ aber nur transparente und keine opaquen Einstellungen verwenden:

Konrad ist wohl wirklich verreist.
**Konrad ist wohl wahrscheinlich verreist.*

Dies steht ganz offensichtlich im Zusammenhang mit einem Unterschied in der Transparenz beider EP. Vergleicht man Sätze, in denen eine positive Einstellung im Skopus der Partikel steht, so wird deutlich, daß aus der Bestätigung dieser positiven Einstellung nur bei „doch“ die Bestätigung von *p* (d. h. die Bestätigung des Bestehens des mit *p* identifizierten Sachverhalts) folgt, nicht aber bei „wohl“:

Konrad ist doch verreist.
Konrad ist wohl verreist.

Mit der Bestätigung der positiven Einstellung im Skopus von „wohl“ wird *p* nur in einem eingeschränkten Sinn bestätigt. Es kann kein Zweifel bestehen, daß „wohl“ den Sprecher auf eine opaque Einstellung festlegt, durch die die Einstellung im Skopus der Partikel eingeschränkt wird. Wenn der Sprecher aber durch „wohl“ auf eine opaque Einstellung festgelegt wird, dann kann er nicht auf die Einstellung im Skopus der Partikel festgelegt sein. Wäre im Skopus von „wohl“ keine andere als eine positive oder negative Einstellung verwendbar, so könnte man die positionale Bedeutung von „wohl“ als eine opaque Sprechereinstellung zu *p* verallgemeinern. Da aber, wie *Konrad ist wohl wirklich verreist.* zeigt, im Skopus von „wohl“ auch transparente Satzadverbien möglich sind, ist „wohl“ eine opaque Sprechereinstellung, die der Richtigkeit der Einstellung im Skopus der Partikel gilt. Damit stellt „wohl“ einen Grenzfall zwischen EP und Satzadverb dar. Die EM-ähnliche Eigenschaft, den Sprecher auf eine Einstellung festzulegen, teilt „wohl“ mit den anderen EP. Auch wenn diese Einstellung opaque ist, kann sie im Kontext des nicht-assertiven EM stehen, da sie – anders als die Einstellung zu *p*, die durch ein Satzadverb realisiert wird – sowohl als assertierte wie als implizierte Einstellung in die gesamte positionale Bedeutung des Satzes integriert werden kann. Man vgl.

Konrad ist wohl verreist?

z. B. mit

**Konrad ist vermutlich verreist?*

Bezüglich der Integration dessen, was im Skopus der Partikel steht, hat „wohl“ aber Eigenschaften, die es mehr in die Nähe von einstellungsspezifizierenden Ausdrucksmitteln wie Satzadverbien rückt. Da „wohl“ den Sprecher nicht auf die Einstellung im Skopus der Partikel festlegt, sondern eine Einstellung zu dieser Einstellung einführt, kann es nicht überraschen, wenn sich in den Verwendungsbeschränkungen von „wohl“ gegenüber einem untergeordneten Satzadverb, zumindest partiell, die Verwendungsbeschränkungen von Satzadverbien gegenüber untergeordneten Einstellungen wiederfinden. Wie der Vergleich von transparenten opaquen Satzadverbien nach „wohl" zeigt, gelten die Beschränkungen, die die Verwendung von Satzadverbien im Kontext anderer Einstellungen betreffen, auch für „wohl", wenn im Skopus der Partikel ein opaques Satzadverb steht. Da transparente Satzadverbien für ihre Verwendung im Skopus anderer Einstellungen nur propositionalisiert zu werden brauchen, kann angenommen werden, daß „wohl", ebenso wie der Kontrastakzent, einen Propositionalisierungseffekt auf die ihm untergeordnete Einstellung hat, daß es also auch bei „wohl" um die Spezifizierung einer Einstellungsvariablen zu *p* geht. Wie beim Kontrastakzent werden durch den Propositionalisierungseffekt von „wohl" transparente Einstellungen im Skopus einer anderen Einstellung akzeptabel (und bleiben opaque Einstellungen weiterhin ausgeschlossen). Wenn die Annahme richtig ist, daß „wohl" den Sprecher auf eine opaque Einstellung festlegt bezüglich der Spezifizierung einer Einstellungsvariablen durch jene Einstellung, die im Skopus der Partikel steht, dann sind damit alle Verwendungsbedingungen von „wohl" erklärt. Zu klären bleibt, wie die opaque Einstellung aussieht, auf die der Sprecher durch „wohl" festgelegt ist. Mangels besserer Anhaltspunkte als derjenigen, die man einem Vergleich der Bedeutungen verschiedener opaquer Einstellungsausdrücke entnehmen kann, scheint die opaque Einstellung, auf die „wohl" den Sprecher festlegt, am besten als eine „Vermutung" charakterisierbar (s. a. B. ASBACH-SCHNITKER, 1977). Damit läßt sich die invariante positionale Bedeutung der Partikel mit

$$Pres(\alpha(p)) \quad und \quad Ass'(VERMUTUNG_s(\alpha = E))$$

angeben (wobei *E* durch das positionale Ausdrucksmittel im Skopus von „wohl" bestimmt wird).

Wegen der kategoriellen Unterschiede zwischen EP und Satzadverbien (bzw. positionalen Prädikaten) darf dies allerdings nicht als eine Gleichsetzung von „wohl" und „vermutlich" (oder gar „vermuten, daß") mißverstanden werden. Anders als die durch Satzadverbien spezifizierte Einstellung kann die positionale Bedeutung von „wohl" vom Sprecher assertiert:

$$Pres(\alpha(pp)) \quad und \quad Ass(VERMUTUNG_s(\alpha = pos))$$

und impliziert werden:

$$Pres(\alpha(p)) \quad und \quad nicht\text{-}Ass(pos_x(p)) \quad und \quad IM(VERMUTUNG_s(\alpha = pos))$$

Man vgl. noch einmal

**Konrad ist vermutlich verreist?*
Konrad ist wohl verreist.
Konrad ist wohl verreist?

17. Gruppen von EP

EP, die in ihrer EM-Charakteristik gleich sind, lassen sich miteinander kombinieren. Da „ja", „doch" und „wohl" mit dem assertiven EM verwendbar sind, können sie zusammen in einer Aussage vorkommen:

Konrad ist ja doch wohl verreist.

Da „doch" und „wohl" — unter der Voraussetzung eines deklarativen Satzmodus — auch mit dem nicht-assertiven EM verbunden werden können, sind sie zusammen in der Sekundärfrage verwendbar:

Konrad ist doch wohl verreist?

Da „ja" an den assertiven EM gebunden ist, kann es in der Sekundärfrage nicht mehr mit den anderen Partikeln kombiniert werden:

**Konrad ist ja doch wohl verreist?*

Aber die Kombinatorik der EP untereinander hängt nicht nur vom EM eines Satzes ab. So können „ja", „doch" und „wohl" z. B. auch paarweise nur in der angegebenen Reihenfolge aufeinander bezogen werden. Jede Umkehrung dieser Abfolge ist ausgeschlossen:

Konrad ist ja doch verreist.
**Konrad ist doch ja verreist.*
Konrad ist ja wohl verreist.
**Konrad ist wohl ja verreist.*
Konrad ist doch wohl verreist.
**Konrad ist wohl doch verreist.*

Wenn man sich die positionalen Bedeutungen der betroffenen EP vergegenwärtigt, so wird klar, daß den Verwendungsbedingungen ein einheitliches Prinzip zugrundeliegt. Obwohl alle EP den Sprecher auf eine EM-ähnliche Haltung festlegen, bestehen graduelle Unterschiede in der Verbindlichkeit der durch die einzelnen EP determinierten Sprecherhaltung. Mit „ja" ist der Sprecher auf eine assertive Haltung zu der im Skopus der Partikel stehenden Einstellung festgelegt; mit „doch" ist der Sprecher aber nur auf die im Skopus der Partikel stehende Einstellung festgelegt; mit „wohl" ist der Sprecher sogar nur noch auf eine opaque Einstellung zu der im Skopus der Partikel stehenden Einstellung festgelegt. Ich will den unterschiedlichen Grad von Verbindlichkeit der durch eine EP determinierten Sprecherhaltung die „assertive Stärke" der Partikel nennen. Der Vergleich der Beispielpaare zeigt, daß die Verbindlichkeit der Partikeln untereinander vom Grad ihrer assertiven Stärke bestimmt wird, und zwar so, daß die Partikel mit der größeren assertiven Stärke der Partikel mit der geringeren assertiven Stärke übergeordnet sein muß.

S4 EP mit divergierender assertiver Stärke erfordern eine Unterordnung der schwächeren unter die stärkere EP.

„Ja" kann nur vor „doch" und „wohl" stehen, da die assertive Stärke von „ja" größer ist als die von „doch" und die von „wohl". „Doch" kann nur vor „wohl" stehen, da die assertive Stärke von „doch" stärker ist als die von „wohl". Letzteres gilt auch für die Verwendung von „doch" und „wohl" in Sekundärfragen. „Denn" läßt sich überhaupt nicht mit anderen EP kombinieren, da es den Sprecher ausschließlich auf die nicht-assertive Haltung zu *E* festlegt, was für keine der anderen EP gilt. „Etwa" kann in der assertierten negierten Form immerhin mit „ja" kombiniert werden:

Konrad ist ja nicht etwa verreist.,

wobei „etwa" wegen seiner obligatorischen Negation vor „ja" ausgeschlossen ist, das — wie alle übrigen EP — keiner anderen Einstellung untergeordnet sein kann:

**Konrad ist nicht etwa ja verreist.*

Dasselbe gilt für die Kombination von „etwa“ mit „doch“:

**Konrad ist nicht etwa doch verreist.*
Konrad ist doch nicht etwa verreist.

Da beide Partikeln in Sekundärfragen verwendet werden können, sind sie in der richtigen Abfolge auch mit einer interrogativen Satzintonation akzeptabel:

Konrad ist doch nicht etwa verreist?

„Etwa“ und „wohl“ lassen sich in keiner Form miteinander verbinden. Da „wohl“ an den deklarativen Satzmodus gebunden ist, kommt für eine Kombination mit „etwa“ nur dessen negierte Variante in Betracht und zwar, wegen der Negation, nach „wohl“, das aber seinerseits, wegen seiner eingeschränkt assertiven Stärke, gemäß S4 nach „etwa“ stehen müßte:

**Konrad ist wohl nicht etwa verreist?*
**Konrad ist wohl nicht etwa verreist.*

Andere Einstellungsausdrücke lassen sich, da die EP ansonsten keinen anderen Einstellungen untergeordnet werden können, weder vor noch zwischen den Partikeln einer Gruppe verwenden:

**Konrad ist wirklich ja wohl verreist.*
**Konrad ist doch wahrscheinlich wohl verreist.*

etc.

Nach einer Gruppe von EP können jene Ausdrücke stehen, die Einstellungen spezifizieren, die im Skopus der letzten Partikel akzeptabel sind, wie z. B. transparente oder opaque Satzadverbien nach „doch“:

Konrad ist ja doch wahrscheinlich verreist.,

aber keine opaquen Satzadverbien nach „wohl“:

**Konrad ist doch wohl wahrscheinlich verreist.*

oder nach „nicht etwa“:

**Konrad ist ja nicht etwa vermutlich verreist.*

etc.

Aus der Kombinatorik von verschiedenen EP ergibt sich also keine Veränderung ihrer kontextuellen Eigenschaften.

Dasselbe gilt für die Interpretation kombinierter EP. In einem Satz wie *Konrad ist ja doch wahrscheinlich verreist.* wird der Sprecher durch „doch“ auf die im Skopus der Partikel stehende Einstellung „WAHRSCHEINLICH“ festgelegt. Daß diese Festlegung im Skopus von „ja“ erfolgt, ändert nichts. Auch „ja“ kann den Sprecher nur auf „WAHRSCHEINLICH“ festlegen, da „doch“ nur die Haltung des Sprechers (zu der in seinem Skopus stehenden Einstellung) und nicht etwa selbst eine Einstellung bestimmt. Die als WAHRSCHEINLICH spezifizierte Einstellung wird durch den assertiven EM des Satzes zur bestätigten Einstellung.

Der Unterschied in der assertiven Stärke der beiden Partikeln macht sich nur in der Abfolgebeschränkung bemerkbar. Wäre „ja“ „doch“ untergeordnet, so wäre — auf Grund der positionalen Bedeutung von „ja“ — schon auf der ersten Integrationsstufe der Bedeutungen von „ja“ und „wahrscheinlich“ entschieden, daß der Sprecher WAHR-

SCHEINLICH bestätigt. Damit würde aber im Skopus von „doch“ anstelle der Einstellung, die „doch“ dem Sprecher zuordnet, der assertive EM stehen.

Während auch die kombinierten Partikelbedeutungen von „ja“ und „doch“ zur assertierten positionalen Bedeutung (der als WAHRSCHEINLICH spezifizierten Sprechereinstellung) nichts hinzufügen, wird die Sprechereinstellung durch „doch“ und „ja“ zu jeweils einem anderen implizierten Einstellungssachverhalt in Bezug gesetzt. „Doch“ bezieht die Sprechereinstellung auf eine negative Einstellung zu *p*, „ja“ auf eine der Sprechereinstellung korrespondierende:

$$Ass(WAHRSCHEINLICH_s(p)) \text{ und } IM(neg_x(p) \text{ und } WAHRSCHEINLICH_y(p))$$

(Da der Sprecher nur eine opaque Einstellung bestätigt, bleibt auch der Einstellungsträger der durch „doch“ implizierten alternativen Einstellung unspezifiziert bzw., wie der von „ja“, auf eine Spezifizierung durch den außersprachlichen Kontext angewiesen.)

In

Konrad ist ja doch wohl wirklich verreist.

legt „wohl“ fest, daß der Sprecher vermutet, daß Konrad wirklich verreist ist. Die Sprechereinstellung wird durch den assertiven EM zur bestätigten Einstellung. Die positionalen Bedeutungen von „doch“ und „ja“ fügen wiederum nur noch eine negative Einstellung zu *p* und eine der Sprechereinstellung korrespondierende Einstellung hinzu:

$$Pres(\alpha(p)) \text{ und } Ass(VERMUTUNG_s(\alpha = WIRKLICH)) \text{ und } IM(neg_x(p) \text{ und } (VERMUTUNG_y(\alpha = WIRKLICH)))$$

(Daß sich die durch „doch“ implizierte alternative Einstellung nur auf *p* oder *nicht-p* bezieht, habe ich bereits in anderem Zusammenhang begründet. Aus der Interpretation der Kombination implizierter Einstellungen allein ließe sich der Unterschied in den Argumenten der von „doch“ und „ja“ implizierten Einstellungen sicher nicht entnehmen.)

Daß „wohl“ nur im Skopus anderer EP stehen und ihnen nicht übergeordnet sein kann, folgt aus der bereits erwähnten Eigenschaft der Partikel, die Einstellung des Sprechers selbst zu bestimmen. Wäre „wohl“ z. B. „doch“ übergeordnet, so stünde „doch“ im Skopus der von „wohl“ determinierten Einstellung. In der umgekehrten Reihenfolge bezieht „doch“ die von „wohl“ determinierte Sprechereinstellung wiederum nur auf eine alternative Einstellung zu *p*; wegen des nicht-assertiven EM in *Konrad ist doch wohl verreist?* sind die positionalen Bedeutungen beider Partikeln impliziert:

$$Pres(\alpha(p)) \text{ und } nicht\text{-}Ass(pos_x(p)) \text{ und } IM(VERMUTUNG_s(\alpha = pos) \text{ und } neg_x(p))$$

Mit

Konrad ist doch nicht etwa verreist?

wird der Sprecher durch „nicht etwa“ auf eine negative Einstellung zu *p* festgelegt, die durch „doch“ potentiell assertiert und durch die Sekundärfrage zur implizierten Einstellung wird. Da sich weder die Sprechereinstellungen noch die zur Sprechereinstellung alternativen Einstellungen aus den positionalen Bedeutungen von „nicht etwa“ und „doch“ unterscheiden, ist auch zwischen der Bedeutung dieses Satzes und

Konrad ist doch nicht verreist?

kein Unterschied auszumachen:

$$nicht\text{-}Ass(neg_x(p)) \text{ und } IM(neg_s(p) \text{ und } (pos_x(p))$$

18. Kontrastierte EP

18.1. Von den Satzadverbien können nur jene kontrastiert werden, die transparente Einstellungen spezifizieren. Wegen ihrer generellen Restriktion gegenüber einer übergeordneten Einstellung (also auch der vom Kontrastakzent implizierten negativen Einstellung) sind opaque Satzadverbien nicht kontrastierbar. Daß auch die Kontastrierbarkeit von EP von der Transparenz der durch sie determinierten Einstellung abhängt, zeigt sich bei der Kontrastierung von „wohl". Das kontrastierte „wohl" ist nicht wie das unbetonte „wohl" opaque, sondern transparent. Mit einem Satz wie

Konrad ist w o h l verreist.

drückt der Sprecher keine Vermutung aus, sondern bestätigt das Bestehen von *p*. (Daß das opaque „wohl" als eine transparente EP uminterpretiert wird, wenn es kontrastiert ist, und nicht, wie die opaquen Satzadverbien, einfach nicht kontrastierbar ist, kann — wie noch zu zeigen sein wird — aus den Spezifika der EP erklärt werden.)

Dennoch läßt sich das Kriterium der Transparenz, das das Verhalten der Satzadverbien gegenüber dem Kontrastakzent bestimmt, nicht so einfach auf das Verhalten der EP gegenüber dem Kontrastakzent übertragen. Das mag noch bei den mehr oder weniger assertiven Prädikaten, „doch" und „ja" möglich sein. Die Transparenz der mehr oder weniger nicht-assertiven Partikeln „etwa" und „denn" läßt sich aber, wegen des obligatorischen nicht-assertiven Kontexts von „denn" bzw. der assertiven Unentschiedenheit von „etwa", gar nicht erst überprüfen. Daß „denn" kontrastierbar ist und „etwa" nicht, scheint zunächst rein zufällig. Sieht man einmal davon ab, daß das kontrastierte „ja" (möglicherweise aus stilistischen Gründen) relativ selten Verwendung findet, so ist von den hier betrachteten EP jede, außer „etwa", kontrastierbar:

Konrad ist d o c h verreist.
Konrad ist j a verreist.

(Man beachte die fallende Intonation des kontrastierten „ja", die nicht mit der emphatischen Intonation des betonten „ja" im Imperativ verwechselt werden sollte; vgl. 23.3.)

Wo ist Nina d e n n gewesen?

Wie läßt sich die Restriktion von „etwa" gegenüber dem Kontrastakzent erklären?

„Doch", „wohl", „ja" und „denn" bestimmen die Haltung des Sprechers zu einer Einstellung, „etwa" aber legt den Sprecher nur auf eine Einstellungsvariable zu *p* fest, die erst in Abhängigkeit von der übergeordneten Einstellung und dem EM des Satzes als positiv oder negativ spezifiziert wird. Der Gegenstand der durch den Kontrastakzent gegeneinander gestellten alternativen Einstellungen wird durch die Bedeutung der kontrastierten Konstituente bestimmt. Sie gibt an, aus welchem Bereich die Variable, um deren richtige Spezifizierung es geht, stammt und wie ihre Spezifizierung aussieht. Trifft der Kontrastakzent einen Einstellungsausdruck, so geht es um die Spezifizierung einer Einstellungsvariablen. Die spezifische Bedeutung des Einstellungsausdrucks legt dabei fest, wie die strittige Spezifizierung der Einstellungsvariablen aussieht; allgemein: $\alpha = E_i$. Wird eine EP kontrastiert, so ist α mit der Einstellung gleichzusetzen, die die EP dem Sprecher zuordnet. Außer bei „etwa" ist dies immer die Einstellung, die durch das positionale Ausdrucksmittel im Skopus der Partikel bestimmt wird. Nur bei „etwa" wird die Einstellung durch das der Partikel übergeordnete positionale Ausdrucksmittel bestimmt. Dies heißt aber, daß der Kontrastakzent, dessen Bedeutung mit der Partikelbedeutung integriert wird, ehe die Bedeutung eines übergeordneten Ausdrucksmittels einzubeziehen wäre, bei „etwa" auf eine noch nicht spezifizierte Einstellungsvariable trifft. Es ist nur logisch, daß die Spezifizierung einer Variablen durch eine Variable, wie sie durch die Kontrastierung von „etwa" gegeben wäre, nicht der geeignete Gegenstand für eine positionale „Konfrontation" ist.

18.2. Die Bedeutung einer kontrastierten Partikel kann sich, wie „wohl" zeigt, gegenüber der Bedeutung der unbetonten Partikel ziemlich verändern. Aber auch die Verwendungsbedingungen einer kontrastierten EP unterscheiden sich mitunter drastisch von denen derselben EP ohne Kontrastakzent. Beides zusammen verleitet zu dem Schluß, daß es sich bei den kontrastierten Partikeln um eigene Lexeme handelt — eine Auffassung, die besonders in den Beschreibungen von „doch" häufig anzutreffen ist. Zumindest für einen Teil der Unterschiede zwischen den kontrastierten und unbetonten Partikeln kann man aber Analogien mit anderen kontrastierten und unbetonten nicht-propositionalen positionalen Ausdrucksmitteln nachweisen.

Wie alle anderen kontrastierten Einstellungsausdrücke müssen sich die Partikeln, wenn sie kontrastiert sind, unmittelbar auf *p* beziehen. Während diese Auswirkung des Kontrastakzents bei Satzadverbien, die sich überhaupt nur unter sehr eingeschränkten Umständen auf andere Einstellungen beziehen können, kaum zu bemerken ist, ist sie bei EP, in deren Skopus mehr oder weniger deutlich immer andere Einstellungen stehen, nicht zu übersehen. Daß ein Satz wie

**Konrad ist w i r k l i c h wahrscheinlich verreist.*

nicht akzeptabel ist, ließe sich schon aus der Restriktion opaquer Satzadverbien gegenüber einer übergeordneten Einstellung erklären. Auch die Inakzeptabilität von

**Konrad ist w i r k l i c h tatsächlich verreist.*

erklärt sich — wie die von

**Konrad ist tatsächlich w i r k l i c h verreist.* —

bereits aus der Tautologie der Kombination transparenter Einstellungen, ohne daß man der Kontrastierung der übergeordneten Einstellung im zweiten Beispielsatz besondere Aufmerksamkeit schenken müßte. Daß aber auch

**Konrad ist doch wahrscheinlich verreist.*

nicht akzeptabel ist, überrascht, da dieselbe Kombination ohne den Kontrastakzent akzeptabel ist. Dasselbe gilt für

**Wo ist Nina d e n n wirklich gewesen?*,

was eine mit dem unbetonten „denn" akzeptable Kombination ist (vorausgesetzt, das Satzadverb ist — da es in einer Ergänzungsfrage steht — kontrastiert).

Daß sich die kontrastierte Partikel nicht auf die Einstellung in ihrem Skopus, sondern nur noch direkt auf *p* bezieht, ist eine für die Interpretation und Verwendung kontrastierter EP äußerst folgenschwere Einschränkung. Wenn im Skopus einer kontrastierten Partikel gar kein positionales Ausdrucksmittel stehen kann, so kann auch die vom Kontrastakzent vorausgesetzte Variable nicht als jene Einstellung identifiziert werden, die durch das positionale Ausdrucksmittel im Skopus der Partikel bestimmt wird.[42] Was aber ist dann die Bedeutung der Partikel, die sich mit der des Kontrastakzents vereint?

Da die Annahme über die Bedeutung der kontrastierten Partikel (bzw. ihr Zustandekommen aus der Integration der Bedeutungen von Partikel und Kontrastakzent) eine Erklärung ihrer kontextuellen Besonderheiten liefern soll, will ich zunächst einmal mit der Aufzählung der kontextuellen Eigenschaften kontrastierter Partikeln fortfahren. Die Liste der kontextuellen Eigenschaften kontrastierter Partikeln umfaßt dabei bei weitem mehr Besonderheiten, als die kontrastierter Satzadverbien. So kann z. B. nur im Skopus des kontrastierten „doch" (wie in dem kontrastierter Satzadverbien) noch eine Negation stehen, die übrigen kontrastierten Partikeln lassen hier auch keine Negation mehr zu:

Konrad ist d o c h nicht verreist.
**Konrad ist j a nicht verreist.*
**Wer hat das Buch d e n n nicht gelesen?*

etc.

Vergleicht man die Verwendungsbedingungen kontrastierter EP gegenüber untergeordneten und übergeordneten positionalen Ausdrucksmitteln, so entdeckt man gewisse Korrelationen. Ich will zunächst vom Fall des kontrastierten „denn" absehen, dessen Problematik durch die Spezifik der Ergänzungsfrage noch etwas kompliziert wird. Beim kontrastierten „ja" und „wohl", deren Bedeutungen unter dem Einfluß des Kontrastakzents nahezu identisch sind, steht die Restriktion gegenüber einer untergeordneten Negation offensichtlich im Zusammenhang damit, daß mit beiden Partikeln eine positive Einstellung *bestätigt* werden muß. Weder das kontrastierte „ja" noch das kontrastierte „wohl" sind mit dem nicht-assertiven EM verbindbar.

**Ist Konrad j a verreist?*
**Konrad ist j a verreist?*
**Ist Konrad w o h l verreist?*
**Konrad ist w o h l verreist?*

Da „wohl" unter dem Kontrastakzent eine wesentliche Bedeutungsveränderung erfährt, ist es nicht verwunderlich, daß sich auch seine kontextuellen Eigenschaften verändern. So wie die Bedeutung des kontrastierten „wohl" mit der des kontrastierten „ja" zusammenfällt, teilt das kontrastierte „wohl" auch die kontextuellen Eigenschaften des kontrastierten „ja", die sich — zumindest bezüglich übergeordneter positionaler Bedeutungen — nicht von der des unbetonten „ja" unterscheiden. Mit dem unbetonten „ja" ist der Sprecher auf die Bestätigung der Einstellung im Skopus der Partikel festgelegt, mit dem kontrastierten „ja" auf die Bestätigung von *p*.

Das kontrastierte „doch" aber, das sich auch auf *nicht-p* beziehen kann, kann direkt (also nicht nur in einer Sekundärfrage) mit dem nicht-assertiven EM verbunden werden:

Konrad ist d o c h verreist?
Ist Konrad d o c h verreist?

[42] Die Erklärung für die Restriktion von „etwa" gegenüber dem Kontrastakzent wird davon nicht betroffen. Auch wenn α nicht die im Skopus der Partikel stehende Einstellung ist, ist die Spezifizierung von α nur bei „etwa" noch von dem der Partikel übergeordneten Kontext abhängig.

und ist damit, anders als das unbetonte „doch“, auch in nicht-assertiven adverbiellen Teilsätzen möglich:

Wenn Konrad d o c h verreist ist, . . .

und in Nebensätzen von nicht-assertiven Einstellungssätzen:

Nina fragt sich, ob Konrad d o c h verreist ist.

Das kontrastierte „doch“ kann sogar im Skopus anderer Einstellungen stehen:

Konrad ist wahrscheinlich d o c h verreist.
Nina denkt, daß Konrad d o c h verreist ist.,

was für das unbetonte „doch“ (ebenso wie für alle anderen EP) ausgeschlossen war und für keine andere kontrastierte EP möglich ist:

**Konrad ist wahrscheinlich w o h l verreist.*

Während der Sprecher durch „ja“ auf eine assertive Haltung festgelegt ist, wird der Sprecher durch „doch“ nur auf eine potentielle Assertion festgelegt. Die Partikel selbst läßt noch offen, ob die Einstellung schließlich bestätigt wird oder nicht; d. h. „ja“ ist an den assertiven EM gebunden, „doch“ ist bezüglich des EM (zumindest bis zu einem bestimmten Grad) variabel. Die EM-Bindung von „ja“ wird vom Kontrastakzent nicht verändert; die von „wohl“ wird durch den Kontrastakzent eingeschränkt; die Variabilität von „doch“ wird durch den Kontrastakzent sogar noch vergrößert. Wie kann man sich das erklären?

In allen bisher betrachteten Fällen mit kontrastierten Konstituenten bezog der Kontrastakzent alternative Einstellungen bezüglich der richtigen Spezifizierung des kontrastierten Elements aufeinander. War die kontrastierte Konstituente ein positionales Ausdrucksmittel, so war die vom Kontrastakzent vorausgesetzte Variable als Variable über Einstellungen bestimmt. Beim kontrastierten Satzadverb war die durch die Bedeutung des Satzadverbs identifizierte Einstellung Gegenstand der vom Kontrastakzent aufeinander bezogenen alternativen Einstellungen. Diese Annahme erlaubte es einerseits, die Interpretation kontrastierter Satzadverbien analog zu der anderer kontrastierter Konstituenten aufzufassen, und andererseits, die Restriktion opaquer Satzadverbien gegenüber dem Kontrastakzent als einen Fall der Restriktion opaquer Satzadverbien gegenüber einer übergeordneten (in diesem Fall einer negativen) Einstellung zu erklären. Ein wichtiger Hinweis darauf, daß es sich bei der Kontrastierung von EP anders verhält, ergibt sich im Vergleich dazu aus der Kontrastierbarkeit von „wohl“, die trotz des opaquen Charakters der (unbetonten) Partikel gegeben ist. Aber auch die oben aufgeführten kontextuellen Eigenschaften kontrastierter Partikeln lassen einiges von dem erkennen, was die Spezifik kontrastierter EP gegenüber der anderer kontrastierter Konstituenten ausmacht.

Dazu gehören sowohl die Zusammenhänge, die sich zwischen der EM-Bindung der unbetonten Partikel und der kontextuellen Variabilität der kontrastierten Partikel nachweisen lassen, wie die Tatsache, daß im Skopus des kontrastierten Einstellungsausdrucks keine andere Einstellung mehr stehen kann. Während letzteres für die Interpretation der kontrastierten Satzadverbien irrelevant ist, ist es für die Interpretation der kontrastierten EP von gravierender Bedeutung, da die Einstellung, bezüglich derer die Partikel die Haltung des Sprechers festlegt, durch den Einstellungsausdruck im Skopus der Partikel bestimmt wird. Entfällt diese Möglichkeit, so ist die Bedeutung der Partikel um ein wesentliches Element reduziert, und zwar gerade um das Element, das für die partielle Ähnlichkeit zwischen der Bedeutung von EP und Satzadverbien aufkommen muß. Auf der anderen Seite lassen die Eigenschaften der kontrastierten EP gegenüber dem übergeordneten positionalen Kontext keinen Zweifel daran, daß der EM-ähnliche Bedeutungsanteil der unbetonten Partikel, also gerade das, was die Bedeutung von EP und Satzadverb unterscheidet, in der Beziehung der kontrastierten Partikel (in einer bestimmten Form) erhalten bleibt. Ist die unbetonte Partikel an einen bestimmten EM gebunden (sei dieser nun wie bei „ja" assertiv oder wie bei „denn" nicht-assertiv), so ist jede kontextuelle Variation der kontrastierten Form bezüglich des übergeordneten positionalen Kontextes ausgeschlossen. Kann die Partikel mit dem assertiven oder nicht-assertiven EM verbunden werden (wie „doch" oder „wohl"), so ergeben sich bestimmte Variationsmöglichkeiten. (Daß sie bei „wohl" dennoch nicht zum Zuge kommen, hat — wie noch zu zeigen sein wird — seine Ursache in der opaquen Komponente der Partikel.)

Diese kontextuellen Eigenschaften kontrastierter Partikeln deuten unmißverständlich darauf hin, daß es bei den kontrastierten EP nicht nur um die richtige Einstellung, sondern um das richtige Urteil geht. Durch den EM-Anteil in der Bedeutung der EP wird die vom Kontrastakzent vorausgesetzte Variable als eine Variable über epistemische Urteile bestimmt.

Dementsprechend gilt die durch den Kontrastakzent etablierte Einstellungsalternative E_x und *nicht-*E_y der Spezifizierung von α als das durch die EP bestimmte Urteil. Weil aber im Skopus einer kontrastierten Konstituente keine Einstellung mehr stehen kann, ist das durch die kontrastierte EP bestimmte Urteil auf den EM-Anteil reduziert.

Wenn hierdurch — zumindest vorübergehend — bei der Integration der Bedeutung der verschiedenen positionalen Ausdrucksmittel eines Satzes Urteile von der Form $EM(p)$ entstehen, so brauchen die grundlegenden Annahmen über positionale Bedeutungsstrukturen deshalb nicht verändert zu werden. Urteile dieser Form sind bereits als definierendes Kriterium für transparente gegenüber opaquen Einstellungen beansprucht worden, wenn es hieß, daß p mit der Bestätigung einer transparenten Einstellung uneingeschränkt, mit der Bestätigung einer opaquen Einstellung aber nur eingeschränkt bestätigt ist.

Während also bei kontrastierten Satzadverbien eine Einstellung zum Gegenstand der vom Kontrastakzent implizierten alternativen Einstellungen wird, wird bei kontrastierten EP nichts anderes als der EM (die Bestätigung eines Sachverhalts) zum Gegenstand der vom Kontrastakzent implizierten Einstellungsalternative. Es versteht sich, daß der Kontrastakzent eine solche Auswirkung nur bei Einstellungsausdrücken zeitigen kann, die einen EM zu einer durch ein anderes Mittel spezifizierten Einstellung realisieren und kontrastierbar (also lexikalischer Natur) sind. Einen den kontrastierten EP vergleichbaren Fall bietet das kontrastierte „ob" in Sätzen wie

Und o b das schmeckt!,

auf die ich im folgenden Kapitel noch ausführlich eingehen werde.

Sieht man einmal von der Spezifik des EM-Anteils der einzelnen EP ab, so könnte die allgemeine Bedeutung kontrastierter EP mit geringen Modifikationen als

$$Pres(\alpha(p)) \text{ und } E_x(\alpha = Ass) \text{ und nicht-}E_y(\alpha = Ass)$$

angegeben werden. Die Einstellung E, die der Kontrastakzent zu einer alternativen Einstellung in Bezug setzt, wird durch das der kontrastierten EP übergeordnete epistemische Ausdrucksmittel spezifiziert. Allerdings ist die Variabilität der der Partikel übergeordneten Einstellung durch die Spezifik der Partikelbedeutung stark eingeschränkt. Mit Ausnahme von „doch" variiert E in der Regel nur über eine positive oder negative Einstellung zu $\alpha = Ass$. Im einzelnen sind nun folgende Annahmen zu machen:

18.3. Die Bedeutung von „ja" legt den Sprecher auf die Bestätigung der im Skopus der Partikel stehenden Einstellung (zu p) fest. Da im Skopus einer kontrastierten Konstituente kein Einstellungsausdruck stehen kann, legt das kontrastierte „ja" den Sprecher einfach auf die Bestätigung von p fest[43]: $Ass_s(p)$. (Durch den Wegfall von E kann auf die Angabe des Einstellungsträgers bei EM nicht mehr verzichtet werden, da ja implizit auch Haltungen anderer Einstellungsträger hinzukommen können.)

Da der Sprecher von vornherein auf die Assertion von p festgelegt ist, kann das kontrastierte „ja" nur mit dem assertiven EM verwendet und keinem anderen Einstellungsausdruck untergeordnet sein.

Die durch den Kontrastakzent aufeinander bezogenen alternativen Einstellungen können deshalb nur als positive bzw. negative Einstellung spezifiziert werden (von denen die positive die vom Sprecher bestätigte Einstellung ist).

Auf dem Hintergrund der durch die kontrastierte EP vorausgesetzten Bedeutung: $Pres(\alpha(p))$, mit $\alpha = Ass$ (wobei $pos_s(\alpha = Ass)$ gleich $Ass_s(p))$, erhält auch die durch den Kontrastakzent implizierte alternative Einstellung zu p, die hier als negative Einstellung eines anderen Einstellungsträgers bestimmt werden muß, den Status eines Urteils: $IM(neg_{nicht\text{-}s}(\alpha = Ass))$ gleich $IM(Ass_{nicht\text{-}s}(nicht\text{-}p))$. Dies erklärt, warum das kontrastierte „ja" nur in Reaktion auf eine Äußerung akzeptabel scheint, mit der eine negative Einstellung bestätigt wurde, und nicht auf eine Äußerung hin, mit der eine negative Einstellung nur impliziert wurde.

Konrad ist ja verreist.

eignet sich als Erwiderung auf

Konrad ist nicht verreist.,

womit der Vorredner seine negative Einstellung bestätigt, aber nicht auf

Konrad ist verreist?,

womit der Vorredner seine negative Einstellung nur impliziert hat.

Wenn alle diese Beobachtungen und Annahmen zutreffen, dann läßt sich das kontrastierte „ja" mit der Bedeutungsstruktur

$$Ass_s(p) \text{ und } Pres(\alpha(p)) \text{ und } E_x(\alpha = Ass) \text{ und } Im(nicht\text{-}E_y(\alpha = Ass))$$

beschreiben, wobei durch den ersten, aus der Bedeutung von „ja" stammenden Ausdruck festgelegt ist, daß E_x aus der vom Kontrastakzent etablierten Alternative eine vom Sprecher zu bestätigende positive Einstellung ist und $nicht\text{-}E_y$ eine von einem anderen Einstellungsträger bereits bestätigte negative Einstellung.

[43] Mit dem Wegfall von E ist die Variabilität von p direkt an die Haltung des Sprechers gebunden. Ist diese Haltung durch die Partikelbedeutung als assertiv festgelegt, so kann auch nur p assertiert werden; ist sie nur potentiell assertiv, so kann auch *nicht-p* assertiert werden, da eine Nicht-Bestätigung von p auch dann vorliegt, wenn *nicht-p* bestätigt wird.

18.4. Die Bedeutung von „doch“ legt den Sprecher auf eine potentielle Bestätigung der im Skopus der Partikel stehenden Einstellung (zu *p*) fest. Sie läßt offen, ob die Einstellung vom Sprecher bestätigt oder nur impliziert wird. Da im Skopus des kontrastierten „doch“ auch kein Einstellungsausdruck, aber sowohl *p* als auch *nicht-p* stehen können, ist der Sprecher durch die Bedeutung des kontrastierten „doch“ nur auf die potentielle Bestätigung von *p* festgelegt: $Ass'_s(p)$.

Wie die Tatsache, daß das kontrastierte „doch“ noch im Skopus anderer Einstellungen stehen kann, zeigt, ist die Spezifizierung der Einstellung, die durch den Kontrastakzent zu einer alternativen Einstellung in Bezug gebracht wird, nicht eingeschränkt. Auch die Spezifizierung der Einstellungsträger der durch den Kontrastakzent aufeinander bezogenen Einstellungen steht nicht von vornherein fest, sondern erfolgt erst in Abhängigkeit vom EM des Satzes. Beides ist ganz offensichtlich darauf zurückzuführen, daß mit „doch“ nur eine potentielle Bestätigung gegeben ist, der Sprecher also zunächst einmal auch die Möglichkeit einer Nicht-Bestätigung zuläßt. Da das kontrastierte „doch“ den Sprecher nicht mehr auf die Einstellung im Skopus der Partikel festlegt, sondern nur noch auf eine potentiell assertive Haltung zu *p* (oder *nicht-p*), bleibt zunächst offen, welche der beiden vom Kontrastakzent aufeinander bezogenen Einstellungen dem Sprecher zuzuordnen ist. Die Bedingung einer potentiell assertiven Sprecherhaltung ist ja auch erfüllt, wenn *p* (oder *nicht-p*) durch die Bestätigung einer opaquen Einstellung assertiert wird, wie z. B. in

Konrad ist wahrscheinlich doch verreist.

Sie ist sogar dann noch erfüllt, wenn der Sprecher eine negative Einstellung bezüglich der Assertion von *p* (oder *nicht-p*) impliziert, wie das im Kontext des interrogativen Satzmodus der Fall ist:

Ist Konrad doch verreist?
Konrad ist doch verreist?

Die Bedingung einer potentiell assertiven Sprecherhaltung ist nur dann nicht erfüllt, wenn eine negative Einstellung zu *p* (oder *nicht-p*) bestätigt wird, womit die abweichende Bewertung von

**Konrad ist nicht doch verreist.*

erklärt ist.

Wie die Restriktion des kontrastierten „doch“ gegenüber der Negation in einer Sekundärfrage wie

**Konrad ist nicht doch verreist?*

zeigt, wird die Verbindung diesbezüglich schon da als abweichend bewertet, wo der deklarative Satzmodus mit der negativen Einstellung verbunden wird.

Die nur potentiell assertive Bedeutung von „doch“ erklärt übrigens auch einen Unterschied, der zwischen dem kontrastierten „doch“ und dem kontrastierten „ja“ bezüglich der Zuordnung des Einstellungsträgers der alternativen Einstellung besteht. Während das assertive „ja“ die vom Kontrastakzent implizierte alternative Einstellung gänzlich einem anderen Einstellungsträger zuordnet, wird die alternative Einstellung beim kontrastierten „doch“ vom Sprecher nicht nur dann als logische Möglichkeit zugelassen, wenn er seine eigene Einstellung nur impliziert; sie wird in jedem Fall, also auch dann, wenn der Sprecher seine eigene Einstellung bestätigt, als eine von ihm vor der Sprechzeit in Betracht gezogene Einstellungsmöglichkeit verstanden. Mit

Konrad ist ja verreist.

weist der Sprecher das alternative Urteil des anderen zurück; mit

Konrad ist doch verreist.

korrigiert er auch seine eigene epistemische Haltung (sei es, daß er selbst zuvor das Gegenteil gedacht oder auch nur als Möglichkeit nicht ganz ausgeschlossen hat).

Was die Bedeutung des kontrastierten „doch" selbst betrifft, so sind — da die Sprechereinstellung erst durch den EM des Satzes bestimmt wird — noch beide vom Kontrastakzent aufeinander bezogene Einstellungen bezüglich ihrer Einstellungsträger unspezifiziert:

$Ass'_s(p)$ *und* $Pres(\alpha(p))$ *und* $E_x(\alpha = Ass)$ *und* $IM(nicht\text{-}E_y(\alpha = Ass))$

Durch den ersten, aus der Bedeutungsstruktur von „doch" stammenden Ausdruck bleibt für die Spezifizierung der durch den Kontrastakzent aufeinander bezogenen Einstellungen jede Möglichkeit — außer einer vom Sprecher bestätigten negativen Einstellung — offen.

18.5. Die Bedeutung von „wohl" legt den Sprecher auf eine einschränkende Einstellung zu *p* fest. Die Bedeutung des kontrastierten „wohl" legt den Sprecher auf die (uneingeschränkte) Bestätigung von *p* fest. Der Bedeutungswechsel ist so einschneidend, daß man geneigt ist, das unbetonte und das kontrastierte „wohl" nun doch als zwei Lexeme anzusehen.[44] Vergegenwärtigt man sich aber, daß „wohl" dieselbe EM-Bindung aufweist wie „doch", so kann man erwarten, daß die Erklärung für den Unterschied vielleicht auch hier mit der Spezifizierung der Einstellungsträger zusammenhängt. Auffallend ist zunächst, daß mit dem vom Kontrastakzent implizierten alternativen Urteil nicht einfach, wie beim kontrastierten „ja", eine entgegengesetzte Behauptung erfaßt wird. Mit

Konrad ist wohl verreist.

wird m. E. kein im strengen Sinne negatives epistemisches Urteil, sondern nur ein einschränkendes Urteil zurückgewiesen, d. h. nicht die Behauptung, daß Konrad nicht verreist ist, sondern der Zweifel daran, daß Konrad verreist ist (der mit einem Satz wie „Konrad ist vielleicht nicht verreist" ausgedrückt worden sein könnte). Wenn diese Beobachtung zutrifft, dann ließe sich die Bedeutung des kontrastierten „wohl" als die Alternative

[44] Ich habe selbst in einer frühen Arbeit (1979) zwischen einem rein assertiven und einem nur hypothetisch assertiven „wohl" unterschieden und letzteres zum Ausgangspunkt für das kontrastierte „wohl" gemacht. Auch B. Asbach-Schnitker (1977) wies auf Ähnlichkeiten zwischen dem betonten „wohl" und dem „wohl" in Sätzen wie

Ich weiß wohl, daß du recht hast. (S. 44)
Ich bin wohl hungrig, möchte aber im Moment nicht essen. (S. 55)

hin. Ich halte das scheinbar rein assertive „wohl" im ersten Beispiel für das zu „gut" synonyme Lexem, das im Unterschied zur EP mit einem Intensivierungsadverb verbunden werden kann:

Ich weiß sehr wohl, . . .

Im zweiten Beispiel ist „wohl" dagegen eine koordinative Einstellungspartikel, deren einschränkende Funktion dem Sachverhalt des anderen Satzes gilt.

zwischen einer uneingeschränkten und einer eingeschränkten Bestätigung angeben. Während es beim kontrastierten „ja" und „doch" darum geht, ob p oder sein Gegenteil bestätigt wird, geht es beim kontrastierten „wohl" darum, ob p eingeschränkt oder uneingeschränkt bestätigt wird. In der Spezifik dieser Alternative findet sich die Spezifik der Bedeutung des unbetonten „wohl" wieder. Durch die Kontrastierung von „wohl" wird nicht nur, wie bei allen anderen kontrastierten EP, die Einstellung im Skopus der Partikel eliminiert, es wird überdies nicht die Assertion selbst, sondern der als VERMUTUNG spezifizierte Einstellungsanteil aus der Bedeutung des unbetonten „wohl" zum Gegenstand der durch den Kontrastakzent implizierten Einstellungsalternative (bezüglich einer Assertion von p). Mit anderen Worten, das kontrastierte „wohl" setzt eine Einstellungsvariable bezüglich der Assertion von p voraus: $Pres(\alpha(Ass(p)))$, die durch den einstellungsspezifizierenden Bedeutungsanteil der Partikel als VERMUTUNG spezifiziert wird. Bei der dem kontrastierten „wohl" übergeordneten Einstellung, die der Kontrastakzent zu einer alternativen Einstellung in Bezug setzt, kann es sich dann nur noch um eine positive Einstellung handeln:

$$pos_x(\alpha = VERMUTUNG) \text{ und } neg_y(\alpha = VERMUTUNG)\ ,$$

womit der Kontrastakzent eine als „vermutlich" eingeschränkte Bestätigung von p einer uneingeschränkten (nicht vermutlichen) Bestätigung von p gegenüberstellt.

Überraschend ist nur, daß dem Sprecher nicht wie beim unbetonten „wohl" die eingeschränkte, sondern die uneingeschränkte Form der Bestätigung zugeordnet wird.

Zunächst kann in Analogie zum kontrastierten „doch" angenommen werden, daß die Einstellungsträger beim kontrastierten „wohl" nicht von vornherein gegeben sind, sondern erst in Abhängigkeit von dem der kontrastierten Partikel übergeordneten positionalen Kontext spezifiziert werden. Da die Sprechereinstellung bei „wohl" bestätigt, aber auch nur impliziert sein kann, legt „wohl" den Sprecher, wie „doch", an sich nur auf eine potentiell assertive Haltung fest. Damit setzt auch das kontrastierte „wohl" nur eine potentiell assertive Haltung voraus. Durch die vom kontrastierten „wohl" aufeinander bezogenen Urteile wird p eingeschränkt oder uneingeschränkt bestätigt. Unabhängig davon, wie diese Urteile im einzelnen aussehen, steht fest, daß der Mechanismus, der die einschränkende Einstellung beim unbetonten „wohl" dem Sprecher zuordnet, durch die mit dem Kontrastakzent vorausgesetzte EM-Variable außer Kraft gesetzt ist. Während dies aber beim kontrastierten „doch" bewirkt, daß offenbleibt, welches der Urteile dem Sprecher zugeordnet ist, steht beim kontrastierten „wohl" fest, daß der Sprecher p uneingeschränkt bestätigt, (daß y in der obigen Struktur als s spezifiziert wird und x als *nicht-s*).

Als Erklärung hierfür bietet sich ein sprachlogischer Gesichtspunkt an (ähnlich dem, den ich für die primäre Ich-Bezogenheit in der Spezifizierung der Einstellungsträger implizierter Einstellungen angeführt hatte). Obwohl der Sprecher, allgemeinlogisch gesehen, sowohl die eingeschränkte Bestätigung wie die uneingeschränkte Bestätigung von p vertreten kann, scheint es sich sprachlogisch zu verbieten, daß der Sprecher nur eine eingeschränkte Bestätigung ausdrückt, wenn er dabei zugleich einem anderen Einstellungsträger eine uneingeschränkte Bestätigung zuordnet.

Mit der Annahme, daß das kontrastierte „wohl" die Alternative zwischen einem eingeschränkt und einem uneingeschränkt assertiven Urteil realisiert, läßt sich nun auch erklären, warum das opaque „wohl" im Unterschied zu den opaquen Satzadverbien kontrastierbar ist. Die Nicht-Kontrastierbarkeit opaquer Satzadverbien war als ein Fall ihrer Nicht-Negierbarkeit identifiziert worden. Daß opaque Einstellungen nicht negiert werden können, hängt — so meine Vermutung — mit der Schwierigkeit zusammen, das Denotat einer negierten opaquen Einstellung zu identifizieren (vgl. 8.). Indem „wohl" nicht nur eine opaque Einstellung, sondern ein opaques epistemisches Urteil (eine eingeschränkte Bestätigung von *p*) bestimmt, steht das Denotat des alternativen Einstellungssachverhalts — das nicht-opaque Urteil (die uneingeschränkte Bestätigung von *p*) — von vornherein fest. Einen zusätzlichen Hinweis darauf, daß die Vereindeutigung der Interpretation des negierten Bedeutungsanteils die Restriktion opaquer Einstellungen gegenüber dem Kontrastakzent und der Negation aufhebt, gibt die Tatsache, daß opaque Satzadverbien kontrastierbar und negierbar werden, wenn der Kontrastakzent mit der Gradpartikel „nur" gekoppelt ist:

Konrad ist nicht nur w a h r s c h e i n l i c h verreist.

Durch die Bezugnahme auf einen höheren Grad (epistemischer Sicherheit) vereindeutigt „nur" die Interpretation der implizierten Alternative als „uneingeschränkte Bestätigung von *p*":

Konrad i s t verreist.

„Wohl" ist also trotz seines opaquen Bedeutungsanteils kontrastierbar, weil die Interpretation der einander gegenübergestellten Alternativen eindeutig ist.

18.6. Neben den kontextuellen Eigenschaften, die das kontrastierte „denn" mit den anderen kontrastierten EP teilt, ist nur eine Eigenart festzustellen, die das kontrastierte „denn" gegenüber den anderen EP, aber auch gegenüber dem unbetonten „denn" auszeichnet. Da das unbetonte „denn" an den nicht-assertiven EM gebunden ist, kann auch das kontrastierte „denn" nur mit dem nicht-assertiven EM verwendet werden. Es kann aber nicht, wie das unbetonte „denn", mit Entscheidungs- und Ergänzungsfragen, sondern nur noch mit Ergänzungsfragen verbunden werden:

Wo ist Nina d e n n gewesen?
**Ist Konrad d e n n verreist?*

Das unbetonte „denn" legt den Sprecher auf eine nicht-assertive Haltung fest bezüglich der im Skopus der Partikel stehenden Einstellung (die allerdings wegen des nicht-assertiven EM ohnehin nur transparent, in Ergänzungsfragen sogar nur positiv sein kann; vgl. 10.1.). Das kontrastierte „denn" legt den Sprecher auf eine nicht-assertive Haltung bezüglich *p* bzw. der Spezifizierung von *w* fest, eliminiert also, wie alle anderen kontrastierten EP, die Möglichkeit der Partikel, sich auf eine Einstellung in ihrem Skopus zu beziehen. Auch das vom unbetonten „denn" implizierte Wissen eines anderen bleibt in der Bedeutungsstruktur des kontrastierten „denn" erhalten. Hinzu kommt beim kontrastierten „denn" aber die durch den Kontrastakzent implizierte Einstellungsalternative, deren Spezifik von der Spezifik der positionalen Bedeutung der Ergänzungsfrage bestimmt wird. Da es in der Ergänzungsfrage um die Spezifizierung des mit dem Fragepronomen erfaßten Elements geht, gilt auch das mit dem kontrastierten „denn" in der Ergänzungsfrage vorausgesetzte Urteil einer Spezifizierung von *w*:

$Pres(\alpha(w = w_i))$

Innerhalb der Ergänzungsfrage läßt sich die vom Kontrastakzent etablierte Alternative nur auf die Assertion einer bestimmten Spezifizierung von *w* beziehen: $pos_x(\alpha = Ass)$ *und* $neg_y(\alpha = Ass)$. Da der Sprecher nach der richtigen Spezifizierung von *w* fragt, wird ihm die negative Einstellung zugeordnet. Wenn man dennoch geneigt ist, daß negative Urteil einem anderen zuzuordnen, so geht dies auf das durch „denn“ implizierte Wissen des anderen zurück.

Die implizierte Zurückweisung einer Spezifizierung von *w* ist in der Ergänzungsfrage möglich, da die Zahl der möglichen Spezifizierungen nicht festgelegt ist, so daß dem Sprecher auch nach der Eliminierung einer Möglichkeit noch die Wahl zwischen verschiedenen anderen und damit die nicht-assertive Haltung offenbleibt. Gerade dies ist aber bei der Entscheidungsfrage, die nur zwei alternative Möglichkeiten kennt, nicht möglich. Wenn ich eine der Möglichkeiten zurückweise, bin ich auf die Bestätigung der anderen, auf eine assertive Haltung festgelegt. Da die assertive Haltung der obligatorischen nicht-assertiven Bedeutung des kontrastierten „denn“ widerspricht, läßt sich das kontrastierte „denn“ nicht in der Entscheidungsfrage verwenden.

Wenn bisher vom kontextuellen Verhalten der EP gegenüber dem nicht-assertiven EM die Rede war, so handelte es sich meist um Entscheidungsfragen oder sekundäre Fragen. Wegen der positionalen Spezifik der Ergänzungsfrage war das Problem ihrer Kombinierbarkeit mit EP zunächst ausgeklammert geblieben. Wie das folgende Kapitel zeigen soll, weisen aber gerade die kontextuellen Eigenschaften der EP gegenüber Ergänzungsfragen noch auf einen wichtigen Unterschied zwischen den Bedeutungen von Ergänzungs- und Entscheidungsfrage hin, der sich in einer ganzen Reihe von syntaktisch und/oder phonologisch abgewandelten Entscheidungs- und Ergänzungsfragen wiederfindet. Ehe ich mich diesem neuen Problemkreis zuwende, sei jedoch das Ergebnis der Betrachtungen über kontrastierte EP noch einmal zusammengefaßt.

Die vorangegangenen Ausführungen zu den kontrastierten Partikeln „ja“, „doch“, „wohl“ und „denn“ haben gezeigt, daß sich die Bedeutung der kontrastierten Partikel aus der Bedeutung der entsprechenden unbetonten Partikel und der Bedeutung des Kontrastakzents zusammensetzt. Der teilweise recht beträchtliche Bedeutungsunterschied zwischen der unbetonten und der kontrastierten Partikel war dabei vor allem darauf zurückzuführen, daß die Einstellung, die vom Sprecher bestätigt oder nicht bestätigt wird, der unbetonten Partikel untergeordnet, der kontrastierten Partikel aber — einer allgemeinen Eigenschaft kontrastierter Konstituenten folgend — übergeordnet ist.

Die kontextuellen Restriktionen, die die kontrastierten Partikeln im einzelnen gegenüber der ihnen übergeordneten Einstellung und dem EM des Satzes aufweisen, konnten dabei ebenso wie die Interpretation der vom Kontrastakzent etablierten alternativen Einstellungssachverhalte auf die positionale Spezifik der unbetonten Partikeln zurückgeführt werden. Für die Bedeutung der einzelnen Partikeln ergaben sich folgende Annahmen: Das kontrastierte „ja“ bezieht auf Grund der assertiven Bedeutung des unbetonten „ja“ die Bestätigung einer positiven Sprechereinstellung zu *p* auf die (implizierte) Bestätigung einer negativen Einstellung eines anderen Einstellungsträgers; das kontrastierte „doch“ bezieht auf Grund der nur potentiell assertiven Bedeutung des unbetonten „doch“ die bestätigte oder implizierte Sprechereinstellung zu *p* auf eine (implizierte) alternative Einstellungsmöglichkeit; das kontrastierte „wohl“ bezieht auf Grund der potentiell assertiv einschränkenden Bedeutung des unbetonten „wohl“ die eingeschränkte Bestätigung von *p* auf eine uneingeschränkte Bestätigung, wovon letztere — aus sprachlogischen Gründen — dem Sprecher zugeordnet ist; das kontrastierte „denn“ bezieht auf Grund der nicht-assertiven Bedeutung des unbetonten „denn“ die nicht-assertive Haltung des Sprechers bezüglich möglicher Spezifizierungen von *w* auf eine negative Einstellung bezüglich einer bestimmten Spezifizierung von *w*.

19. EP in Ergänzungsfragen

19.1. Da Entscheidungs- und Ergänzungsfragen unterschiedliche positionale Bedeutungen realisieren, ist es nicht verwunderlich, daß sie unterschiedliche Verwendungsbedingungen für EP haben. Einzig „ja" verhält sich in beiden Frageformen, unbetont oder kontrastiert, gleich. Wegen seiner festen Bindung an den assertiven EM ist es generell nicht mit dem nicht-assertiven EM akzeptabel, ob dieser nun einer epistemischen Alternative bezüglich *p* oder alternativen Spezifizierungsmöglichkeiten einer Variablen aus *p* gilt:

**Wo ist Nina ja gewesen?*
**Wo ist Nina ja gewesen?*
**Ist Konrad ja verreist?*
**Ist Konrad ja verreist?*

Auch das unbetonte „denn" verhält sich — wegen seiner festen Bindung an den nicht-assertiven EM — in beiden Frageformen gleich:

Ist Konrad denn verreist?
Wo ist Nina denn gewesen?

Das kontrastierte „denn" aber kann, wie bereits demonstriert, nur in der Ergänzungsfrage verwendet werden. Der vom Kontrastakzent eingeführte alternative Einstellungssachverhalt ist nur mit dem von der Ergänzungsfrage erfaßten Einstellungssachverhalt kompatibel.

Überraschend ist aber nun, daß sich auch „etwa", „doch" und „wohl" in Ergänzungs- und Entscheidungsfragen verschieden verhalten. „Etwa" kann in einer Entscheidungsfrage verwendet werden, aber nicht in einer Ergänzungsfrage:

Ist Konrad etwa verreist?
**Wo ist Nina etwa gewesen?*

„Doch" und „wohl" können beide nicht in einer echten Entscheidungsfrage, dafür aber in einer Sekundärfrage verwendet werden:

Konrad ist doch verreist?
**Ist Konrad doch verreist?*
Konrad ist wohl verreist?
**Ist Konrad wohl verreist?*

Dies wurde als eine Bindung beider Partikeln an den deklarativen Satzmodus verstanden. In der Ergänzungsfrage kann nun aber „wohl" verwendet werden:

Wo ist Nina wohl gewesen?

und „doch" nicht:

**Wo ist Nina doch gewesen?*

Letzteres wird erst akzeptabel, wenn man die Ergänzungsfrage als Rückfrage verwendet: das Fragepronomen betont und das Ganze mit einer steigenden (statt einer neutralen, fallenden) Satzintonation verbindet.

Wo ist Nina gewesen?

In einer Rückfrage kann das in der echten Ergänzungsfrage ausgeschlossene „doch" verwendet werden:

Wo ist Nina doch gewesen?

Das in der echten Ergänzungsfrage zugelassene „wohl" aber kann in der Rückfrage nicht verwendet werden:

**Wo ist Nina wohl gewesen?*

Bleibt noch hinzuzufügen, daß das kontrastierte „doch", das in der Entscheidungsfrage verwendbar ist:

Ist Nina d o c h verreist?,

in der Ergänzungsfrage ausgeschlossen ist:

**Wo ist Nina d o c h gewesen?*

Die Verwendungsunterschiede von „etwa", „doch" und „wohl" in Ergänzungs- und Entscheidungsfragen lassen sich in drei Fragen zusammenfassen, die alle die Kompatibilität dieser EP mit dem interrogativen Satzmodus betreffen:

1. Wodurch wird „wohl" (aber nicht „doch") mit dem interrogativen Satzmodus kompatibel, wenn dieser durch eine Ergänzungsfrage realisiert wird?
2. Wodurch wird „doch" (aber nicht „wohl") mit dem interrogativen Satzmodus kompatibel, wenn dieser mit einer Rückfrage verbunden ist?
3. Wodurch verlieren „etwa" und das kontrastierte „doch" ihre Verträglichkeit mit dem interrogativen Satzmodus, wenn dieser durch eine Ergänzungsfrage realisiert wird?

19.2. Wie ich am Fall von Ergänzungsfragen mit markierter Satzintonation wie z. B.

Wó ist Nina gewesen?
Wer kennt Konrad!

gezeigt habe, stehen weder die vom Kontrastakzent noch die von der markierten Satzintonation implizierten Einstellungen im Skopus des interrogativen Satzmodus. Unter der Bedingung des kontrastierten Fragepronomens waren sogar opaque Satzadverbien der negativen Auswirkung des interrogativen Satzmodus entzogen:

Wo ist Nina wahrscheinlich gewesen?

Es ist also denkbar, daß sich auch die Bedeutung von EP auf die mit einer Ergänzungsfrage implizierten positionalen Bedeutungen beziehen läßt, ohne im Skopus des durch den interrogativen Satzmodus realisierten nicht-assertiven EM zu stehen. Da ihre Bedeutung die Haltung des Sprechers festlegt, sind allerdings nur jene EP zu verwenden, die mit der durch die Satzintonation implizierten Sprecherhaltung übereinstimmen. Wie man aus der Kompatibilität der verschiedenen EP mit echten Ergänzungsfragen und Rückfragen entnehmen kann, erfüllen nur „denn" und „wohl" diese Bedingung für die echte Ergänzungsfrage und nur „doch" für die Rückfrage. Die ausschließlich assertiven EP sind nicht akzeptabel, da der Sprecher weder in der echten Ergänzungsfrage noch in der Rückfrage alternative Spezifizierungsmöglichkeiten ganz ausschließt. Daß „denn" aber nur in der Ergänzungsfrage und nicht in der Rückfrage akzeptabel ist, geht auf das Konto der assertiven Sprecherhaltung, die mit der Rückfrage impliziert ist und der ausschließlich nicht-assertiven Sprecherhaltung widerspricht, die durch die Partikel festgelegt ist.

Schwieriger ist es, sich das Verhalten von „doch" und „wohl" in echten Ergänzungsfragen und Rückfragen zu erklären, nicht zuletzt wegen der Tatsache, daß dem entgegengesetzten Verhalten beider Partikeln in Ergänzungs- und Rückfragen ihr völlig identisches Verhalten in Entscheidungs- und Sekundärfragen gegenübersteht. Macht man sich jedoch die unterschiedlichen Bedeutungen der beiden Partikeln im Kontext von Entscheidungs- und Ergänzungsfragen klar, so versteht man, warum sie sich hier verschieden verhalten müssen. Der Unterschied zwischen den Bedeutungen der beiden Partikeln wird durch die Entscheidungsfrage verdeckt. Indem der Sprecher die Einstellung im Skopus der Partikel durch „wohl" zum Gegenstand einer Vermutung macht, räumt er der durch die Entscheidungsfrage implizierten alternativen Einstellung noch relativ viel Platz ein. Da er auch mit dem nicht-bestätigten „doch" die alternative Einstellung (die von „doch" ebenso wie von der Entscheidungsfrage impliziert wird) nicht ausschließt, nähern sich die Bedeutungen beider Partikeln im Kontext der (sekundären) Entscheidungsfrage einander an. Der Unterschied zwischen

Konrad ist doch verreist?

und

Konrad ist wohl verreist?

beschränkt sich auf die größere assertive Stärke der Frage mit „doch" (durch die eine positive Sprechereinstellung impliziert wird) gegenüber der Frage mit „wohl" (durch die nur eine Vermutung des Sprechers impliziert wird).

Im Kontext der Ergänzungsfrage entsteht jedoch ein entscheidender Unterschied in der Interpretation der beiden Partikeln. Da „wohl" selbst keine alternative Einstellung impliziert, kann es sich ohne Zusatzbedingungen auf die von der Ergänzungsfrage vorausgesetzte Menge alternativer Spezifizierungsmöglichkeiten von *w* beziehen:

$VERMUTUNG_s((w = a)$ *oder* $(w = b)$ *oder* $\ldots)$

„Doch" kann aber seine alternativen Einstellungen nur auf eine bestimmte Spezifizierung und nicht auf die gesamte Menge alternativer Spezifizierungsmöglichkeiten von *w* beziehen. Es kann sich nur um eine Gegenüberstellung von

$E_x(w = w_i)$ *und nicht*-$E_y(w = w_i)$

und nicht um

$E_x((w = a)$ *oder* $(w = b)$ *oder* $\ldots)$ *und nicht*-$E_y((w = a)$ etc.)

handeln.

Gerade diese Bedingung ist mit der positionalen Bedeutung einer Rückfrage erfüllt, in der die vom Kontrastakzent aufeinander bezogenen Einstellungen einer bestimmten Spezifizierung von *w* gelten. Während aber die einstellungsspezifizierenden Ausdrucksmittel in der Rückfrage die Einstellung eines anderen Einstellungsträgers bestimmten, bestimmt die Bedeutung der EP die Einstellung des Sprechers.[45] In

Wo ist Nina gewesen?

[45] Bemerkenswert ist, daß eine Rückfrage keinen weiteren Einstellungsausdruck im Skopus von „doch" zuläßt:

**Wo ist Nina doch wahrscheinlich gewesen?*
**Wo ist Nina doch wirklich gewesen?*

Dies gilt aber — zumindest für opaque Einstellungen — auch nach „doch" in der Sekundärfrage:

**Konrad ist doch wahrscheinlich verreist?*

ist es der andere Einstellungsträger, dem eine positive Einstellung bezüglich einer bestimmten Spezifizierung von *w* zugeordnet ist; in

Wo ist Nina doch gewesen?

ist es der Sprecher selbst: $IM(pos_s(w = w_i))$. Allerdings kann er, da er zugleich noch nach der richtigen Spezifizierung von *w* fragt:

$nicht\text{-}Ass(pos_x((w = a) \; oder \; (w = b) \; oder \ldots)$,

auch die negative Einstellung zu der gegebenen Spezifizierung nicht ausschließen, weshalb „doch" als eine Rückfrage des Sprechers verstanden wird, mit der er sich nach der Spezifizierung von *w* erkundigt, die ihm zur Sprechzeit nur nicht mehr gegenwärtig ist.

Wie erklärt sich nun die Tatsache, daß „wohl" nicht in der Rückfrage verwendet werden kann? Offensichtlich steht die durch diese Partikel festgelegte Sprecherhaltung, mit der die Einstellung im Skopus der Partikel nur eingeschränkt bestätigt werden kann, im Widerspruch zu der positionalen Bedeutung der Rückfrage, mit der eine Einstellung bezüglich einer bestimmten Spezifizierung von *w* als bereits assertiert impliziert ist (ob sie nun durch ein einstellungsspezifizierendes Ausdrucksmittel einem anderen Einstellungsträger oder durch eine EP auch dem Sprecher zugeordnet wird).

Bleibt zu klären, warum „etwa" und das kontrastierte „doch" weder in der Ergänzungsfrage noch in der Rückfrage verwendbar sind. Auch sie beziehen zwei alternative Einstellungen aufeinander und sind damit, wie das unbetonte „doch", nur verwendbar, wenn schon eine bestimmte Spezifizierung von *w* vorausgesetzt ist.

Da also erst das kontrastierte Fragepronomen die Bedingung für die Verwendung von „doch" in der Ergänzungsfrage schafft, läßt sich die Restriktion des kontrastierten „doch" in der Ergänzungsfrage leicht erklären, können doch in dieser Informationseinheit nicht zwei Elemente den Hauptakzent tragen.

Wenn aber auch „etwa" nicht in einer Rückfrage verwendbar ist:

**Wo ist Nina etwa gewesen?*,

so deshalb, weil die von der Rückfrage implizierte Bestätigung einer bestimmten Spezifizierung von *w* der Assertion von „etwa" gleichkommt. Da „etwa" nur im Skopus einer Negation mit dem assertiven EM kompatibel ist, wird diese Verbindung als abweichend bewertet. Allerdings ist auch das negierte „etwa" nicht mit einer sekundären Ergänzungsfrage kompatibel:

**Wo ist Nina nicht etwa gewesen?*

Dies ist an sich nicht bemerkenswert, da sekundäre Ergänzungsfragen, wie andere Ergänzungsfragen, nicht negierbar sind, genauer gesagt, nicht mit einer negativen Einstellung verwendbar sind. Auch wenn die Bedingung für die Verwendung von „nicht" in der Ergänzungsfrage erfüllt ist, wie in

Wer hat das Buch nicht gelesen?,

Da die Partikel die Einstellung in ihrem Skopus dem Sprecher zuordnet, macht sie sie — per Implikation — auch zum Gegenstand seiner expliziten, nicht-assertiven Haltung. So kommt die Restriktion der Entscheidungsfrage gegen opaque Einstellungen und die der Ergänzungsfrage gegen opaque und transparente Einstellungen auch bei der durch „doch" implizierten Sprechereinstellung zur Wirkung.

kann die Negation ja nur als Teil der propositionalen Bedeutung interpretiert werden, nicht als Einstellung zu *p*.

Auf dem Hintergrund der Tatsache, daß sogar opaque Einstellungen in Rückfragen akzeptabel werden, muß man sich aber fragen, warum dies nicht auch für die negative Einstellung gilt. Ich kann nur vermuten, daß eine bestimmte Spezifizierung von *w* aus sprachlogischen Gründen nicht über die Bestätigung einer negativen Einstellung, sondern nur über die Bestätigung einer positiven (allenfalls eingeschränkt positiven) Einstellung vorausgesetzt werden kann. Da die Negation von „etwa" auf keinen Fall der propositionalen Bedeutung zugerechnet werden kann, wird eine sekundäre Ergänzungsfrage mit dem negierten „etwa" als abweichend bewertet. Wenn sich die Verwendungsunterschiede der EP in Entscheidungs- und Ergänzungsfragen auch ohne zusätzliche Annahmen aus den bisher festgelegten Bedeutungen der betroffenen positionalen Ausdrucksmittel erklären ließen, so haben sie doch das Verständnis für die Kontextvariabilität positionaler Bedeutungen noch weiter vertieft. Zusammenfassend seien die wesentlichen Aspekte noch einmal hervorgehoben:

Während es in Entscheidungsfragen nur der nicht-assertive EM ist, der die Verwendung von EP begrenzt, ist es in Ergänzungsfragen vor allem die Spezifik des Arguments, die Menge alternativer Spezifizierungsmöglichkeiten, die die Verwendung der EP einschränkt. Zwar sind in der Ergänzungsfrage auch die potentiell assertiven EP akzeptabel, da die vorausgesetzte positionale Bedeutung in diesen Fragen eine der Sekundärfrage vergleichbare Kontextbedingung schafft, doch ändert dies nichts an der restriktiven Wirkung des Arguments. Von den in der Sekundärfrage akzeptablen EP „denn", „etwa", „wohl" und (kontrastiertes sowie unbetontes) „doch" sind in der Ergänzungsfrage nur die EP „denn" und „wohl" zugelassen, die ihr Argument nicht zum Gegenstand alternativer Einstellungen machen. Werden Ergänzungsfragen als Rückfragen verwendet, dann liefert die Kontrastierung des Fragepronomens in Verbindung mit der Satzintonation einer Entscheidungsfrage das für eine Einstellungsalternative benötigte Argument, etabliert damit aber zugleich einen positionalen Kontext, durch den die mit der Ergänzungsfrage bestimmte Einstellung als bereits bestätigt impliziert wird. Während diese implizierte Bestätigung (einer bestimmten Spezifizierung von *w*) auf dem Hintergrund der nicht-assertiven Sprecherhaltung einer Ergänzungsfrage aus allgemeinlogischen Gründen sonst einem anderen Einstellungsträger zugeordnet wird, wird sie durch eine EP dem Sprecher zugeschrieben, womit der Sprecher auf eine Haltung festgelegt ist, die nur noch der von „doch" determinierten entspricht.

Was die Unterschiede in der Verwendung von EP in Ergänzungs- und Entscheidungsfragen — bzw. in den mit ihnen verwandten Strukturen — betrifft, so verdient ein Fall noch besondere Erwähnung.

Ergänzungsfragen, deren finites Verb in der für Nebensätze typischen Position steht, können nicht nur mit „wohl" verwendet werden, sie m ü s s e n mit „wohl" (oder einer KEP, „nur"/„bloß", siehe Anmerkung 57) verwendet werden:

Wo Nina wohl gewesen ist?
**Wo Nina gewesen ist?*

Fragen wie diese stellen ihrer syntaktischen Struktur nach den Nebensatz aus einem Einstellungssatz wie z. B.

Ich frage mich, wo Nina gewesen ist.

dar. Die Möglichkeit, solche Teilsätze als selbständige Sätze zu verwenden, gibt es auch für Entscheidungsfragen:

Ob Konrad verreist ist?
Ich frage mich, ob Konrad verreist ist.

Ich will solche Fragen „indirekte Fragen" nennen und versuchen, auch ihre Spezifik aus den Bedingungen zu ermitteln, die sich aus ihnen für die Verwendung positionaler Ausdrucksmittel ergeben.

20. EP in indirekten und emphatisch uminterpretierten Fragen

20.1. Die ausschließlich assertiven EP verhalten sich in indirekten Entscheidungs- und Ergänzungsfragen nicht anders als in echten Entscheidungs- und Ergänzungsfragen. Sie sind in beiden nicht akzeptabel:

**Ob Konrad ja verreist ist?*
**Ob Konrad j a verreist ist?*
**Ob Konrad w o h l verreist ist?*
**Wo Nina ja gewesen ist?*
**Wo Nina j a gewesen ist?*
**Wo Nina w o h l gewesen ist?*

„Etwa" und das kontrastierte „doch" können in echten und indirekten Entscheidungsfragen stehen:

Ob Konrad d o c h verreist ist?,

aber nicht in echten und indirekten Ergänzungsfragen:

**Wo Nina d o c h gewesen ist?*

„Wohl" kann in echten und indirekten Ergänzungsfragen stehen:

Wo Nina wohl gewesen ist?

„Doch" ist in echten und indirekten Ergänzungs- und Entscheidungsfragen nicht akzeptabel:

**Wo ist Nina doch gewesen?*
**Ob Konrad doch verreist ist?*

Das kontrastierte „denn" ist in echten und indirekten Entscheidungsfragen ausgeschlossen:

**Ob Konrad d e n n verreist?*

Es ist aber auch in indirekten Ergänzungsfragen ausgeschlossen, obwohl es in echten Ergänzungsfragen verwendet werden kann:

Wo ist Nina d e n n gewesen?
**Wo Nina d e n n gewesen ist?*

Auf der anderen Seite ist das unbetonte „wohl“ auch in indirekten Entscheidungsfragen verwendbar, obwohl es in echten Entscheidungsfragen nicht akzeptabel ist:

Ob Konrad wohl verreist ist?
**Ist Konrad wohl verreist?*

Das unbetonte „denn“ schließlich ist in indirekten Ergänzungs- und Entscheidungsfragen ausgeschlossen, obwohl es in echten Ergänzungs- und Entscheidungsfragen akzeptabel ist:

Ist Konrad denn verreist?
**Ob Konrad denn verreist ist?*
Wo ist Nina denn gewesen?
**Wo Nina denn gewesen ist?*

Welche Annahmen über die Bedeutung indirekter Fragen erklären die kontextuellen Gemeinsamkeiten und Unterschiede zwischen den indirekten und den echten Entscheidungs- und Ergänzungsfragen? Wenn man davon ausgeht, daß die Erklärung für die Verwendungsbedingungen von EP in echten Fragen auch für die Erklärung der vergleichbaren Verwendungsbedingungen von EP in indirekten Fragen aufkommt, so kann die Betrachtung auf die indirekten und echten Fragen eingeengt werden, in denen sich EP unterschiedlich verhalten. Diesbezüglich lassen sich zwei Fragen formulieren:

1. Warum ist „denn“ (unbetont und kontrastiert) in keiner indirekten Frage zugelassen?
2. Warum kann „wohl“ auch in der indirekten Entscheidungsfrage verwendet werden, obwohl „doch“ dort ebenso ausgeschlossen ist wie beide Partikel in der echten Entscheidungsfrage?

Ich will mich für die Beantwortung dieser Fragen vorerst auf den Fall der indirekten Entscheidungsfrage konzentrieren, da die indirekte Ergänzungsfrage noch ein zusätzliches Problem aufwirft, indem sie im Normalfall ohne Partikel gar nicht akzeptabel ist.

Vergegenwärtigt man sich die positionale Bedeutung von „ob“-Sätzen, so kann man feststellen, daß sie sich von der einer Entscheidungsfrage in einem wesentlichen Punkt unterscheiden. Sowohl die Entscheidung über den EM wie die Spezifizierung des Einstellungsträgers sind von der Bedeutung des übergeordneten Matrixsatzes abhängig. Ohne „ob“ legt der Teilsatz sogar nichts weiter als eine bestimmte Einstellung zu einer propositionalen Bedeutung fest: $E_x(p_{NS})$. Diese Einstellung wird durch „ob“ um eine alternative Möglichkeit: *nicht*-$E_x(p_{NS})$ erweitert. Die Spezifizierung des Einstellungsträgers kann jedoch erst in Abhängigkeit vom positionalen Prädikat und Subjekt des Matrixsatzes erfolgen. Es hängt vom Prädikat des Matrixsatzes ab, ob die Einstellung aus dem „ob“-Satz assertiert oder nicht assertiert wird. Man vergegenwärtige sich noch einmal die entsprechende Auswirkung des nicht-assertiven „sich fragen“:

Nina fragt sich, ob Konrad verreist ist.

gegenüber der des assertiven „wissen“:

Nina weiß, ob Konrad verreist ist.

Ohne seinen übergeordneten Kontext hat der „ob“-Satz die positionale Bedeutung:

$EM_p(E_x(p_{NS})$ *oder nicht*-$E_x(p_{NS}))$,

wobei E durch die positionale Bedeutung des „ob"-Satzes spezifiziert (und im Einstellungssatz durch die des übergeordneten Prädikats modifiziert) wird; der ganze Ausdruck wird im Einstellungssatz zum Gegenstand des durch die nicht-propositionalen Mittel des Matrixsatzes realisierten Sprecherurteils:

$$EM(E_y(EM_p(E_x(p_{NS})\text{ oder nicht-}E_x(p_{NS})))) .$$

Da die indirekten Entscheidungsfragen selbständig verwendete „Ob"-Sätze sind, erfolgt die Spezifizierung dieses Urteils auf der Basis der Satzintonation. Die für Entscheidungsfragen typische Satzintonation bestimmt einen nicht-assertiven EM, der bezüglich der positionalen Bedeutung einer indirekten Entscheidungsfrage für die Spezifizierung von zwei EM-Variablen in Betracht kommt. Die Satzintonation kann den EM des (indirekt gegebenen) Einstellungssatzes oder den propositionalen EM des Nebensatzes spezifizieren. Davon ausgehend wird dann die jeweils unspezifiziert gebliebene EM-Variable auf Grund sprachlogischer Zusammenhänge bestimmt. Ist der Sprecher durch die Satzintonation auf eine nicht-assertive Haltung bezüglich des ganzen Einstellungssatzes festgelegt, so wird EM_p wegen der durch „ob" etablierten Einstellungsalternative und mangels einer Spezifizierung durch das Prädikat eines Matrixsatzes als nicht-assertive Haltung verstanden, die — per Implikatur — einem anderen Einstellungsträger zugeordnet ist. Zwar ist es logisch möglich, die eigene nicht-assertive Haltung mit einem Satz wie

Frage ich, ob Konrad verreist ist?

in einer entsprechenden Situation in Frage zu stellen — eine auf außersprachliche Zusammenhänge angewiesene Spezifizierung von variablen Bedeutungselementen kann aber (aus sprachlogischen Gründen) nur auf den Normalfall zurückgreifen.

Spezifiziert also die Satzintonation den EM des ganzen Satzes, so wird die indirekte Frage als Rückfrage verstanden:

Fragst du, ob Konrad verreist ist?

$$\text{nicht-}Ass(pos_x(EM_p(E_{nicht\text{-}s}(p_{NS})\text{ oder nicht-}E_{nicht\text{-}s}(p_{NS}))))$$

Ist der Sprecher durch die Satzintonation auf eine nicht-assertive Haltung bezüglich des Nebensatzes festgelegt, so kann der übergeordnete EM aus sprachlogischen Gründen nur als Bestätigung (der nicht-assertiven Sprecherhaltung) verstanden werden:

$$Ass(pos_s(\text{nicht-}Ass_p(E_s(p_{NS})\text{ oder nicht-}E_s(p_{NS}))))$$

(Ich frage, ob Konrad verreist ist.)[46]

Dabei entsteht dann der indirekte Charakter dieser Art von Fragen, die sich von echten Entscheidungsfragen dadurch unterscheiden, daß der Sprecher nach der Richtigkeit von $E(p)$ nicht direkt, sondern indirekt, über den Bezug zu einer vorgegebenen Einstellungsalternative, fragt. Rein logisch gesehen, scheint dabei zwar kein Unterschied zu bestehen, da ja auch die echte Entscheidungsfrage eine alternative Einstellungsmöglichkeit impliziert. Sprachlich stellt die „ob"-Frage aber, wie man an der Restriktion gegenüber „denn" und „doch" und der Verwendbarkeit von „wohl" sehen kann, einen anderen positionalen

[46] Man kann in beiden Fällen den Adressaten der Frage als den Sprecher spezifizieren, womit die Unterschiede in der Interpretation noch deutlicher zutage treten:

Fragst du mich, ob Konrad verreist ist?
Ich frage mich, ob Konrad verreist ist.

Kontext als die Entscheidungsfrage dar. Auch wenn sozusagen unter dem Strich von denselben alternativen Einstellungen bezüglich *p* die Rede ist, so ergeben sich doch aus der Art und Weise, wie diese jeweils eingeführt werden, unterschiedliche kontextuelle Bedingungen.

Vergleicht man unter diesem Gesichtspunkt noch einmal die EP, die in der indirekten Entscheidungsfrage zugelassen und die in ihr ausgeschlossen sind, so stellt man fest, daß „etwa" und das kontrastierte „doch", die von sich aus nicht festlegen können, welche der alternativen Einstellungen dem Sprecher zuzuordnen ist, verwendbar sind, nicht aber das unbetonte „doch", das festlegt, daß die Einstellung im Skopus der Partikel die Sprechereinstellung werden muß.

Da auch „wohl" die Einstellung des Sprechers festlegt, sollte man erwarten, daß auch „wohl" nicht in indirekten Fragen akzeptabel ist. „Wohl" kann aber in diesen Fragen verwendet werden. Sieht man sich die Bedeutungen beider Partikeln in bezug auf die mit der indirekten Frage gegebenen Bedingungen noch einmal genau an, so kann man feststellen, daß nur „doch" den Sprecher auf nichts anderes als die Einstellung im Skopus der Partikel festlegt. Wenn der Sprecher in einem Satz mit „doch" auch eine alternative Einstellungsmöglichkeit zuläßt, so geschieht dies nicht auf Grund der Partikelbedeutung, sondern auf Grund des nicht-assertiven EM, mit dem „doch" unter bestimmten Umständen verbunden werden kann. Demgegenüber ist der Sprecher durch die einschränkende Bedeutung von „wohl" von vornherein darauf festgelegt, neben der im Skopus der Partikel stehenden Einstellung noch ihre alternative Möglichkeit zuzulassen. Damit erfüllt „wohl" die durch „ob" vorgegebene Bedingung: Der Sprecher läßt sowohl *E* wie *nicht-E* zu.

Es kann kein Zweifel bestehen, daß auch die Partikel „denn", die den Sprecher auf eine nicht-assertive Haltung festlegt, diese Bedingung erfüllt. Wenn „denn" dennoch nicht mit der indirekten Frage verbindbar ist, so geht dies auf das Konto der mit dieser Partikel implizierten Haltung des anderen Einstellungsträgers: $WISSEN_{nicht\text{-}s}$*(E oder nicht-E)*. Die positionale Bedeutung der indirekten Frage legt ja nicht nur den Sprecher, sondern auch einen etwaigen anderen Einstellungsträger auf die Einstellungsalternation *E oder nicht-E* fest. Es wird nicht nur der EM eines „ob"-Satzes erst in Abhängigkeit vom übergeordneten Kontext bestimmt. Auch die Spezifizierung der Einstellungsträger kann erst dann erfolgen, wenn der übergeordnete Matrixsatz oder die ihn vertretende Satzintonation in der indirekten Frage ins Spiel kommen. Auf der Interpretationsstufe, auf der die Partikelbedeutung mit der Bedeutung des „ob"-Satzes integriert wird, steht die Spezifizierung der Einstellungs träger noch aus. Die von „ob" etablierte Einstellungsalternative bestimmt zwar notwendigerweise die „Sowohl-als-auch"-Haltung eines Einstellungsträgers, sie legt aber nicht fest, um welchen Einstellungsträger es sich handelt. Damit schließt sie nicht nur für den Sprecher, sondern auch für einen anderen Einstellungsträger jede andere als eine „Sowohl-als-auch"-Haltung aus. Darauf paßt nur „etwa", „wohl" und das kontrastierte „doch; das unbetonte „doch" und „denn" sind hier — nicht anders als die ausschließlich assertiven EP — fehl am Platz, da sie den Sprecher bzw. einen anderen Einstellungsträger auf eine bestimmte Einstellung festlegen.

20.2. Wie „Ob"-Sätze können indirekte Ergänzungsfragen als Rückfragen bezüglich der Frage eines anderen Einstellungsträgers verwendet werden.

Wo Nina gewesen ist?

ist ein akzeptabler Satz, wenn man ihn statt mit der für Ergänzungsfragen neutralen, fallenden Satzintonation mit der steigenden Satzintonation einer Entscheidungsfrage verbindet. Er wird dann als Rückfrage des Sprechers auf die Frage eines anderen Einstellungsträgers verstanden:

Fragst du, wo Nina gewesen ist?

Wie noch zu zeigen sein wird, kann der fehlende Satzmodus in diesen Sätzen auch noch durch andere Formen von markierter Satzintonation ersetzt werden. Nur die neutrale Form der Ergänzungsfrage ist — vermutlich weil sie mit der assertiven Satzintonation einer Aussage zusammenfällt — nicht ausreichend, um den EM in einer solchen Frage zu spezifizieren. Ohne die vereindeutigende steigende Satzintonation ist die positionale Bedeutung der indirekten Ergänzungsfrage unvollständig; erst durch die steigende Satzintonation wird sie zu einer Frage des Sprechers vervollständigt. Dabei kann der durch die steigende Satzintonation realisierte nicht-assertive EM allerdings nur den EM des ganzen (indirekt gegebenen) Einstellungssatzes spezifizieren, da ja eine steigende Satzintonation die Satzintonation einer Entscheidungsfrage und nicht die einer Ergänzungsfrage ist, der propositionale EM aber wegen der Menge alternativer Spezifizierungsmöglichkeiten in seinem Argument nur als der nicht-assertive EM einer Ergänzungsfrage bestimmbar ist. Die Bestimmung des propositionalen EM erfolgt deshalb — wie bei der als Rückfrage verwendeten Entscheidungsfrage — nur auf der Grundlage sprachlogischer Zusammenhänge.

$$nicht\text{-}Ass(pos_x(EM_p(pos_{nicht\text{-}s}((w = a)\ oder\ (w = b)\ oder \ldots))))$$

Die Tatsache, daß die steigende Satzintonation der indirekten Ergänzungsfrage nicht für die Spezifizierung des propositionalen EM genutzt werden kann, erklärt, warum indirekte Ergänzungsfragen nur als Rückfragen verwendbar sind.

Da EP die Haltung des Sprechers bezüglich der Einstellung in ihrem Skopus festlegen, kann die Frage des Sprechers aber auch seiner eigenen Einstellung gelten, wenn die indirekte Ergänzungsfrage um eine Partikel erweitert wird, die die Einstellung des Nebensatzes und damit den dazugehörigen EM_p von vornherein auf die Haltung des Sprechers bezieht.

Von den beiden in der echten Ergänzungsfrage verwendbaren Partikeln „wohl" und „denn" ist allerdings — wie in indirekten Entscheidungsfragen — nur „wohl" akzeptabel:

Wo Nina wohl gewesen ist?
**Wo Nina denn gewesen ist?*

Auch die indirekte Ergänzungsfrage schließt also für den Sprecher und für einen anderen Einstellungsträger jede andere als eine „Sowohl-als-auch"-Haltung aus. Zusammen mit der Spezifik des Arguments einer Ergänzungsfrage bildet die „Sowohl-als-auch"-Haltung einen positionalen Kontext, der nur mit der Bedeutung von „wohl" kompatibel ist, da ausschließlich assertive EP ebenso wie EP, die eine alternative Einstellung implizieren, mit der „Sowohl-als-auch"-Haltung bezüglich einer Menge alternativer Spezifizierungsmöglichkeiten von *w* im Widerspruch stehen.

Die Bedeutung von „wohl" legt den Sprecher auf eine potentiell assertive Haltung fest, die — wie jede assertive Bedeutung im Rahmen einer Ergänzungsfrage — nur implizit zum Ausdruck kommen kann. Die potentiell assertive Haltung des Sprechers, die durch den einstellungsspezifizierenden Anteil der Partikel auf eine Vermutung eingeschränkt ist, gilt der Spezifizierung von *w* durch ein — noch unbestimmtes — Element aus der Menge alternativer Spezifizierungsmöglichkeiten. Mangels einer sprachlichen Spezifizierung durch das Prädikat eines Matrixsatzes wird EM_p als nicht-assertiver EM bestimmt. Die steigende Satzintonation aber kann sich in der indirekten Ergänzungsfrage mit „wohl" nur auf die durch die Partikel implizierte Vermutung des Sprechers beziehen, da sie sich nur für die Spezifizierung des EM einer Entscheidungsfrage eignet (und damit für die Spezifizierung von EM_p nicht in Betracht kommt), und da der Sprecher seine eigene Frage (bezüglich der richtigen Spezifizierung von *w*) zumindest auf diese indirekte Weise nicht in Frage stellen kann.

Daß die Satzintonation bei einer Ergänzungsfrage zur Spezifizierung eines nur implizit realisierten EM dienen kann, zeigt auch der Fall der assertiv-emphatischen Uminterpretation von direkten oder indirekten Ergänzungsfragen, wie z. B.

Wer kennt ihn nicht!
Was das gekostet hat!

etc. Während die emphatische (fallende) Satzintonation in solchen Fragen festlegt, daß der Sprecher einen zur Ergänzungsfrage alternativen Einstellungssachverhalt implizit bestätigt, legt die steigende Satzintonation in der indirekten Ergänzungsfrage mit „wohl" fest, daß der Sprecher seine Vermutung bezüglich der Spezifizierung von *w* implizit nicht bestätigt — was man sich etwa mit: „Vermute ich, daß *w* durch *a* spezifiziert wird oder durch *b* oder . . ." paraphrasiert denken könnte.

20.3. Echte und indirekte Fragen können auch noch durch eine emphatisch markierte Intonation positional uminterpretiert werden. Die emphatisch uminterpretierte Entscheidungsfrage, wie z. B.

Schmeckt das gut!,

schließt dabei den Gebrauch aller EP aus. Die assertive Satzintonation schließt die nicht-assertiven EP „denn" und „etwa" aus:

**Schmeckt das denn gut!*
**Schmeckt das etwa gut!*

Wegen des nicht-assertiven Satzmodus ist die assertive EP „ja" ausgeschlossen:

**Schmeckt das ja gut!*

Durch die emphatische Intonation ist der Hauptakzent festgelegt, eine Kontrastierung anderer Konstituenten nicht mehr möglich:

**Ist N i n a schön!*

Damit ist auch das kontrastierte „doch" ausgeschlossen, das — im Unterschied zu den anderen kontrastierten EP — immerhin noch in einer echten Entscheidungsfrage verwendbar ist:

**Schmeckt das d o c h gut!*

Emphatisch uminterpretierte Fragen können im übrigen mit keiner anderen als einer positiven Einstellung kombiniert werden:[47]

[47] Da keine der Annahmen, die ich über die einzelnen epistemischen Ausdrucksmittel einer solchen emphatisch uminterpretierten Entscheidungsfrage gemacht habe, erklären kann, warum in diesem Kontext auch transparente Satzadverbien nicht akzeptabel sind, bleibt nur noch zu vermuten, daß sich die mit einer solchen emphatisch assertiven Äußerung implizierte Bewertung direkt auf die propositionale Be-

**Schmeckt das wahrscheinlich gut!*
**Schmeckt das wirklich gut!*,

womit sich auch die Restriktion des opaquen „wohl“ erklärt:

**Schmeckt das wohl gut!*

Selbst die Negation bestimmt in einer emphatisch uminterpretierten Entscheidungsfrage nur eine positive Einstellung:

Schmeckt das nicht gut!

Dies läßt sich erklären, wenn man sich die Abfolge der verschiedenen Interpretationsschritte in einer solchen Frage vergegenwärtigt. Daß sowohl die affirmative wie die negative Satzform dem Ausdruck einer positiven Sprechereinstellung dienen, geht auf das Konto jener Interpretationsstufe, auf der die positionale Bedeutung des Satzes in Abhängigkeit vom interrogativen Satzmodus bestimmt wird. Während die affirmative Frage nur einen nicht-assertiven EM bezüglich der wörtlichen positiven Einstellung determiniert, wird mit der negierten Frage zugleich eine der wörtlichen, negativen Einstellung entgegengesetzte, also wiederum positive Einstellung impliziert. Durch die assertive Satzintonation kann dem Sprecher dann im Fall der affirmativen Frage nur die wörtlich realisierte, die positive Einstellung, zugeordnet werden. Im Fall der negierten Frage aber muß ihm die zusätzlich implizierte Einstellung zugeordnet werden, also wiederum die positive Einstellung. Während sie auf der Stufe, auf der der Satzmodus interpretiert wird, nur impliziert war, ist sie auf der Stufe, auf der die assertive Satzintonation interpretiert wird, zu der Einstellung geworden, die der Sprecher mit der Äußerung des Satzes bestätigt. Parallel dazu wird die wörtliche, durch den Satzmodus nicht assertierte negative Einstellung als implizierte Einstellung eines anderen Einstellungsträgers uminterpretiert.

Die Zwischenstufe mit dem interrogativen Satzmodus kann schließlich auch für die Restriktion dieser Fragen gegenüber dem unbetonten „doch“ verantwortlich gemacht werden:

**Schmeckt das doch gut!*

Zumindest auf dieser Interpretationsstufe wird die aus der Bedeutung von „doch“ folgende Bedingung, daß die im Skopus der Partikel stehende Einstellung dem Sprecher zugeordnet wird, nicht erfüllt.[48]

deutung beziehen muß. Obwohl das 21. Kapitel einige Überlegungen über die syntaktisch-semantischen Beziehungen zwischen evaluativen und epistemischen Einstellungen enthält, muß ich im Rahmen dieser Arbeit auf weitergehende Analysen des evaluativen Bedeutungsbereichs, wie sie für die Überprüfung dieser Annahme nötig wären, verzichten.

[48] Sätze wie:

Ist er doch wieder zu spät gekommen!

scheinen dieser Generalisierung anhand von assertiv uminterpretierten Entscheidungsfragen zu widersprechen, da hier „doch“ mit derselben syntaktischen Struktur und Satzintonation akzeptabel ist. In Wirklichkeit sind aber solche Sätze keine emphatisch assertiv uminterpretierten Fragesätze (mit einem interrogativen Satzmodus), sondern verdanken ihre Subjekt-Verb-Inversion einem vorangestellten Satzadverb wie in dem m. E. bedeutungsgleichen Satz:

Da ist er doch wieder zu spät gekommen!

20.4. Unter bestimmten Bedingungen können auch „Ob"-Sätze durch entsprechende phonologische Mittel assertiv uminterpretiert werden. Mit kontrastiertem „ob" und emphatisch assertiver (fallender) Intonation ist der Satz:

(Und) o b das gut schmeckt!

Ausdruck einer assertiv positiven Sprecherhaltung, die ganz offensichtlich der Frage (also der nicht-assertiven Haltung) eines anderen Einstellungsträgers entgegengehalten wird. Durch die Kontrastierung der Konjunktion „ob" wird die Bestätigung von *p* zum Gegenstand der durch den Kontrastakzent aufeinander bezogenen alternativen Einstellungen, wobei die assertive Satzintonation bestimmt, daß die assertive Haltung dem Sprecher, die nicht-assertive einem anderen Einstellungsträger zugeordnet wird.

Auch in emphatisch uminterpretierten „Ob"-Sätzen können keine EP, aber auch keine Satzadverbien verwendet werden, da das kontrastierte „ob", wie jede Konstituente, keinen Einstellungsausdruck in seinem Skopus zuläßt:

**Und o b das doch schmeckt!*
**Und ob das wirklich schmeckt!*

etc.[49]

20.5. Auch die Ergänzungsfrage kann emphatisch uminterpretiert werden (vgl. 10.3.). Auf Grund des spezifischen Arguments der Ergänzungsfrage kann die assertive Uminterpretation jedoch nur implizit zum Ausdruck kommen. Dabei hängt es von der Art des betroffenen Sachverhalts, also von außersprachlichen Kenntnissen ab, ob die mit einer solchen Frage implizierte Sprecherhaltung einer negativen oder einer positiven Einstellung gilt, und ob sich diese Einstellung auf die gesamte Menge alternativer Spezifizierungsmöglichkeiten oder auf eine bestimmte Spezifizierung von *w* bezieht.

Wer kennt Konrad!

oder

Wer kennt Konrad nicht!

[49] Mit einer emphatischen Satzintonation können auch „Daß"-Sätze selbständig verwendet werden:

Daß Konrad immer zu spät kommt!,

wobei die Satzintonation die durch den Satzkonnektor realisierte EM_p-Variable als assertiven EM spezifiziert. Die mit der emphatischen Satzintonation implizierte alternative Einstellung bleibt allerdings, trotz des assertiven EM, eine Einstellungsmöglichkeit, die keinem anderen Einstellungsträger zugeordnet wird:

$IM(neg_x(p_{NS}))$.

Emphatisch assertive „Daß"-Sätze sind mit „doch" und „nicht etwa", aber nicht mit „ja" und „wohl" verbindbar:

Daß Konrad doch immer zu spät kommt!
Daß Konrad nicht etwa zu spät kommt!
**Daß Konrad wohl zu spät kommt!*
**Daß Konrad ja zu spät kommt!*

Die Restriktion gegenüber „ja" geht auf das Konto der durch die Emphase implizierten negativen Einstellung, die der mit „ja" implizierten positiven Einstellung widerspricht; die Restriktion gegenüber „wohl" ist auf die generelle Verwendungsbeschränkung emphatisch assertiver Sätze gegen eine Einschränkung der durch sie ausgedrückten Bestätigung zurückzuführen.

versteht man als Ausdruck einer negativen Sprechereinstellung bezüglich der Spezifizierungsmöglichkeit von *w* aus *p* bzw. *nicht-p*: Es gibt niemand, der *w* spezifiziert (für den *p* bzw. *nicht-p* gilt). Dagegen versteht man

Wer kommt immer zu spät!

als Ausdruck einer positiven Sprechereinstellung bezüglich einer bestimmten Spezifizierungsmöglichkeit von *w*: Ich/man weiß, wer immer zu spät kommt. Beide Varianten gelten als rhetorische Fragen. Sie lassen sich in beiden Lesarten mit den in einer echten Ergänzungsfrage akzeptablen EP „wohl" und „denn" verbinden:

Wer kennt Konrad wohl nicht!
Wer kennt Konrad denn nicht!
Wer kommt wohl immer zu spät!
Wer kommt denn immer zu spät!

Die gesamte positionale Bedeutung der rhetorischen Frage besteht aus der Bedeutung einer Ergänzungsfrage (mit EP) und einer dazu implizierten „Antwort" des Sprechers: Es ist nicht der Fall, daß es eine Menge alternativer Spezifizierungsmöglichkeiten für *w* gibt. Dies wird je nach Sachverhalt als „es gibt kein *w*, für das *p* bzw. *nicht-p* gilt" oder als „$w = w_i$" ausbuchstabiert. Durch die assertive Uminterpretation werden die mit den Partikeln implizierten Einstellungen entsprechend modifiziert: die von „wohl" implizierte Vermutung wird negiert[50], das von „denn" implizierte Wissen eines anderen wird als „wissen, daß nicht" verstanden.

Die Tatsache, daß „denn" mit rhetorischen Fragen verbindbar ist, weist darauf hin, daß die Bedeutungen von Partikel und Frage miteinander verbunden werden, ehe die assertive Uminterpretation stattfindet. Dies erklärt auch, warum rhetorische Fragen trotz der implizierten assertiven Einstellung mit keiner anderen EP, auch nicht mit dem potentiell assertiven „doch", akzeptabel sind:

**Wer kennt Konrad doch nicht!*
**Wer kommt doch immer zu spät!*

Auf der Stufe, auf der die Bedeutungen von Partikel und Ergänzungsfrage miteinander verbunden werden, steht das für die Einstellungsalternative von „doch" benötigte Argument noch nicht zur Verfügung.

Nur nebenbei sei bemerkt, daß die positive Sprechereinstellung bezüglich einer bestimmten Spezifizierung von *w*, die der Sachverhalt des zweiten Satzes nahelegt, den für die Verwendung von „doch" erforderlichen Bedingungen näher kommt, als die negative Sprechereinstellung bezüglich der gesamten Menge alternativer Spezifizierungsmöglichkeiten von *w*, die mit dem Sachverhalt des ersten Satzes verbunden wird. Im zweiten Satz wird die entsprechende Kontextbedingung für „doch" nur zu spät erfüllt, im ersten Satz gar nicht. Dies ist der Grund dafür, daß man den zweiten Satz „besser" findet als den ersten.

Das kontrastierte „denn", das in einer Ergänzungsfrage akzeptabel ist, kann in einer rhetorischen Frage nicht verwendet werden, da es dem Sprecher auf Grund seiner vorausgesetzten Bedeutung nur erlaubt, eine bestimmte Spezifizierung von *w* zurückzuweisen,

[50] Da durch diesen Kontext (anders als beim kontrastierten „wohl") keine Assertion vorausgesetzt wird, entsteht aus der Negation der Vermutung hier keine „uneingeschränkte Bestätigung" einer bestimmten Spezifizierungsmöglichkeit von *w* (die einer „eingeschränkten Bestätigung" gegenübergestellt wäre).

ihn aber im übrigen auf eine nicht-assertive Haltung bezüglich der Menge alternativer Spezifizierungsmöglichkeiten festlegt:

** Wer kennt Konrad denn!*

20.6. Auch die indirekte Ergänzungsfrage kann als rhetorische Frage verwendet werden:

Wer das glaubt!,

wobei der fehlende Satzmodus offensichtlich durch die emphatisch assertive Uminterpretation ersetzt wird. Da dies aber erst auf der Stufe geschieht, auf der die Satzintonation in die Interpretation des Satzes einbezogen wird, also erst bei der Interpretation des EM des ganzen (indirekt realisierten) Einstellungssatzes, lassen sich rhetorische Fragen dieser Art ebenso wie indirekte Ergänzungsfragen nur noch mit „wohl", nicht mehr mit „denn" verbinden:

Wer das wohl glaubt!
** Wer das denn glaubt!*

Auf der Stufe, auf der die Bedeutung der EP mit der der Ergänzungsfrage verbunden wird, erfordert die Spezifik der indirekten Ergänzungsfrage für den Sprecher ebenso wie für den anderen Einstellungsträger eine nicht-assertive Haltung. Die Verbindung mit „denn" wird als abweichend bewertet, noch ehe durch die assertive Uminterpretation das für „denn" benötigte positionale Bedingungsgefüge geschaffen werden kann.

Der Vergleich des Kontextverhaltens von EP gegenüber den verschiedenen Frageformen (Entscheidungs- und Ergänzungsfrage, direkt oder indirekt, auf der Basis von Nebensätzen realisiert, mit neutraler oder markierter Satzintonation verbunden) vermittelt wichtige Einsichten in die Art und Weise, wie die Bedeutungen der verschiedenen positionalen Ausdrucksmittel eines Satzes zur positionalen Bedeutung des Satzes integriert werden. Dabei hat sich die Spezifik der im Skopus der Partikel stehenden propositionalen Bedeutung als ebenso entscheidend erwiesen wie die Spezifik der positionalen Bedeutung der EP selbst. Auch ist noch einmal besonders deutlich geworden, welche wichtige Rolle die Abfolge der verschiedenen Interpretationsstufen in der Integration der Bedeutung positionaler Ausdrucksmittel spielt. Als ein wichtiges Ergebnis der vorangegangenen Analysen kann man die Erkenntnis verbuchen, daß Kontextrestriktionen nicht nur auf widersprüchlichen Spezifizierungen beruhen, sondern u. a. auch darauf, daß bestimmte Spezifizierungen nicht zur rechten Zeit erfolgen. Die Einsicht in derlei Zusammenhänge verdient um so mehr Beachtung, als sie nur durch die Einengung des Untersuchungsgegenstandes auf sprachlich determinierte Erscheinungen gewährt wird. Aus einer Betrachtung des Zwecks der verschiedenen Frageformen ließe sich das unterschiedliche Verhalten der einzelnen EP kaum systematisch erklären.

21. Weitere positionale Ausdrucksmittel: Evaluative Satzadverbien

21.1. Vor dem Versuch, die positionale Bedeutung eines Satzes aus der schrittweisen Integration der Bedeutungen seiner einzelnen positionalen Ausdrucksmittel zu gewinnen, möchte ich noch einen Blick auf jene positionalen Ausdrucksmittel werfen, die dem

Ausdruck von anderen als epistemischen Einstellungen dienen — nicht zuletzt, weil auch sie zu den relevanten Kontextklassen epistemischer Ausdrucksmittel gezählt werden müssen. Obwohl die Elemente, die zur Beschreibung der Bedeutung von epistemischen Ausdrucksmitteln eingeführt wurden, kaum gleichzeitig die spezifische Bedeutung nicht-epistemischer positionaler Ausdrucksmittel zu erfassen erlauben, kann man doch mit einem gewissen Überschneidungsbereich rechnen. Drei Klassen von nicht-epistemischen positionalen Ausdrucksmitteln: die evaluativen Satzadverbien, der Imperativ und die Modalverben lassen, teils wegen ihrer kategoriellen Ähnlichkeit, teils wegen ihrer semantischen Verwandtschaft untereinander, erwarten, daß zumindest einige der Integrations- und Restriktionsmechanismen aus dem epistemischen Bereich übertragbar sind.

Vergleicht man das kontextuelle Verhalten evaluativer Satzadverbien mit dem epistemischer Satzadverbien, so stellt man fest, daß sie sich bezüglich übergeordneter positionaler Ausdrucksmittel in der Regel wie opaque Satzadverbien verhalten. Sie sind in keiner Frage verwendbar:

**Ist Konrad leider verreist?*

und nicht negierbar:

**Konrad ist nicht leider verreist.*;

und dies wiederum nur wegen ihrer mangelnden Propositionalität. Man vgl. noch einmal Einstellungssätze mit analogen Einstellungen:

Bedauere ich, daß Konrad verreist ist? (Selbstbefragung)
Ich bedauere nicht, daß Konrad verreist ist.

Daß evaluative Satzadverbien kontextuelle Ähnlichkeiten mit opaquen Satzadverbien aufweisen, kann nicht überraschen. Da sie nicht-epistemisch sind, fehlt es ihnen prinzipiell an Transparenz. Mit der Bestätigung einer evaluativen Einstellung wird nicht einmal mehr eine eingeschränkte Bestätigung (des Bestehens) von p ausgedrückt. Evaluative Einstellungen stellen gewissermaßen einen potenziert opaquen Kontext für den assertiven EM dar.

Evaluative Satzadverbien können wie opaque epistemische Satzadverbien im Kontext von EP stehen, soweit diese assertiv verwendet werden und folglich keinem Fragekontext angehören:

Konrad ist doch leider verreist.
**Konrad ist doch leider verreist?*

Wie opaque Satzadverbien können evaluative Satzadverbien nicht im Skopus anderer epistemischer Satzadverbien stehen:

**Konrad ist vermutlich leider verreist.*
**Konrad ist wirklich leider verreist.*

Aber anders als opaque epistemische Satzadverbien kann ein evaluatives Satzadverb im Kontext des nur einschränkend assertiven „wohl" stehen:

Konrad ist wohl leider verreist.
**Konrad ist wohl wahrscheinlich verreist.*,

und anders als die opaquen epistemischen Satzadverbien können sich evaluative Satzadverbien nicht nur auf transparente, sondern auch auf opaque Satzadverbien beziehen:

Konrad ist leider wirklich verreist.
Konrad ist leider vermutlich verreist.

Wie die letzten beiden Fälle zeigen, ist die Ähnlichkeit zwischen evaluativen und opaquen epistemischen Satzadverbien begrenzt.

Gäbe es die Fälle mit „wohl“ und den epistemischen Satzadverbien nicht, so könnte man annehmen, daß evaluative Satzadverbien immer eine vom Sprecher bestätigte bewertende Einstellung bezüglich *p* ausdrücken. Es kann sich aber auch im Kontext opaquer epistemischer Ausdrucksmittel um einen nur eingeschränkt bestätigten Sachverhalt handeln. Ein Satz wie

Konrad ist leider nicht w i r k l i c h verreist.

zeigt schließlich, daß sich die evaluative Einstellung auch auf ein (noch näher spezifiziertes) Nicht-Bestehen eines Sachverhalts beziehen kann.

Nun wäre es nicht sehr sinnvoll anzunehmen, daß sich evaluative Einstellungen auf epistemische Einstellungen beziehen. Der Sprecher bedauert im letzten Beispiel nicht, daß jemand nicht die Einstellung *WIRKLICH(p)* hat, oder im vorletzten, daß jemand die Einstellung *VERMUTUNG(p)* hat, sondern daß es zutrifft, daß *p* nicht wirklich besteht bzw. daß *p* vermutlich besteht. Die Richtigkeit der epistemischen Einstellung steht außer Zweifel. *E(p)* kann als assertiert gelten.

Da aber die epistemische Einstellung, wegen der dazwischen stehenden evaluativen Einstellung, nicht selbst Gegenstand des durch den Satzmodus und die Satzintonation realisierten assertiven EM ist, muß sie als bestätigt vorausgesetzt sein.[51] Die Bewertung, die durch den evaluativen Einstellungsausdruck spezifiziert wird, gilt also einem vorausgesetzten Urteil, dessen epistemische Einstellung durch den epistemischen Einstellungsausdruck im Skopus des evaluativen Einstellungsausdrucks spezifiziert wird; im vorletzten Beispiel durch „vermutlich“:

$$Pres(Ass(\alpha(p)\ und\ (\alpha = VERMUTUNG)))$$

Das letzte Beispiel setzt die negative Einstellung (bezüglich einer als WIRKLICH spezifizierten Einstellung) als bestätigt voraus (und stellt sie der durch den Kontrastakzent implizierten alternativen, also positiven Einstellung gegenüber):

[51] Die Annahme, daß evaluative Einstellungen vorausgesetzten epistemischen Urteilen gelten, scheint der eingangs gemachten Behauptung zu widersprechen, daß evaluative Einstellungen prinzipiell keine Transparenz besitzen (womit die Kontextrestriktionen erklärt wurden, die evaluative Satzadverbien mit opaquen Satzadverbien teilen). Es ist aber gerade der Status einer Voraussetzung, der das epistemische Urteil dem Skopus der übergeordneten positionalen Bedeutung entzieht, so daß ihm weder eine Einschränkung noch eine explizite oder implizite Negation gelten kann. Auch bei „wissen, daß“ ist die Einstellung des Nebensatzes durch ihren vorausgesetzten Status einer übergeordneten expliziten oder impliziten Negation entzogen; man vgl. noch einmal die Interpretation von

Nina weiß nicht, daß Konrad verreist ist.
Weiß Nina, daß Konrad verreist ist?

Da evaluative Einstellungen nicht in Fragen oder negiert verwendet werden können, ist allerdings der empirische Nachweis für den vorausgesetzten Status ihres epistemischen Arguments so gut wie ausgeschlossen.

Pres(Ass(α(p) und neg(α = WIRKLICH))) und IM(pos$_x$(α = WIRKLICH))

Diese Relation zwischen der assertierten evaluativen Einstellung und dem vorausgesetzten epistemischen Urteil gilt unabhängig davon, ob die evaluative Einstellung nicht-propositional oder propositional realisiert ist. Das zuletzt beschriebene epistemische Urteil ist sowohl durch den letzten Beispielsatz wie durch

Nina bedauert, daß Konrad nicht wirklich verreist ist.

vorausgesetzt. Im ersten Fall ist es um den nicht-propositional realisierten evaluativen Einstellungssachverhalt

$Ass(BEDAUERN_s(\alpha))$

zu ergänzen, im zweiten um den propositional realisierten evaluativen

$Ass(pos_s(Ass_p(BEDAUERN_{Nina}(\alpha))))$,

wobei α im zweiten Fall auf die propositionale Bedeutung des Nebensatzes Bezug nimmt: $\alpha(p_{NS})$.

21.2. Daß evaluative Satzadverbien epistemischen Satzadverbien übergeordnet sein können, folgt aus ihrer Bedeutungsstruktur, die eine evaluative Einstellung auf ein epistemisches Urteil bezieht. Daß sie selbst nicht im Skopus einer epistemischen Einstellung stehen können, folgt aus ihrem Mangel an Propositionalität und Transparenz. Wie sieht nun das Verhältnis zwischen evaluativen Satzadverbien und EP aus? Zunächst hat es den Anschein, daß evaluative Satzadverbien EP nicht über-, wohl aber untergeordnet sein können:

Konrad ist doch leider verreist.
**Konrad ist leider doch verreist.*

Daß die EP nicht nur einem epistemischen, sondern auch einem evaluativen Ausdruck übergeordnet werden kann, scheint nicht weiter problematisch. Im Fall einer assertiven EP wie „doch" wird dem Sprecher eben keine epistemische, sondern eine evaluative Einstellung zugeordnet.

Was aber die durch „doch" implizierte alternative Einstellung betrifft, so ist sie eher epistemisch: *IM(neg$_x$(p))*, als evaluativ zu interpretieren. Damit ist nicht ausgeschlossen, daß ein Satz wie *Konrad ist doch leider verreist.* u. U. auch dem Zweck dienen könnte, sich einer gleichen evaluativen Einstellung des Partners zu versichern.

Die implizierte epistemische Einstellung: der andere weiß nicht, glaubt nicht, denkt nicht daran, daß *p* besteht, läßt dessen evaluative Einstellung bezüglich *p* einfach offen. Damit ist es dem Sprecher auch freigestellt, per konversationeller Implikatur anzunehmen, daß der andere seine evaluative Einstellung bezüglich *p* teilen würde, wenn er erst einmal von seiner falschen Prämisse, daß *p* nicht besteht, abgebracht werden könnte.

Wenn es zutrifft, daß die evaluative Komponente in der Interpretation der von „doch" implizierten Bedeutung fehlen, bzw. auf Grund außersprachlicher Zusammenhänge auch hinzugefügt werden kann, dann ist möglicherweise der erste Eindruck, daß die Bedeutung der EP der Bedeutung des evaluativen Satzadverbs übergeordnet ist, falsch. Dieser Verdacht bestätigt sich eindeutig, wenn man „wohl" an die Stelle von „doch" setzt:

Konrad ist wohl leider verreist.

Was die Interpretation einer solchen Kombination betrifft, so kann kein Zweifel bestehen, daß die evaluative Einstellung — entgegen der strukturellen Anordnung — nicht der Gegenstand der von „wohl" ausgedrückten Vermutung ist. Der einschränkende Aspekt von „wohl" gilt nur der der Partikel untergeordneten epistemischen Einstellung. Während diese in allen bisher betrachteten Fällen durch einen unmittelbar auf „wohl" folgenden Einstellungsausdruck determiniert wurde, ist sie hier durch den evaluativen Einstellungsausdruck von „wohl" getrennt. Die von „wohl" eingeschränkte epistemische Einstellung ist mangels eines spezifischen epistemischen Ausdrucksmittels positiv; in

Konrad ist wohl leider nicht wirklich verreist.

schränkt „wohl" die durch „nicht wirklich" spezifizierte Einstellung ein. In beiden Fällen gilt die evaluative Einstellung des Bedauerns einer nur eingeschränkt assertierten epistemischen Einstellung. Da ich angenommen habe, daß die Spezifik der durch „wohl" ausgedrückten Einschränkung der einer Vermutung gleichkommt, haben die Sätze

Konrad ist leider vermutlich verreist.

und

Konrad ist wohl leider verreist.

letztendlich dieselbe positionale Bedeutung, nur daß die durch „wohl" ausgedrückte Vermutung selbst einer epistemischen Einstellung gilt: einer positiven im zweiten Satz und einer durch „nicht wirklich" spezifizierten in

Konrad ist wohl leider nicht wirklich verreist.
$Pres(Ass(\alpha(p)$ *und* $VERMUTUNG(\alpha = nicht\text{-}WIRKLICH)))$ *und*
$IM(neg_x(\alpha = nicht\text{-}WIRKLICH))$

Fazit dieser Annahme ist, daß nicht nur die positionale Bedeutung der epistemischen Satzadverbien, sondern auch die der EP der der evaluativen Satzadverbien untergeordnet ist. Dies wirft die Frage auf, warum EP nur vor und epistemische Satzadverbien nur nach evaluativen Satzadverbien stehen können. In allen zuvor betrachteten Fällen entsprach die Abfolge der Ausdrucksmittel den hierarchischen Beziehungen zwischen ihren Bedeutungen, so daß man annehmen konnte, durch die Stellung vor oder nach einem anderen positionalen Ausdrucksmittel werde zugleich eine semantische Über- oder Unterordnung realisiert.

EP sind epistemischen Satzadverbien semantisch übergeordnet, sie können nur vor, nicht nach den Satzadverbien stehen. Soweit epistemische Satzadverbien miteinander kombinierbar sind, zeigt ihre strukturelle Abfolge die semantischen Beziehungen an: opaque Satzadverbien stehen vor transparenten. Das kontrastierte „doch", das durch den Kontrastakzent seinen Status als EP verliert und sich der Klasse der transparenten Satzadverbien annähert, steht nach (opaquen) Satzadverbien.

Die Abfolgebedingungen gelten auch, wenn noch andere Positionen im Satz möglich sind. So kann ein epistemisches Satzadverb in der Regel auch am Satzanfang stehen, aber wiederum nur so, daß dabei die semantische Hierarchie zu den anderen positionalen Ausdrucksmitteln strukturell realisiert bleibt:

Wahrscheinlich ist Konrad wirklich verreist.
**Wirklich ist Konrad wahrscheinlich verreist.*

Da EP nicht am Satzanfang stehen können:

**Doch ist Konrad verreist.*,

dem Satzadverb aber über- bzw. vorgeordnet sein müssen, kann auch ein Satzadverb nicht am Anfang eines Satzes mit einer EP stehen:

**Wahrscheinlich ist Konrad doch verreist.*,

es sei denn, die EP unterliegt einem Kategorienwechsel:

Wahrscheinlich ist Konrad d o c h verreist.

Was nun die Abfolgebedingungen für evaluative Satzadverbien betrifft, so muß auch hier das evaluative Satzadverb dem epistemischen Satzadverb über- bzw. vorgeordnet sein:

Leider ist Konrad wahrscheinlich verreist.

und verbietet sich der Gebrauch des evaluativen Satzadverbs am Anfang eines Satzes mit einer EP:

**Leider ist Konrad doch verreist.*,

wenn sie nicht den Status eines epistemischen Satzadverbs annimmt:

Leider ist Konrad d o c h verreist.

Auch wenn die Kombination von evaluativen Satzadverbien und EP zunächst der einzige Fall ist, in dem eine Differenz zwischen der strukturellen Abfolge und den semantischen Beziehungen auftritt, kann man nicht umhin anzunehmen, daß die strukturelle Position der positionalen Ausdrucksmittel von der semantischen Hierarchie zwischen ihren Bedeutungen unabhängig ist. Wie die Betrachtung der Abfolge- und Interpretationsbedingungen für Modalverben, Negation, Satzadverbien und EP zeigen wird, gibt es aber auch noch eine ganze Reihe anderer Fälle, in denen die strukturelle Abfolge von positionalen Ausdrucksmitteln selbst keinen Hinweis auf die Beziehungen zwischen ihren Bedeutungen gibt.

Für die bisher betrachteten Ausdrucksmittel gilt die Reihenfolge:

(i) $EP + SA_{eval} + SA_{opaque} + SA_{transparent}$,

die — mit Ausnahme der ersten beiden Positionen — den Beziehungen zwischen ihren Bedeutungen entspricht.

21.3. Da „etwa" unter der Bedingung der Negation assertiv verwendet werden kann, lassen sich evaluative Satzadverbien auch mit dieser Partikel verbinden. Dabei wirft die Tatsache, daß das negierte „etwa" nur dem evaluativen Satzadverb nachgeordnet werden kann, zunächst einmal ein neues Licht auf die kategorielle Zugehörigkeit dieser Partikel:

**Konrad ist nicht etwa leider verreist.*
Konrad ist leider nicht etwa verreist.

Die Interpretation des zweiten Satzes ist an sich problemlos, da das als bestätigt vorausgesetzte epistemische Urteil durch die Negation im Skopus von „leider" spezifiziert wird und „etwa" das Ganze nur noch zu einer alternativen Einstellung (eines anderen Einstellungsträgers) in Beziehung bringt:

Pres(Ass(α(p) und (α = neg)))
Ass(BEDAUERN$_s$(α)) und IM(pos$_{nicht\text{-}s}$(p))

Daß aber das negierte „etwa“ in Verbindung mit einem evaluativen Satzadverb nicht die Position einer EP, sondern die eines epistemischen Satzadverbs einnimmt, bedarf einer eigenen Erklärung. Zweifelsohne ist es die Nicht-Negierbarkeit des evaluativen Satzadverbs, die das negierte „etwa“ nicht in der übergeordneten Position zuläßt. Während aber keine der anderen EP im Skopus eines evaluativen Satzadverbs stehen kann, ist das negierte „etwa“ dort akzeptabel. Das gleiche gilt von allen kontrastierten EP:

Konrad ist leider doch verreist.
**Konrad ist doch leider verreist.*
Konrad ist leider wohl verreist.
**Konrad ist wohl leider verreist.*
Konrad ist leider ja verreist.
**Konrad ist ja leider verreist.*

Was für das kontrastierte „doch“ bereits aus einer Reihe von anderen Gründen anzunehmen war, trifft — wie aus den Kombinationsbedingungen von unbetonten und kontrastierten EP mit evaluativen Satzadverbien deutlich ersichtlich — auf alle kontrastierten EP und auf das negierte „etwa“ zu. Unter dem Einfluß des Kontrastakzents bzw. der Negation nähern sich auch „wohl“, „ja“ und „etwa“ der Kategorie der einstellungsspezifizierenden Ausdrucksmittel (unbeschadet der Tatsache, daß die kontrastierte EP und das negierte „etwa“ selbst keine Einstellung spezifizieren).

22. Modalverben

22.1. Daß Modalverben auch zum Ausdrücken von Einstellungen dienen können, steht außer Frage. In der Regel läßt sich dasselbe Modalverb für zwei Arten von Einstellungen verwenden, wovon eine epistemisch ist, die andere deontisch bzw. intentional oder volitional.[52] In einigen Fällen wird durch ein Modalverb auch keine Einstellung ausgedrückt.

[52] Der kontextbedingte Wechsel zwischen deontischer und intentionaler Interpretation, wie er z. B. mit einer Veränderung des Einstellungsträgers gegeben ist:

Ich will, daß . . .
Ich soll . . .,

weist darauf hin, daß deontisch und intentional im wesentlichen dieselbe Einstellungsart meint. Wenn ich mich im folgenden auf die Eigenschaften epistemisch verwendeter Modalverben gegenüber ihrem epistemischen Kontext beschränke, so sehe ich auch hier wieder von den modelltheoretischen Rekonstruktionsmöglichkeiten ab, denen Autoren wie A. Kratzer (1977) für die in den Bedeutungsstrukturen der Modalverben enthaltenen Modi und Modalitäten nachgehen, da sie mir dem spezifisch linguistischen Aspekt der Bedeutung dieser Ausdrucksmittel nicht gerecht zu werden scheinen. Näher an den kontextdeterminierten und -determinierenden Eigenschaften von Modalverben scheint mir der Ansatz I. P. Calberts (1975) zu sein, der die semantischen Beziehungen zwischen modalen Ausdrucksmitteln im Rahmen einer Kasusgrammatik darstellt, wobei er sich allerdings mehr auf jene Zusammenhänge konzentriert, die zwischen den Elementen der positionalen und der propositionalen Bedeutung von Sätzen mit Modalverben bestehen.

Ich will diese entsprechend der in der Modallogik üblichen Terminologie die alethische Verwendung eines Modalverbs nennen. Das Modalverb in

Konrad muß verreisen.

hat eine deontische, eine epistemische und eine alethische Interpretation. Wegen der temporalen Beziehungen zwischen Modalität und propositionaler Bedeutung hat aber das Modalverb in

Konrad muß verreist sein.

nur noch eine epistemische Interpretation. Ich will mich im folgenden auf die epistemische Interpretation von Modalverben konzentrieren. Epistemisch verwendete konjunktivische Modalverben wie „dürfte" sollen aber ausgeklammert bleiben, da ihrer Darstellung eine Untersuchung des Konjunktivs vorausgehen müßte.

Wie in den vorangegangenen Kapiteln sollen die Annahmen über die Bedeutungsstruktur bestimmter positionaler Ausdrucksmittel ihre kontextuellen Eigenschaften erklären helfen. Da Modalverben aber neben ihrer epistemischen Bedeutung in der Regel auch nicht-epistemische Bedeutung realisieren, manifestieren sich die Kontexteigenschaften der Modalverben weniger in der Nicht-Akzeptabilität bestimmter Kombinationen als im Ausschluß bestimmter Interpretationsmöglichkeiten. Dasselbe Modalverb kann in Verbindung mit verschiedenen positionalen Ausdrucksmitteln einmal eine epistemische, ein andermal nur eine nicht-epistemische Bedeutung realisieren. Dazu kommen Unterschiede in den hierarchischen Beziehungen zwischen der positionalen Bedeutung des Modalverbs und der anderer positionaler Ausdrucksmittel. Unabhängig davon, daß die strukturelle Abfolge in allen Fällen dieselbe bleibt:

Modalverb + EP + Satzadverb

ist die Bedeutung des Modalverbs der der anderen Ausdrucksmittel teils über-, teils untergeordnet. Die Annahmen über die spezifische Bedeutung der Modalverben müssen so beschaffen sein, daß sie erklären, warum die jeweils anderen Interpretations- bzw. Zuordnungsmöglichkeiten auszuschließen sind.

Mit den bisher eingeführten Elementen zur Beschreibung positionaler Bedeutung läßt sich zunächst nur die epistemische Bedeutung von „sollen" beschreiben. „Sollen" berichtet von der Einstellung eines unspezifischen Einstellungsträgers:

Konrad soll verreist sein.

In der epistemischen Verwendung kann „sollen" keiner anderen epistemischen Einstellung untergeordnet werden, d. h. es kann nicht negiert werden, keinem epistemischen Satzadverb untergeordnet sein und — mit einer Ausnahme — nicht in einer Frage verwendet werden. Die Negation und das Satzadverb in

Konrad soll nicht verreist sein.

und

Konrad soll wirklich verreist sein.

sind dem Modalverb untergeordnet. Als Paraphrase dieser Bedeutung von „sollen" ist „man sagt" denkbar. In der Verbindung mit opaquen Satzadverbien und Fragen bedeutet „sollen" demgegenüber so etwas wie „jemand will", ist also intentional:

Das soll wahrscheinlich Konrad sein. (ein Porträt)
Soll das Konrad sein?

Wird diese Version von „sollen" assertiert, so kann der Einstellungsträger der berichteten Einstellung gegebenenfalls auch der Sprecher selbst sein. Ein Satz wie

Das soll Konrad sein.

kann u. a. vom Sprecher als eine Festlegung verwendet werden:

Ich will, daß das Konrad ist.

Während die affirmative Frage nur im intentionalen Sinn interpretierbar ist, kann die negierte Frage

Soll Konrad nicht verreist sein?

auch im Sinn der ersten Variante verstanden werden: Sagt man nicht, ...?

Die positionale Bedeutung der ersten Variante von „sollen" ist mit

SOLLEN$_1$ $pos_s(Ass(E_{nicht\text{-}s}(p)))$

generalisierbar, wobei *E* durch den im Skopus des Modalverbs stehenden epistemischen (transparenten) Einstellungsausdruck spezifiziert und der gesamte Ausdruck explizit bestätigt oder impliziert wird.

Da der Sprecher durch „sollen$_1$" auf eine positive Einstellung bezüglich des kolportierten Einstellungssachverhalts festgelegt ist, ist die nicht-assertive Verwendung von „sollen$_1$" auf die negierte Frage beschränkt, da nur die negierte Frage eine positive Sprechereinstellung impliziert und damit die durch die Bedeutungsstruktur von „sollen" gegebene Bedingung erfüllt.

Während die epistemische Variante von „sollen" an eine positive Sprechereinstellung gebunden ist, ist die intentionale Variante von dieser Bedingung frei. „Sollen$_2$" kann jeder epistemischen Einstellung untergeordnet werden. Vgl.

Das soll wahrscheinlich Konrad sein.
Das soll nicht Konrad sein.
Das soll wirklich Konrad sein.

Allerdings können transparente Einstellungsausdrücke auch als dem Modalverb untergeordnet interpretiert werden, d. h. der Spezifizierung der berichteten Einstellung dienen: Jemand will, daß es wirklich Konrad ist. Die opaque Einstellung ist demgegenüber nur als Sprechereinstellung interpretierbar.

Da ich für „sollen"$_2$ einen intentionalen Bedeutungsanteil angenommen habe und da sich die eben beschriebenen Interpretationsbedingungen ohnehin beim epistemischen „wollen" wiederholen, will ich die Betrachtungen von „sollen"$_2$ an die von „wollen" anschließen.

22.2. „Wollen" kann nur dann epistemisch verwendet werden, wenn der Sachverhalt, auf den es sich bezieht, nicht mehr Gegenstand einer Intention sein kann, wenn er — wie z. B. in

Konrad will verreist gewesen sein. —

bereits der Vergangenheit angehört.

Während der Einstellungsträger des intendierten Einstellungssachverhalts bei „sollen“$_2$ unspezifiziert ist, wird er bei „wollen“ vom Subjekt des Satzes determiniert.

Wie bei „sollen“$_{1\ und\ 2}$ können sich transparente Satzadverbien und die Negation direkt auf *p* beziehen:

Konrad will nicht verreist gewesen sein.
Konrad will wirklich verreist gewesen sein.

Opaque Satzadverbien können aber — wie bei „sollen“$_2$ — nur der Spezifizierung der Sprechereinstellung dienen:

Konrad will wahrscheinlich verreist gewesen sein.

Da beide Modalverben eine intentionale Bedeutungskomponente haben, liegt die Erklärung für diese Restriktion nahe: Intentionale Einstellungen lassen sich aus einsehbaren Gründen nur auf das uneingeschränkte Bestehen (oder Nicht-Bestehen) von Sachverhalten beziehen.

So wie der Sprecher mit „sollen“$_1$ von einem epistemischen Einstellungssachverhalt berichtet, berichtet er mit „wollen“ und „sollen“$_2$ von einem intendierten Einstellungssachverhalt, dessen Existenz er — uneingeschränkt oder eingeschränkt — bestätigen oder nicht bestätigen kann.

Um sich eine genauere Vorstellung von der Bedeutungsstruktur zu machen, mit der der intendierte Einstellungssachverhalt erfaßt wird, wird ein vergleichender Blick auf andere Verwendungen von „wollen“ nötig. Am besten lassen sich die beiden Komponenten seiner positionalen Bedeutung in einem Einstellungssatz erkennen. Die Tatsache, daß „wollen“ mit „daß“:

Konrad will, daß Nina mitkommt.

und nicht mit „ob“ verbunden werden kann, weist auf einen assertiven Bedeutungsanteil des Modalverbs hin. Die Beschreibung dieses Einstellungssatzes unterscheidet sich von der aller vorausgegangenen Einstellungssätze mit assertiven Prädikaten nur dadurch, daß die Stelle der propositional realisierten Einstellung hier von einer intentionalen Einstellung eingenommen wird:

$$Ass(pos_s(Ass_p(WILL_{Konrad}(p_{NS})))) .$$

Der intentionale Einstellungssachverhalt kann zum Gegenstand verschiedener epistemischer Einstellungen werden, wie z. B. der als WAHRSCHEINLICH spezifizierten in

Konrad will wahrscheinlich, daß Nina mitkommt.

Ist das Subjekt des Satzes, der den intendierten Sachverhalt bezeichnet, selbst der Träger der intentionalen Einstellung, dann wird dieselbe Bedeutungsstruktur von einem einfachen Satz realisiert, wie z. B. in

Konrad will verreisen.

Auch in diesem Fall kann der intentionale Einstellungssachverhalt zum Gegenstand verschiedener epistemischer Einstellungen werden:

Konrad will wahrscheinlich verreisen.
$$Ass(WAHRSCHEINLICH_s(Ass(WILL_{Konrad}(p)))) .$$

Während sich die intentionale Einstellung hier auf eine zukünftige Handlung des propositionalen Einstellungsträgers bezieht, (zu der dieser eben im Verhältnis einer Absicht steht), bezieht sie sich in *Konrad will wahrscheinlich verreist gewesen sein.* auf eine vergangene Handlung des propositionalen Einstellungsträgers, von der dieser möchte, daß sie stattgefunden hat. Ich will für diesen Fall annehmen, daß der Gegenstand der intentionalen Einstellung ein epistemisches Urteil ist, durch das das Bestehen (oder Nicht-Bestehen) von *p* bestätigt wird:

$$Ass(WAHRSCHEINLICH_s(Ass(WILL_{Konrad}(Ass(E(p)))))) .$$

E ist entweder positiv oder wird durch einen transparenten Einstellungsausdruck im Skopus von „wollen" spezifiziert. Eine andere Spezifizierung von *E* ist auf Grund der übergeordneten intentionalen Einstellung nicht möglich. Die beiden Lesarten von *Konrad will nicht verreist gewesen sein.* sind dementsprechend mit

$$Ass(neg_s(...(pos(p))))$$

bzw. mit

$$Ass(pos_s(...(neg(p))))$$

anzugeben.

Sätze mit „sollen"$_2$ unterscheiden sich von Sätzen mit epistemischem „wollen" nur durch die Spezifizierung des intentionalen Einstellungsträgers, der bei „wollen" durch das Subjekt des Satzes identifiziert wird, bei „sollen"$_2$ aber unspezifiziert bleibt. Abgesehen davon hat

Konrad soll wahrscheinlich verreist gewesen sein.

dieselbe positionale Bedeutung wie:

Konrad will wahrscheinlich verreist gewesen sein.
$Ass(WAHRSCHEINLICH_s(Ass(WILL_x(Ass(E(p))))))$

Im Skopus einer eingeschränkten Bestätigung steht dabei auf Grund allgemeiner Erfahrungszusammenhänge fest, daß *x nicht-s* ist, da der Sprecher den von ihm selbst intendierten Einstellungssachverhalt kennen müßte.

22.3. Die verbleibenden epistemisch verwendbaren Modalverben dienen durchweg dem Ausdruck von Sprechereinstellungen. Allerdings haben auch sie komplexe positionale Bedeutungen. Wie „sollen" und „wollen" bestimmen sie Urteile, die ihrerseits Gegenstand bestätigter (oder nicht bestätigter) epistemischer Einstellungen sind. Wie bei „wollen" und „sollen" sind ihnen die einstellungsspezifizierenden Ausdrucksmittel, mit denen sie verknüpft sind, teils über-, teils untergeordnet. „Müssen", „können", „werden" und „mögen" lassen sich diesbezüglich paarweise ordnen. „Müssen" und „können" stehen im Skopus einer Negation oder eines epistemischen Satzadverbs; vgl. die Interpretation der Sätze:

Konrad muß nicht verreist sein.
Konrad muß tatsächlich verreist sein.
Konrad kann nicht verreist sein.
Konrad kann tatsächlich verreist sein.

„Werden“ und „mögen“ sind einer Negation oder einem epistemischen Satzadverb übergeordnet:

Konrad wird nicht verreist sein.
Konrad wird tatsächlich verreist sein.
Konrad mag nicht verreist sein.
Konrad mag tatsächlich verreist sein.

„Müssen“ und „können“ sind in Fragen verwendbar, „werden“ und „mögen“ nicht:

Muß Konrad verreist sein? (Er kann ja auch krank sein.)
Kann Konrad verreist sein?
**Wird Konrad verreist sein?* (nicht futurisch!)
**Mag Konrad verreist sein?*

„Müssen“ und „können“ sind kontrastierbar, „werden“ und „mögen“ nicht:

Konrad m u ß verreist sein.
Konrad k a n n verreist sein.
**Konrad w i r d verreist sein.* (epistemisch)
**Konrad m a g verreist sein.*

Bis zu diesem Punkt gleicht die Verteilung der Kontextrestriktionen von „müssen“ und „können“ der transparenter Satzadverbien, die von „werden“ und „mögen“ der opaquer Satzadverbien. Doch anders als transparente Satzadverbien sind „müssen“ und „können“ nicht mit opaquen Satzadverbien kombinierbar:

**Konrad muß wahrscheinlich verreist sein.*
**Konrad kann wahrscheinlich verreist sein.*,

und anders als opaque Satzadverbien ist zumindest „werden“ mit opaquen Satzadverbien kombinierbar:

Konrad wird wahrscheinlich verreist sein.
**Konrad mag wahrscheinlich verreist sein.*

Schließlich sind epistemisch verwendete Modalverben, anders als Satzadverbien, in keiner Weise untereinander kombinierbar. Welche Annahmen muß man über die Bedeutungsstrukturen von „müssen“, „können“, „werden“ und „mögen“ machen, um neben ihrem Anteil an der positionalen Bedeutung der Sätze, in denen sie verwendet werden, auch ihre Verwendungsbedingungen gegenüber positionalem Kontext zu erklären?

Faßt man die verschiedenen Restriktionen zusammen, so kann man feststellen, daß die Modalverben „müssen“ und „können“, die im Skopus eines anderen Einstellungsausdrucks stehen, mit dem assertiven und dem nicht-assertiven EM verwendbar sind, und daß die Modalverben „werden“ und „mögen“, die sich ihrerseits auf andere epistemische Einstellungsausdrücke beziehen, nur mit dem assertiven EM verbindbar sind. Man könnte daraus schlußfolgern, daß „müssen“ und „können“ einstellungsspezifizierende Ausdrucksmittel sind, „werden“ und „mögen“ aber EM-bestimmende Ausdrucksmittel. Wie die Restriktion von „müssen“ und „können“ gegenüber opaquen Satzadverbien zeigt, sind einstellungsspezifizierende Modalverben nur mit transparenten Einstellungen kombinierbar. Das EM-bestimmende „werden“ ist jedoch gegenüber der Kombination mit anderen Einstellungen nicht eingeschränkt.

Wenn nun das EM-bestimmende „mögen" auch nur mit transparenten Einstellungen kombinierbar ist, so könnte dies bedeuten, daß „mögen" zugleich ein einstellungsspezifizierendes Ausdrucksmittel ist — eine Schlußfolgerung, die nicht überrascht, da „mögen" und „können", oberflächlich gesehen, ohnehin dieselbe Bedeutung zu haben scheinen.

Bleibt zu fragen, warum die einstellungsspezifizierenden Modalverben „müssen", „können" und „mögen" mit transparenten, aber nicht mit opaquen Einstellungen kombinierbar sind. Vergegenwärtigt man sich die Spezifik des epistemischen Urteils, das durch diese Modalverben bestimmt wird, so scheint es nur angemessen, wenn ein als notwendig oder möglich ausgewiesenes Urteil über das Bestehen eines Sachverhalts zwar negiert oder erfragt, aber nur uneingeschränkt bestätigt werden kann.[53]

S5 Die epistemischen Einstellungen MÖGLICH und NOTWENDIG sind nur uneingeschränkt auf p beziehbar.

Im Sinne dieser Überlegungen läßt sich die Bedeutungsstruktur des einstellungsspezifizierenden „können" mit

$$E(Ass(MÖGLICH(p)))$$

angeben, wobei E durch den epistemischen Einstellungsausdruck bestimmt wird, mit dem das Modalverb verbunden ist. Die Bedeutungsstruktur von „müssen" unterscheidet sich von der von „können" nur durch NOTWENDIG an der Stelle von MÖGLICH. Für die Bedeutungsstruktur des zugleich EM-bestimmenden „mögen" würde dagegen

$$Ass(MÖGLICH(Ass(E(p))))$$

anzunehmen sein.

Für das nur den EM bestimmende „werden" könnte man auf dem Hintergrund der ursprünglich temporalen Bedeutung eine Bestätigung eines sich zukünftig bestätigenden Urteils: Ass_{fut} annehmen (aus der heraus sich der hypothetische Charakter von Sätzen mit „werden" erklären ließe):

$$Ass(pos(Ass_{fut}(E(p))))$$

Nur in der letzten Struktur findet S5 keine Anwendung, so daß E durch jeden epistemischen Einstellungsausdruck spezifiziert werden kann. Zusammen mit der Annahme über einen EM-bestimmenden Anteil in der Bedeutung von „werden" und „mögen" erklärt S5 auch die Verwendungsbeschränkungen, die epistemische Modalverben untereinander aufweisen:

**Konrad wird verreist sein können.*
**Konrad mag verreist sein müssen.*

etc.

[53] Zumindest für „möglich" kann man hierfür noch das parallele Kontextverhalten der propositional realisierten Version anführen:

Ist es möglich, daß Konrad verreist ist?
Es ist nicht möglich, daß Konrad verreist ist.
**Es ist wahrscheinlich möglich, daß Konrad verreist ist.*
Es ist wirklich möglich, daß Konrad verreist ist.

Zu „notwendig" gibt es keine propositional realisierte Form, die epistemisch interpretierbar wäre:

**Es ist notwendig, daß Konrad verreist ist.*

Wegen ihrer EM-Spezifik müßten „werden“ und „mögen“ den beiden anderen Modalverben übergeordnet verwendet werden. Da sie aber nur einschränkende Bestätigungen auszudrücken erlauben, verstößt diese Abfolge gegen S5.

22.4. Sind die übrigen Verwendungsbedingungen für Modalverben und EP erfüllt, so hat es den Anschein, als ob sich Modalverben fast beliebig mit EP kombinieren lassen:

Konrad mag ja verreist sein.
Kann Konrad denn verreist sein?
Konrad will doch verreist gewesen sein.
Konrad wird wohl verreist sein.
Soll das etwa Konrad sein?

etc.

Selbstverständlich gibt es aber auch Restriktionen, die nur aus der Kombination der beiden Einstellungsausdrücke stammen. Modalverben, die einen Sachverhalt nur als eine Möglichkeit zu bestätigen erlauben, können nicht mit dem assertiven „nicht etwa“ verbunden werden:

**Konrad mag nicht etwa verreist sein.*
**Konrad kann nicht etwa verreist sein.*

Aber auch das nur hypothetisch bestätigende „werden“ kann nicht damit verwendet werden:

**Konrad wird nicht etwa verreist sein.*

Überraschend ist, daß das assertive „nicht etwa“ in Kombination mit „ja“ und „doch“ auch mit dem hypothetischen „werden“ verwendbar ist:

Konrad wird ja nicht etwa verreist sein.
Konrad wird doch nicht etwa verreist sein.

Noch überraschender ist, daß „werden“ durch eine Verbindung mit „doch“ auch in einer Sekundärfrage akzeptabel wird; man vgl.

**Konrad wird nicht verreist sein?*
Konrad wird doch nicht verreist sein?

Offensichtlich schafft die Integration der Partikelbedeutung mit der Bedeutung des Modalverbs die nötigen Voraussetzungen für die Verwendung von „nicht etwa“ mit dem hypothetischen Modalverb und für dessen Verwendung mit dem nicht-assertiven EM. Um diesen Zusammenhängen besser nachspüren zu können, muß man sich erst eine Vorstellung davon machen, wie die positionalen Bedeutungen von Modalverb und EP miteinander integriert werden. Als EM bestimmende Kategorie müßten EP zumindest den einstellungsberichtenden Modalverben „wollen“, „sollen“ und den die Sprechereinstellung spezifizierenden Modalverben „können“ und „müssen“ syntaktisch übergeordnet sein.

Bei „doch“ lassen sich die Beziehungen zwischen den Bedeutungen von Modalverb und EP nur an der Spezifik der implizierten positionalen Bedeutung ablesen. Auf Grund der logischen und konversationellen Implikaturen, die hier möglich sind, ist es aber gar nicht einfach herauszufinden, ob sich die durch „doch" implizierte negative Einstellung in einem Satz wie

Konrad muß doch verreist sein.

nur auf p oder auf das modale Urteil über p bezieht. Die implizierte positionale Bedeutung könnte „*Konrad muß nicht verreist sein*" lauten, aber auch „*Konrad ist nicht verreist*".

Analog ließe sich die durch „doch" implizierte negative Einstellung in

Konrad kann doch verreist sein.

als „*Konrad kann nicht verreist sein*", aber auch als „*Konrad ist nicht verreist*" ausbuchstabieren.
Auch bei

Konrad will doch verreist gewesen sein.

könnte die implizierte alternative Einstellung so oder so gedeutet werden, was man sich am besten mit Hilfe einer Paraphrase verdeutlichen kann, die die Bedeutung dieses Satzes mit „*Konrad behauptet doch, verreist gewesen zu sein*" wiedergibt. Hierauf bezogen könnte der alternative Einstellungssachverhalt z. B. „*Es wird aber angenommen, daß er nicht verreist gewesen ist*" lauten, oder „*Weiß du denn nicht, daß Konrad das behauptet?*" Am deutlichsten sind die Beziehungen zwischen den Bedeutungen eines Modalverbs und einer EP an den Verbindungen mit „wohl" ablesbar. In

Konrad muß wohl verreist sein.

ist der Gegenstand der Sprechervermutung eindeutig das Urteil, daß p notwendigerweise bestätigt werden kann, und in

Konrad will wohl verreist gewesen sein.

ist es der von Konrad intendierte Einstellungssachverhalt. Es kann also kein Zweifel bestehen, daß die Bedeutung der EP der der Modalverben übergeordnet ist und daß die Interpretationsvariante, in der die durch „doch" implizierte Negation nur p (und nicht die Bedeutung des Modalverbs) zu betreffen scheint, der schon wiederholt konstatierten Vagheit implizierter positionaler Bedeutungen zuzuschreiben ist.

Wie sieht es nun mit der Integration der EP mit den auch EM-bestimmenden Modalverben „werden" und „mögen" aus? Bezieht sich die Bedeutung des Modalverbs in

Konrad wird doch verreist sein.

auf die der EP oder die der EP auf die des Modalverbs?

Da man zwischen der Negation der Bedeutung des Modalverbs (es wird sich nicht bestätigen, daß p) und der Negation von p kaum unterscheiden kann, ergibt die Integration der Bedeutungen von „werden" und „doch" keinen rechten Anhaltspunkt für die Beantwortung dieser Frage. Etwas deutlicher scheinen die Verhältnisse bei der Verbindung von „werden" mit „wohl". Mit einem Satz wie

Konrad wird wohl verreist sein.

wird die Vermutung bestätigt, daß sich der angesprochene Sachverhalt als wahr erweisen wird (und nicht bestätigt, daß sich der angesprochene Sachverhalt in Zukunft vermuten lassen wird). Die von „wohl" bestimmte Vermutung gilt dem durch „werden" bestimmten Urteil, das sich auf eine positive Einstellung bezieht:

$$Ass(VERMUTUNG_s(\alpha = Ass_{fut}(pos(p))))$$

Wenn diese Interpretation richtig ist, dann ist das Verhältnis zwischen Modalverben und EP in allen Fällen dasselbe, d. h. auch die Modalverben, die eine feste EM-Bindung haben, sind den EP untergeordnet.

Damit steht auch fest, daß die Bedeutung des Modalverbs in die Bedeutung der EP integriert ist, ehe sie mit der Bedeutung des syntaktisch/phonologisch determinierten EM des Satzes in Berührung kommt. Auf diesem Hintergrund lassen sich die eingangs erwähnten Verwendungsbedingungen für „nicht etwa" und „doch" in Verbindung mit „werden" damit erklären, daß die potentiell assertive Bedeutung von „doch" die Bedingung schafft, die die Verbindung von „nicht etwa" mit „werden" und von „werden" mit einer Sekundärfrage ermöglicht. Da „werden" durch „doch" sekundär nicht-assertiv verwendbar wird, kann es durch seine eigene Bedeutungsstruktur nur auf den potentiell assertiven EM des deklarativen Satzmodus festgelegt sein. Dabei muß allerdings von vornherein feststehen, daß die Einstellung, die durch „werden" hypothetisch assertiert wird, die Einstellung des Sprechers ist:

„werden" $Ass'(pos_\sigma(Ass_f(E_s(p))))$

Würde dieser Ausdruck in eine Sekundärfrage integriert, so würde dem Sprecher auf Grund der Uminterpretation des deklarativen Satzmodus eine implizierte alternative Einstellung bezüglich der zukünftigen Bestätigung von $E(p)$, und damit *nicht-*$E(p)$, zugeordnet, was den Festlegungen in der Bedeutungsstruktur von „werden" widerspräche. Steht aber „doch" zwischen „werden" und den Bedeutungen von Satzmodus und Satzintonation, so verhindert die potentiell assertive Bedeutung dieser Partikel (die ja den Sprecher auf die im Skopus von „doch" stehende Einstellung festlegt), daß die Uminterpretation des deklarativen Satzmodus eine alternative Sprechereinstellung impliziert. (Man vergegenwärtige sich dazu noch einmal die Ausführungen bezüglich Sekundärfragen mit und ohne „doch" in 12.) Die durch die Integration der Bedeutungen von „werden" und „doch" entstehende Bedeutungsstruktur:

$$Ass'(pos_s(Ass_f(E_s(p))))$$

ist zwar nur mit einem deklarativen Satzmodus kompatibel, kann aber durch die Satzintonation den Status einer de facto bestätigten oder einer nur implizierten positionalen Bedeutung zugewiesen bekommen.

22.5. Wenn man die Kombination von Modalverben mit kontrastierten EP näher betrachtet, so stößt man auf einen interessanten Unterschied im Verhalten der Einstellungen MÖGLICH und NOTWENDIG gegenüber dem aller anderen epistemischen Einstellungen. Zunächst einmal ist festzustellen, daß „müssen" und „werden" nur mit dem kontrastierten „doch" akzeptabel sind:

Konrad muß d o c h verreist sein.
**Konrad muß j a verreist sein.*
**Konrad muß w o h l verreist sein.*
Konrad wird d o c h verreist sein.
**Konrad wird j a verreist sein.*

**Konrad wird* w o h l *verreist sein.*
**Wo muß Konrad* d e n n *gewesen sein?*
**Wo wird Konrad* d e n n *gewesen sein?*

„Können“ und „mögen“ sind dagegen mit allen kontrastierten Partikeln kombinierbar:

Konrad kann d o c h *verreist sein.*
Konrad kann j a *verreist sein.*
Konrad muß w o h l *verreist sein.*
Wo kann Konrad d e n n *gewesen sein?*

Diese Verteilung überrascht, da sie mit „müssen“ und „werden“ gegenüber „können“ (und „mögen“) quer durch die Subklassen verläuft, die sich aus dem übrigen Kontextverhalten der Modalverben ergeben haben. Wie kann man sich erklären, daß die Modalverben „müssen“ und „werden“ die in ihrer kontrastierten Form rein assertiven EP „ja“ und „wohl“ und das impliziert assertive „denn“ ausschließen? Offensichtlich doch nur, wenn man annimmt, daß das Bestehen eines Sachverhalts mit „müssen“ und „werden“ nicht uneingeschränkt bestätigt werden kann. Während das nur potentiell assertive „d o c h“ ohne weiteres mit einer einschränkenden Bestätigung verbindbar ist — man erinnere sich an Sätze wie

Konrad ist wahrscheinlich d o c h *verreist.* —

ist dies ja für die rein assertiven EP ausgeschlossen.

Verwunderlich ist nun aber auch, daß „können“ und „mögen“, durch die das Bestehen eines Sachverhalts ebensowenig uneingeschränkt bestätigt wird, auch mit den rein assertiven EP kompatibel sind. Ein ähnliches Phänomen war aufgetreten, als es um die Klassifizierung in transparente und opaque Satzadverbien ging und „vielleicht“ auf Grund seines Kontextverhaltens den transparenten Satzadverbien zuzuordnen war. Die Entscheidung konnte mit dem Hinweis auf die Transparenz des negierten MÖGLICH begründet werden. Man kann sich fragen, ob nicht die Transparenz des negierten MÖGLICH auch der Kombinierbarkeit von „können“ und „mögen“ mit rein assertiven EP zugrunde liegt.

Um diese Frage zu beantworten, muß man sich erst eine genauere Vorstellung von der Integration der Bedeutungen von Modalverb und kontrastierter EP machen. Nach den bisherigen Annahmen über kontrastierte EP ist in jedem Fall eine Variable über die Assertion von p (bzw. einer bestimmten Spezifizierung von w) vorausgesetzt: $Pres(\alpha(p))$, zu der der Kontrastakzent eine Einstellungsalternative etabliert, deren Ausgangspunkt durch die der EP übergeordnete Einstellung bestimmt wird:

$$E_x(\alpha = Ass) \text{ und } IM(\text{nicht-}E_y(\alpha = Ass)) \;.$$

Ist die EP mit einem Modalverb verbunden, so bestimmt die Bedeutung des Modalverbs E. Durch ‚müssen“ wird E als NOTWENDIG, durch „können“ als MÖGLICH spezifiziert. Da zwischen einer kontrastierten Konstituente und p generell kein weiterer Einstellungsausdruck möglich ist, ist eine weitere Modifikation von E ausgeschlossen; man vgl.

**Konrad muß* d o c h *wirklich verreist sein.*

Damit ist die Bedeutungsstruktur des Modalverbs durch die Integration mit der kontrastierten EP um ihre E-Variable reduziert, was sich am stärksten bei „werden“ bemerkbar macht, da „werden“ ja auch mit opaquen Einstellungen verwendbar ist:

**Konrad wird doch wahrscheinlich verreist sein.*

Während der Sprecher nun durch das kontrastierte „doch" nur auf eine potentielle Bestätigung von *p* festgelegt ist und diese Bedingung durch jede Konstellation (außer einer assertierten negativen Einstellung) erfüllbar ist, geht es bei der rein assertiven EP von vornherein um die Bestätigung von *p*, die der Bestätigung von *nicht-p* gegenübergestellt wird; diese Bedingung wird nicht erfüllt, wenn die Einstellungsvariable aus der vom Kontrastakzent etablierten Einstellungsalternative als eine einschränkende Einstellung spezifiziert wird. Bei „wahrscheinlich" oder „werden" liegt dies auf der Hand. Daß aber auch durch „müssen" eine einschränkende Einstellung spezifiziert ist, die nicht mit der logischen „Notwendigkeit" gleichgesetzt werden darf, wird vielleicht erst deutlich, wenn man sich das unterschiedliche Verhalten von

Konrad ist verreist.
Konrad muß verreist sein.

gegenüber einem Folgesatz wie „*Sicher ist es aber nicht.*" vergegenwärtigt. Die explizite Einschränkung der Bestätigung von *p* wird nur nach dem ersten Satz, aber nicht nach dem zweiten, als Widerspruch empfunden.

Noch deutlicher tritt der einschränkende Charakter von „müssen" im Kontext der Negation zutage. Während die Negation einer uneingeschränkten Einstellung, wie z. B. von WIRKLICH, die Negation von *p* impliziert, impliziert die Negation von „müssen" keinesfalls die Negation, sondern vielmehr die Möglichkeit von *p*.

Zweifelsohne spezifizieren auch „können" und „mögen" nur eine einschränkende Einstellung. Im Unterschied zu allen anderen einschränkenden Einstellungsausdrücken impliziert aber eine Negation von „können" eine Negation von *p*. Selbst wenn man einräumt, daß mit einer expliziten Bestätigung von „kann nicht" — wie mit einer expliziten Bestätigung von „muß" — noch nicht jede alternative Möglichkeit ausgeschlossen ist, fällt die Differenz zwischen den implizierten Einstellungssachverhalten „*nicht-MÖGLICH(p)*" und „*nicht(p)*" für die Gegenüberstellung alternativer Urteile weitaus weniger ins Gewicht als die zwischen den implizierten Urteilen „*nicht-NOTWENDIG(p)*" und „*nicht-(p)*".

Trotz der nur eingeschränkten Bestätigung von *p* entspricht offensichtlich die Gegenüberstellung von *MÖGLICH(p)* und *IM(nicht-MÖGLICH(p))* noch dem durch die rein assertiven kontrastierten EP vorgegebenen Rahmen alternativer epistemischer Urteile (*p* versus *nicht-p*), während dies die Gegenüberstellung von „*NOTWENDIG(p)*" und *IM(nicht-NOTWENDIG(p))* nicht mehr tut.

23. Imperativ

23.1. Der Imperativ ist ein syntaktisches Ausdrucksmittel, das zugleich einstellungsspezifizierend und EM-determinierend ist. Über die Spezifik seiner positionalen Bedeutung läßt sich intuitiv zunächst nichts weiter sagen, als daß der Sprecher damit so etwas wie eine intentionale Einstellung bestätigt. Detailliertere Annahmen kann man erst machen, wenn man das Kontextverhalten des Imperativs gegenüber anderen positionalen Ausdrucksmitteln analysiert. Dabei ist nun festzustellen, daß sich die positionale Bedeutung des

Imperativs kaum mit anderen positionalen Bedeutungen verbinden läßt. Da das finite Verb die imperativische Form tragen muß, kommt eine Erweiterung des Imperativs um ein Modalverb schon aus syntaktisch-morphologischen Gründen nicht in Frage. Aber auch das Modalverb selbst eignet sich nicht als Träger der imperativischen Form:

**Muß lachen!*
**Können Sie gehen!*
**Will gesund werden!*

Der Imperativ ist auch nicht mit evaluativen Satzadverbien verbindbar:

**Komm leider!*

Aber sowohl epistemische Satzadverbien wie EP scheinen teilweise verwendbar; epistemische Satzadverbien zumindest dann, wenn sie eine transparente Einstellung spezifizieren:

Komm wirklich!
**Komm wahrscheinlich!*

und EP, wenn sie uneingeschränkt assertiv verwendet werden können:

Komm doch!
Komm nicht etwa zu spät!
**Komm wohl!*
**Komm etwa!*

Was muß man über die Integration der Bedeutungen des Imperativs und der anderen positionalen Ausdrucksmittel annehmen, um die resultierende Gesamtbedeutung und die spezifischen Verwendungsbedingungen richtig zu erfassen?

Wie ein Vergleich mit intentionalen Einstellungssätzen zeigt, reicht die Annahme, daß der Imperativ die Bestätigung einer intentionalen Einstellung realisiert, nicht aus, um das Verhalten des Imperativs gegenüber den verschiedenen Klassen positionaler Ausdrucksmittel zu erklären. Zumindest bezüglich Modalverben und EP weisen intentionale Einstellungssätze andere kontextuelle Eigenschaften auf; man vgl. die entsprechenden Beispiele oben mit

Konrad will, daß Nina lachen muß.
Konrad will, daß Nina gehen kann.
Konrad will, daß du gesund werden willst.

und

**Konrad will, daß du doch kommst.*

Die unterschiedlichen kontextuellen Eigenschaften der intentionalen Einstellungssätze und des Imperativs zeigen, daß die Ähnlichkeit, die man Sätzen wie

Komm!

und

Ich will, daß du kommst.

zuschreiben möchte, täuscht. Solange der intendierte Sachverhalt im Vermögen des Angesprochenen liegt, kann er nicht nur im Skopus der durch einen Einstellungssatz realisierten intentionalen Einstellung stehen, sondern auch im Skopus der durch einen Imperativ realisierten. Sobald der Angesprochene aber nicht mehr als Urheber des intendierten Sachverhalts in Frage kommt, tritt der Unterschied zwischen beiden Ausdrucksmitteln deutlich zutage. So kann z. B. „schön sein“ zum intendierten Sachverhalt in einem Einstellungssatz, aber nicht in einem Imperativ werden:

Konrad will, daß Nina schön ist.
**Sei schön!*

Die Spezifik des Imperativs erfordert als Gegenstand der intentionalen Einstellung des Sprechers eine Klasse von Sachverhalten, die sich als Verhalten des Angesprochenen charakterisieren lassen. Ein Mensch kann sich still oder vernünftig verhalten, er kann sich aber nicht schön oder blond verhalten. Auch Einstellungen können zum Verhalten zählen:

Glaub mir!
Nimm an, daß Konrad verreist ist!

Zum Verhalten zählen alle jene Sachverhalte, die der Mensch willentlich herbeiführen kann. Die von den Modalverben realisierten modalen Sachverhalte zählen nicht dazu. Nicht einmal das Wollen selbst kann willentlich herbeigeführt werden. Wie hat man sich die positionale Bedeutung des Imperativs, aus der diese Kontextbedingungen folgen, vorzustellen?

Um nur willentlich herbeizuführende Sachverhalte als Gegenstand der vom Imperativ assertierten intentionalen Einstellung zuzulassen, könnte man den Gegenstand der intentionalen Einstellung des Imperativs als eine Relation zwischen dem Angesprochenen, h, und dem erwähnten Sachverhalt bestimmen: $R(h, p)$, was soviel wie „der Angesprochene realisiert den mit p erfaßten Sachverhalt“ heißen müßte. Indem der Sprecher diese spezifische Relation als Gegenstand seiner intentionalen Einstellung bestätigt, impliziert er auf Grund entsprechender (außersprachlicher) Erfahrungszusammenhänge die Annahme, daß der Angesprochene in der Lage ist, p zu realisieren:

$$Ass(WILL_s(A)) \rightarrow MÖGLICH_s(A)$$

mit $A = R(h, p)$.

Propositionale Bedeutungen, die Sachverhalte erfassen, welche nicht willentlich herbeizuführen sind, sind in dieser Struktur auf Grund entsprechender (außersprachlicher) Erfahrungszusammenhänge ausgeschlossen.

In intentionalen Einstellungssätzen wird die intentionale Einstellung direkt auf p bezogen und nicht, wie beim Imperativ, auf die Beziehung der Realisierung von p durch h. Damit kann p dort auch einen Sachverhalt erfassen, der nicht vom Willen des Angesprochenen abhängt.

Die Annahme, daß sich der Gegenstand der intentionalen Einstellung im Imperativ und im Einstellungssatz wie beschrieben unterscheidet, mag die unterschiedlichen Bedingungen erklären, die beide Ausdrucksmittel für die Verwendung von Modalverben darstellen. Sie erklärt nicht, warum sowohl im Imperativ wie im Nebensatz eines intentionalen Einstellungssatzes epistemische Einstellungen in Form von transparenten Satzadverbien stehen können. Was die gleichfalls mögliche Negation betrifft, so läßt sie sich ja nicht-epistemisch, als Bestandteil der propositionalen Bedeutung, interpretieren. In diesem Sinn wäre die propositionale Bedeutung im Skopus der intentionalen Einstellung in

Geh nicht!

ebenso negativ wie z. B. in

Konrad will, daß Nina nicht geht.

Aber was soll man bezüglich der Interpretation des transparenten Satzadverbs in

Komm wirklich!

oder in

Konrad will, daß Nina wirklich kommt.

annehmen?

Da sich eine intentionale Einstellung immer nur auf einen Sachverhalt beziehen kann, der noch nicht besteht, wäre denkbar, daß die positionale Bedeutung eines intentionalen Ausdrucksmittels immer auch (implizit) mit einer epistemischen Einstellungsalternative verbunden ist, die dem herbeizuführenden Sachverhalt gilt:

$Ass(Will_s(A))$ *und* $IM(E_s(A)$ *oder* $nicht\text{-}E_s(A))$

Der Träger der intentionalen Einstellung hält es für möglich, daß *E* wahr wird, kann aber nicht ausschließen, daß *nicht-E* wahr wird. Mit dieser Annahme wäre erklärt, warum *E* nur als transparente Einstellung spezifiziert werden kann.

23.2. Da EP vor allem die Sprecherhaltung bezüglich einer durch andere sprachliche Mittel determinierten Einstellung festlegen, kann man erwarten, daß sie, solange ihre Bedeutung der positionalen Bedeutung des Imperativs entspricht, mit dem Imperativ verwendbar sind. Daß nicht-assertive EP nicht mit dem assertiven Imperativ verwendbar sind, ist nur folgerichtig:

**Komm etwa!*
**Komm denn!*

Auch die Inakzeptabilität des nur einschränkend assertiven „wohl" ist prädiktabel

**Komm wohl!*

Überraschend ist, daß nur das assertive „doch" bzw. „nicht etwa" im Imperativ verwendet werden können, nicht aber das assertive „ja":

Komm doch!
Komm nicht etwa zu spät!
Komm ja!

(Die Verwendungsmöglichkeiten kontrastierter EP seien zunächst noch ausgeklammert.)

Das kontextuelle Verhalten der EP im Imperativ weist darauf hin, daß die Partikelbedeutung mit der vom Imperativ implizierten epistemischen Bedeutung kompatibel sein muß. Ist die Einstellung, die dem Sprecher durch die Partikel zugeordnet wird, implizierbar, dann läßt der Sprecher alternative Einstellungsmöglichkeiten weiter zu. „Doch" und „nicht etwa" sind deshalb mit der vom Imperativ implizierten epistemischen Bedeutung kompatibel.

Dies gilt nicht für „ja“, das den Sprecher auf die Bestätigung einer epistemischen Einstellung festlegt.

Die positionale Spezifik des Imperativs schafft eine besondere Bedingung für die Interpretation der Partikel. In allen bisher betrachteten Fällen legte die Partikel die Haltung des Sprechers zu einer epistemischen Einstellung fest, die — wenn die Partikel nicht kontrastiert war — durch das einstellungsspezifizierende Ausdrucksmittel im Skopus der Partikel bestimmt wurde.

Ist das einstellungsspezifizierende Ausdrucksmittel im Skopus der Partikel der Imperativ, dann könnte man annehmen, daß die Partikel die Haltung des Sprechers zu der vom Imperativ bestimmten intentionalen Einstellung festlegt. Wie das unterschiedliche Verhalten von „doch“ und „ja“ erkennen läßt, entscheidet aber die mit der intentionalen Einstellung implizierte epistemische Einstellungsalternative darüber, ob eine Partikel mit dem Imperativ verwendet werden kann. Daß die Partikelbedeutung (zumindest auch) mit der implizierten epistemischen Bedeutung integriert wird, läßt sich dabei sowohl durch die Interpretation von imperativischen Sätzen mit Partikeln wie durch die Kontextrestriktion von „ja“ gegenüber dem Imperativ nachweisen. Sowohl „doch“ wie „nicht etwa“ beziehen die (intentionale) Sprecherhaltung auf eine implizierte negative Einstellung eines unspezifizierten Einstellungsträgers, die der Realisationsrelation zwischen dem Angesprochenen und dem mit p erfaßten Sachverhalt gilt: $neg_x(R(h, p))$. Aus allgemeinlogischen Gründen wird der Einstellungsträger der negativen Einstellung mit dem Angesprochenen identifiziert und gibt es für seine Einstellung verschiedene Auslegungsmöglichkeiten. Es kann ihm unterstellt werden, daß er den betreffenden Sachverhalt ohne diese ausdrückliche Aufforderung nicht realisiert, nicht realisieren will oder sogar, daß er annimmt, daß er ihn nicht realisieren soll. Da es ohnehin zur positionalen Spezifik des Imperativs gehört, daß der Sprecher die intentionale Einstellung bestätigt, läßt sich auf der anderen Seite kaum nachweisen, ob die intentionale Einstellung dem Sprecher auch durch die Partikel zugeordnet wird. Den Hinweis darauf, daß dies doch der Fall ist, gibt ein anderes Ausdrucksmittel für intentionale Einstellung, bei dem es gerade die Partikel ist, durch die die intentionale Einstellung dem Sprecher zugeordnet wird (vgl. dazu 23.4.). Ich will deshalb annehmen, daß die von der Partikel bestimmte Sprecherhaltung auf die intentionale Einstellung übertragen wird, aber nur, wenn die Kombination der epistemischen Bedeutungen von Partikel und Imperativ keinen Widerspruch ergibt. Da in diesem Fall dann die durch die Partikel bestimmte Sprecherhaltung mit der durch den Imperativ bestimmten zusammenfällt, macht sich die Partikelbedeutung im Rahmen des Imperativs schließlich nur noch dadurch bemerkbar, daß sie seine implizierte epistemische Bedeutung um eine negative Einstellungsmöglichkeit erweitert:

$$Ass(WILL_s(A)) \text{ und } IM(pos_s(A) \text{ oder } neg_s(A) \text{ und } neg_x(A))$$

Ehe ich mich der Verbindung des Imperativs mit konstratierten Partikeln zuwende, sei hier noch von einer Klasse von Sätzen die Rede, in denen assertiv uminterpretierte Entscheidungsfragen zum Ausdruck von intentionalen Einstellungen dienen können. Mit

Wirst du still sein!

oder

Willst du still sein!

bestätigt der Sprecher die Einstellung, der Angesprochene möge den genannten Sachverhalt (nun aber schnellstens) herbeiführen. Die assertive Uminterpretation dieser Entscheidungsfragen beruht auf der assertiven, fallenden Satzintonation, die intentionale Uminterpretation auf außersprachlichen Kenntnissen, die die propositionale Bedeutung jener Klasse von Sachverhalten zuzuordnen erlaubt, die vom Angesprochenen willentlich herbeigeführt werden können. (Daß diese Aufforderungen als „autoritär" zu bewerten sind, ist ebenfalls außersprachlich bedingt: Ich kann auch echte Entscheidungsfragen wie: *Hilfst du mir?* durch die Einbeziehung außersprachlicher Kenntnisse intentional uminterpretieren. Wenn ich aber dem anderen meinen Willen durch die vorwegnehmende Bestätigung des erfragten Sachverhalts kundtue, so wird dies unweigerlich als Ausdruck einer Position der Stärke empfunden, durch die das Geforderte auch gegen den Willen des andern durchgesetzt werden kann.)

Die positionale Bedeutung dieser Aufforderungen läßt sich mit

$$Ass(WILL_s(p)) \text{ und } IM(pos_x(p) \text{ oder } neg_x(p))$$

wiedergeben, wobei die epistemische Einstellungsalternative durch den interrogativen Satzmodus realisiert und auf Grund der assertiven Uminterpretation impliziert ist.[54] Obwohl die Interpretation dieser Aufforderungen u. U. mit der des Imperativs zusammenfällt, spiegelt sich der Unterschied in der Art und Weise, wie diese Interpretation zustande kommt, in der Tatsache, daß die kontextuellen Eigenschaften dieser Art von Aufforderungen denen indirekter Entscheidungsfragen entsprechen. Von den EP ist nur „wohl" akzeptabel:

Wirst du wohl still sein!
**Wirst du doch still sein!*
**Wirst du etwa still sein!*
**Wirst du ja still sein!*

Da die nicht-assertiven EP wegen der assertiven Satzintonation ausgeschlossen sind und die ausschließlich assertiven EP wegen des nicht-assertiven Satzmodus, kommen nur die potentiell assertiven EP „doch" und „wohl" in Frage, von denen aber „doch" bei der Integration mit dem nicht-assertiven Satzmodus als abweichend bewertet wird, da es den Sprecher primär auf die Einstellung in seinem Skopus und nicht wie „wohl" von vornherein auch auf eine alternative Möglichkeit festlegt.

23.3. Die kontrastierten EP sind ebenso wie die kontrastierten transparenten Satzadverbien im Imperativ akzeptabel:

Komm w i r k l i c h!
Komm d o c h!
Komm j a!

Eine Ausnahme macht das kontrastierte „wohl":

**Komm w o h l!*

[54] Die Assertion der intentionalen Einstellung ist in diesem Fall das Endprodukt einer Uminterpretation des epistemischen Nullmorphems, die erst durch die mit *p* verbundenen außersprachlichen Kenntnisse ausgelöst wird. Auf einen Sachverhalt bezogen, der nicht durch den Angesprochenen willentlich herbeiführbar ist, wie z. B.

Wird das schön sein!,

läßt sich das epistemische Nullmorphem auch nicht intentional uminterpretieren.

An der Kombination der positionalen Bedeutungen des Imperativs und der kontrastierten EP ist aber auch ohne diese Verwendungsrestriktion einiges bemerkenswert. So bleibt die Bedeutung des kontrastierten „doch“ unabhängig davon, daß dieses durch den Kontrastakzent selbst zum Gegenstand von Einstellungen wird, der intentionalen Einstellung des Imperativs übergeordnet. Es ist zweifelsohne die Aufforderung selbst, die der Kontrastakzent zum Gegenstand alternativer Haltungen macht. Bei dem durch das kontrastierte „doch“ vorausgesetzten Einstellungssachverhalt handelt es sich im Imperativ, anders als in Aussagen und Fragen, nicht um ein Urteil, sondern um eine Aufforderung.[55] Die Spezifik der positionalen Bedeutung des Imperativs legt fest, daß der Sachverhalt, bezüglich dessen Assertion das kontrastierte „doch“ eine Variable voraussetzt, Gegenstand einer intentionalen Einstellung ist: *Pres(α(WILL(A)))*. Damit beziehen sich auch die vom Kontrastakzent einander entgegengestellten Einstellungen auf einen intentionalen Einstellungssachverhalt. Im übrigen verläuft die Interpretation des kontrastierten „doch“ im Imperativ analog zu der des kontrastierten „doch“ in der Aussage. Der Sprecher bestätigt den strittigen Einstellungssachverhalt und weist damit die implizierte alternative Einstellung (es ist nicht der Fall, daß *hp* realisieren soll) zurück:

$$Ass(pos_s(\alpha = Ass)) \text{ und } IM(neg_x(\alpha = Ass))$$

Da sich die kontrastierten EP „wohl“ und „ja“ nur in der Spezifizierung der zurückgewiesenen alternativen Einstellung unterscheiden, muß sich ihr unterschiedliches Verhalten im Imperativ hieraus erklären. Während das kontrastierte „ja“ die Assertion einer positiven Einstellung der einer negativen gegenüberstellt, stellt das kontrastierte „wohl“ die uneingeschränkte Assertion einer Einstellung ihrer eingeschränkten Assertion gegenüber. Auf den Imperativ bezogen, kann der erste Fall als Kontrast zwischen einer positiven und einer negativen Aufforderung übersetzt werden. Da mit dem Imperativ aber keine eingeschränkte Assertion einer Aufforderung realisiert werden kann, muß die durch das kontrastierte „wohl“ implizierte alternative Einstellung als abweichend bewertet werden.

Wenn ich *Komm ja!* in dem hier vorgeschlagenen Sinn, analog zum kontrastierten „ja“ in der Aussage, interpretiere, so habe ich damit stillschweigend auch die phonologische Realisationsform des kontrastierten „ja“ in der Aussage — wie z. B. in

Konrad ist ja verreist. —

zugrunde gelegt. Es steht aber außer Frage, daß die phonologische Form, die in den meisten Fällen mit dem kontrastierten „ja“ im Imperativ verwendet wird, nicht nur einen

[55] Mit dieser Feststellung verliert die Annahme, daß zwischen der kontrastierten Konstituente und *p* generell keine Einstellung mehr stehen kann, ihre Allgemeingültigkeit. Die Ausnahme könnte in der besonderen sprachlichen Form des Imperativs begründet sein, dessen Verbform die Ausdrucksmittel für propositionale und positionale Bedeutung in sich vereint (und zwar so, daß die intentionale Einstellung nicht von der Spezifik der propositionalen Bedeutung *(R(h, p))* zu trennen ist). Zwar gilt diese Einheit der Ausdrucksmittel auch für den Konjunktiv des Verbs, der den propositionalen Anteil der Verbbedeutung um einen positionalen Anteil erweitert, doch ist die positionale Bedeutung des Konjunktivs nur impliziert (vgl. 23.4.) und wird deshalb von der Reduktion nicht berührt, die der Kontrastakzent nachweislich bezüglich einer der kontrastierten Konstituente (explizit) untergeordneten Einstellung bewirkt. Da die positionale Bedeutung des Imperativs ein Unikat darstellt, läßt sich kaum entscheiden, ob die durch ihn realisierte intentionale Einstellung im Skopus einer kontrastierten Konstituente stehen kann, einfach, weil sie durch die imperativische Form des Verbs realisiert wird oder weil sie überdies intentional (und nicht epistemisch) ist und die Restriktion kontrastierter Konstituenten gegenüber untergeordneten Einstellungen möglicherweise nur epistemischen Einstellungen gilt.

fallenden, sondern einen steigend-fallenden Verlauf hat. Man darf wohl annehmen, daß dieses phonologische Ausdrucksmittel Träger der zusätzlichen Bedeutungskomponente ist, die man am allgemeinsten als eine negative evaluative Sprechereinstellung bezüglich des alternativen Sachverhalts beschreiben kann. Die mit dem kontrastierten „ja" implizierte negative epistemische Einstellung wird durch die steigend-fallende Intonation des Kontrastakzents um eine entsprechende evaluative Sprechereinstellung erweitert:

$IM(SCHLECHT_s(nicht\text{-}p))$

Diese phonologisch-semantische Variante des kontrastierten „ja" stellt eine Besonderheit dar, die auf Aufforderungseinstellungen beschränkt ist. In Aussagen kommt sie m. E. nur noch in Verbindung mit entsprechenden intentionalen Ausdrücken, wie z. B. Modalverben, vor:

Konrad will, daß du ja anrufst.
Du sollst ja anrufen.

Gemäß der positionalen Bedeutung der Modalverben wird die negative Bewertung, zusammen mit der intentionalen Einstellung, hier nicht dem Sprecher, sondern dem durch das Subjekt bezeichneten bzw. einem unspezifizierten Einstellungsträger zugeordnet.

Die Tatsache, daß das kontrastierte „ja" gleich in zwei Versionen mit dem Imperativ verbunden werden kann, ist um so erstaunlicher, als das unbetonte „ja" überhaupt nicht mit dem Imperativ verwendbar ist. Der mit dem Kontrastakzent vorausgesetzte Einstellungssachverhalt schafft die Bedingung, unter der die positionale Bedeutung der Partikel mit der des Imperativs kompatibel wird. Durch die Kontrastierung der Partikel wird die epistemische Einstellung im Skopus der Partikel eliminiert und statt dessen vorausgesetzt, daß es um eine Aufforderung an den Hörer geht, *p* zu realisieren:

$Pres(\alpha(WILL(A)))$

Die vom Kontrastakzent etablierte Einstellungsalternative gilt der Spezifizierung von α als Assertion (einer Aufforderung):

$pos_s(\alpha = Ass)$ *und* $neg_{nicht\text{-}s}(\alpha = Ass)$,

wodurch der von „ja" implizierte Einstellungssachverhalt als Aufforderung interpretierbar wird[56]:

$Pres(\alpha(WILL))$ *und* $Ass(pos_s(\alpha = Ass))$ *und*
$IM(neg_{nicht\text{-}s}(\alpha = Ass)$ *und* $pos_x(\alpha = Ass))$

23.4. Im Zusammenhang mit intentionalen Einstellungen ist noch eine Klasse von Sätzen zu nennen, bei denen — wie bei den indirekten Ergänzungsfragen — der fehlende Satz-

[56] Der Fall des kontrastierten „ja" im Imperativ spricht dafür, daß die Bedeutungen von Partikel und Kontrastakzent gemeinsam mit der Bedeutung des Imperativs integriert werden, da bei einer sukzessiven Integration das dem Kontrastakzent vorausgehende Integrationsergebnis „ja" + Imperativ als abweichend bewertet werden müßte. Da es generell sinnvoller ist, die Partikelbedeutung mit der des Kontrastakzents zu verbinden, ehe sie mit der Bedeutung des einstellungsspezifizierenden Ausdrucksmittels verbunden wird, soll im Kapitel über die Integration der Bedeutungen positionaler Ausdrucksmittel eine entsprechende Reihenfolgebedingung eingeführt werden, mit der dann auch das unerwünschte Zwischenergebnis bei der Interpretation des kontrastierten „ja" im Imperativ vermieden werden kann.

modus durch eine Partikel ersetzt werden kann. Die konjunktivische Form des Verbs kann, wenn dies der damit erfaßte Sachverhalt zuläßt, auch als Ausdrucksmittel einer intentionalen Einstellung (als „Optativ") interpretiert werden. Allerdings ist dies nur möglich, wenn der entsprechende Satz um „doch"[57] erweitert wird:

Käme er doch!
**Käme er!*

Die syntaktische Struktur des Satzes entspricht der eines konditionalen Nebensatzes, in dem „wenn" durch die Inversion von Subjekt und finitem Verb ersetzt ist. Aber auch mit „wenn" ist ein solcher Teilsatz nur vollständig, wenn er um die Partikel erweitert ist[58]:

Wenn er doch käme!
**Wenn er käme!*

Man kann annehmen, daß der Konjunktiv immer zum Ausdruck einer implizierten alternativen epistemischen Einstellung dient, die durch den assertiven EM des ganzen Satzes dem Sprecher (bzw. dem positionalen Einstellungsträger) zugeordnet wird. Die wörtlich realisierte epistemische Einstellung bezüglich der propositionalen Bedeutung des Nebensatzes wird durch „wenn" zu einer Einstellungsalternative erweitert und kann deshalb auch nur durch eine transparente Einstellung spezifiziert werden:

Wenn er wirklich käme, . . .
Käme er doch wirklich!
**Wenn er vermutlich käme, . . .*
**Käme er doch vermutlich!*

Wird der Konjunktiv gleichzeitig als intentionales Ausdrucksmittel interpretiert, dann ist die wörtliche Einstellung nicht epistemisch, sondern intentional und muß — weil sie, wie beim Imperativ, nicht-propositional realisiert ist — assertiert werden. Da der konditionale Nebensatz selbst zwar eine dem nicht-assertiven EM entsprechende Einstellungsalternative, aber keinen assertiven EM bestimmt, kann er mit der intentionalen Version des Konjunktivs nur dann verbunden werden, wenn der hierfür erforderliche assertive EM durch ein anderes positionales Ausdrucksmittel eingebracht wird. Wenn es von allen assertiven bzw. potentiell assertiven EP nur „doch" ist, das diese Funktion erfüllen kann, so ist dies wiederum darauf zurückzuführen, daß sich die von der Partikel festgelegte Sprecherhaltung nur dann auf eine intentionale Einstellung beziehen kann, wenn zwischen den epistemischen Bedeu-

[57] Einen vergleichbaren Satzmodusersatz schafft die KEP „nur" (und das möglicherweise synonyme „bloß"), die auch in indirekten Ergänzungsfragen den fehlenden Satzmodus ersetzen können:

Wenn er nur käme!
Wo Nina nur gewesen ist?

Man kann, zumindest was den assertiven Bedeutungsanteil von „nur" betrifft, EP-analoge Zusammenhänge vermuten.

[58] Daß ein Konditionalsatz überhaupt mit „doch" verbindbar ist, ist dabei schon an sich bemerkenswert. Im echten konditionalen Nebensatz ist „doch" — wegen seiner potentiell assertiven Bedeutung, die im Widerspruch zu der von „wenn" etablierten Einstellungsalternative (E_s oder *nicht*-E_s) steht — nicht akzeptabel; man vgl. noch einmal:

**Wenn es doch regnet, bleiben wir zu Hause.*

tungen der Partikel und des intentionalen Ausdrucksmittels kein Widerspruch entsteht. Durch diese Bedingung ist — wie beim Imperativ — nicht nur das einschränkende „wohl", sondern auch das rein assertive „ja" ausgeschlossen.

**Wenn er wohl käme!*
**Wenn er ja käme!*

Wenn auch das im Imperativ verwendbare „nicht etwa" hier nicht stehen kann:

**Wenn er nicht etwa käme!*,

so deshalb, weil die Partikel den fehlenden assertiven EM nicht ersetzen kann, da sie ja selbst noch nicht festlegt, welche Einstellung dem Sprecher zuzuordnen ist.

Während also die positionale Bedeutung des intentional interpretierten Konjunktivs im konditionalen Nebensatz ohne die Partikel mangels eines assertiven EM unvollständig ist:

$Will_x(p_{NS})$ *und* $IM(neg_x(p_{NS}))$,

ordnet „doch" im Kontext der assertiven Satzintonation beide Einstellungen dem Sprecher zu:

$Ass(WILL_s(p_{NS}))$ *und* $IM(neg_s(p_{NS}))$

Da der Einstellungsträger der positionalen Bedeutung des adverbiellen Nebensatzes kein anderer als der des ganzen Satzgefüges sein kann, wird damit auch die indirekt realisierte positionale Bedeutung des ganzen Satzgefüges dem Sprecher zugeordnet: $EM(pos_s(p_{NS}, p_{HS}))$, womit die Satzintonation auch diesbezüglich eine assertive Sprecherhaltung bestimmen kann:

$Ass(pos_s(p_{NS}, p_{HS}))$ *und* $Ass(WILL_s(p_{NS}))$ *und* $IM(neg_s(p_{NS}))$

(Der Sachverhalt des HS bleibt sprachlich unspezifiziert.)

So wie die im Imperativ akzeptablen EP nicht im Nebensatz zu intentionalen Einstellungssätzen stehen können, da sie damit anderen Einstellungen untergeordnet wären, kann auch „doch" nicht im Nebensatz zu einem konjunktivisch intentionalen Einstellungssatz verwendet werden:

Ich wollte, er käme.
**Ich wollte, er käme doch.*,

es sei denn, „doch" wird kontrastiert und erhält damit eine größere kontextuelle Freiheit:

Ich wollte, er käme d o c h.

Durch die weitgehende Übernahme der Kontext-Eigenschaften des Kontrastakzents verliert die Partikel aber auf der anderen Seite ihre Fähigkeit, den assertiven EM zu ersetzen:

**Käme er d o c h!*

24. Die Integration positionaler Bedeutungen

24.1. Obwohl bei weitem noch nicht alle positionalen Ausdrucksmittel oder gar alle Kombinationsmöglichkeiten behandelt worden sind, will ich an dieser Stelle einen vorläufigen Schlußstrich ziehen und eine Bilanzierung meiner Annahmen über die Bedeutungsstrukturen der betrachteten Ausdrucksmittel und ihre Integration zur positionalen Gesamtbedeutung von Sätzen versuchen.

Kontextuelle Eigenschaften ganzer Klassen positionaler Ausdrucksmittel lassen sich in Form von allgemeinen Interpretationsregeln (wie z. B. R 1—R 3) und Selektionsregeln (wie S 1—S 5) erfassen; die Regeln sind durch die individuellen Bedeutungsstrukturen der einzelnen lexikalischen, syntaktischen und phonologischen Ausdrucksmittel zu ergänzen, in denen u. a. auch die Klassenzugehörigkeit ausgewiesen sein muß. Die meisten hier behandelten Klassen von positionalen Ausdrucksmitteln gehören zu bestimmten syntaktisch-semantischen Kategorien, zu denen sie auf Grund ihrer positionalen Spezifik und der daraus folgenden kontextuellen Besonderheiten eigene Subklassen (wie epistemische Satzadverbien, evaluative Satzadverbien, epistemische Modalverben, EP etc.) bilden, die ihrerseits noch weiter subklassifiziert werden können (wie z. B. in transparente und opaque Satzadverbien, transparente und opaque Modalverben, assertive und nicht-assertive EP etc.). Einige dieser Kategorien lassen sich wiederum zu allgemeineren syntaktisch-semantischen Kategorien zusammenfassen: das Satzadverb, die Negation und die affirmative Satzform gehören der epistemische Einstellungen spezifizierenden Kategorie an; der SM, die Satzintonation, die Satzkonnektoren „ob" und „daß", die EP der EM-spezifizierenden Kategorie. Dabei gibt es auch Mischformen wie die EP „wohl" oder die Prädikate aus Einstellungssätzen, die sowohl EM- wie einstellungsspezifizierende Ausdrucksmittel sind. Eine besondere Kategorie bilden die positionalen Ausdrucksmittel mit einem Propositionalisierungseffekt wie der Kontrastakzent und die Prädikate aus den Einstellungssätzen.

Jedes positionale Ausdrucksmittel identifiziert einen mehr oder weniger komplexen Teil des Urteils, das mit einem selbständigen Satz ausgedrückt wird. Da mit jedem selbständigen Satz ein Urteil ausgedrückt wird, muß jeder selbständige Satz zumindest ein einstellungs- und ein EM-spezifizierendes Ausdrucksmittel enthalten (letzteres besteht allerdings, wegen der syntaktisch-phonologischen Spezifik selbständiger Sätze, immer aus zwei, meist bedeutungsgleichen, Ausdrucksmitteln: dem Satzmodus und der Satzintonation).

Über die Art und Weise, wie die verschiedenen Bedeutungen der positionalen Ausdrucksmittel eines Satzes miteinander verbunden werden, entscheidet ihre syntaktisch-semantische Kategorienzugehörigkeit und die Spezifik ihrer individuellen Bedeutungsstrukturen. Diese enthalten Kategorienvariable, die erst durch die Integration mit dem jeweils einschlägigen Kontext spezifiziert werden. So wird z. B. die Variable *E* aus der Bedeutungsstruktur der EP „doch" durch das im Skopus der Partikel stehende einstellungsspezifizierende Ausdrucksmittel spezifiziert, oder die Variable EM aus der Bedeutungsstruktur des Satzkonnektors „ob" durch das Prädikat des Matrixsatzes etc.

Die Eintragungen zu einem positionalen Ausdrucksmittel müssen also, neben der Angabe über ihre sprachliche Form („doch", „wahrscheinlich", deklarativer Satzmodus, Satzintonation einer Frage etc.) und ihren individuellen Bedeutungsstrukturen Angaben über ihre syntaktische und semantische Kategorienzugehörigkeit enthalten, die bei der Integration der individuellen Bedeutungen als Kontext-Adressen für die Spezifizierung der Kategorienvariablen in den Bedeutungsstrukturen dienen.

Soweit zwischen der syntaktischen und semantischen Kategorienzugehörigkeit verallgemeinerbare Beziehungen bestehen, können jedoch die Eintragungen zu den einzelnen Ausdrucksmitteln durch allgemeine Interpretationsregeln, die einer bestimmten syntaktischen Kategorie eine bestimmte semantische Kategorie zuordnen, auf die Angabe der syntaktischen Kategorie reduziert werden. So ist die syntaktische Kategorie des Satzmodus, *SM*, immer mit der semantischen Kategorie des *EM* verbunden. Ich will die Interpretation von *SM* als *EM* durch

SM : EM

anzeigen, wobei links vom Doppelpunkt die Form des sprachlichen Ausdrucksmittels, rechts seine Bedeutung steht.

Eine Verallgemeinerungsmöglichkeit dieser Art ergibt sich aus dem weitgehend gleichen Kontextverhalten der einstellungsspezifizierenden Ausdrucksmittel: epistemische Satzadverbien, SA_{ep}, Negation und affirmative Satzform, die sich in einer eigenen syntaktischen Kategorie *Ep* mit der Interpretation *E* zusammenfassen lassen (d. h. als einstellungsspezifizierende Kategorie, deren Elemente die Einstellungsvariable *E* als eine bestimmte Einstellung, E_i, E_j etc., spezifizieren):

Ep : E

wobei *Ep* aus SA_{ep}, „nicht" und dem epistemischen Nullmorphem besteht:

$$Ep \rightarrow \left\{ \begin{array}{l} SA_{ep} \\ nicht \\ \text{Nullmorphem} \end{array} \right\}$$

Ep ist ebenso wie der Satzmodus und die Satzintonation, SI, eine für einen selbständigen Satz obligatorische Kategorie, die durch eines ihrer drei Elemente besetzt sein muß. Die Negation wird deshalb als epistemisches Ausdrucksmittel interpretiert, wenn kein epistemisches Satzadverb gegeben ist. (Eine Ausnahme bildet „nicht" in der Ergänzungsfrage.) Ein epistemisches Nullmorphem liegt vor, wenn ein selbständiger Satz nicht negiert ist und kein epistemisches Satzadverb enthält. Sätze, deren positionale Bedeutung scheinbar nur durch eine EP, ein Modalverb oder ein evaluatives Satzadverb bestimmt wird, wie:

Konrad ist doch verreist.
Konrad muß verreist sein.
Konrad ist leider verreist.,

enthalten in Wirklichkeit auch immer ein epistemisches Nullmorphem, das für die Spezifizierung der Einstellungsvariablen *E* in den Bedeutungsstrukturen der Partikel, des Modalverbs oder des evaluativen Satzadverbs aufkommt, so wie die epistemischen Satzadverbien oder die Negation in:

Konrad ist doch wahrscheinlich verreist.
Konrad muß wirklich verreist sein.
Konrad ist leider nicht verreist.

Eine andere Verallgemeinerungsmöglichkeit folgt aus der Funktion des Satzmodus, der die in seinem Skopus stehende Einstellung (potentiell) assertiert oder nicht assertiert. Da diese Einstellung sowohl epistemischer wie intentionaler oder evaluativer Natur sein kann, erfordert die Adressenangabe für die Interpretation des SM eine gemeinsame Kategorisierung aller einstellungsspezifizierenden Ausdrucksmittel:

Pos:POS ,

mit
$$Pos \rightarrow \left\{ \begin{matrix} Ev \\ Ep \\ Int \end{matrix} \right\}$$

Die evaluative, *Ev*, epistemische, *Ep*, und intentionale Kategorie, *Int*, einstellungsspezifizierender Ausdrucksmittel bilden zusammen die syntaktische Kategorie Pos, der die semantische Kategorie POS zugeordnet ist.

Darüber, ob *POS* nur durch eine der genannten einstellungsspezifizierenden Kategorien belegt sein kann oder durch eine bestimmte Kombination dieser Kategorien, ob es also wiederholt auftreten kann, entscheiden die mit diesen Kategorien verbundenen Bedeutungsstrukturen. Da *Ep* eine obligatorische Kategorie ist, kann weder eine evaluative noch eine intentionale Einstellung ohne *Ep* realisiert werden. Allerdings ist durch die Bedeutungsstruktur von evaluativen bzw. intentionalen Ausdrucksmitteln auch festgelegt, daß die mit ihnen verbundene *Ep* nur eine vorausgesetzte bzw. implizierte epistemische Einstellung realisiert. Ist *POS* zweimal besetzt, so gilt die Bedeutung des Satzmodus nur dem ersten Vorkommen: *POS1* (siehe das folgende Beispiel).

Auf Grund der individuellen Bedeutungsstrukturen, der in ihnen enthaltenen Kategorienvariablen und der Angaben über die syntaktisch-semantische Kategorienzugehörigkeit der einzelnen positionalen Ausdrucksmittel könnte man sich nun die Interpretation eines Satzes als eine Integration der verschiedenen Bedeutungsstrukturen vorstellen, bei der die Ausdrucksmittel mit der einschlägigen syntaktisch-semantischen Kategorienzugehörigkeit die Spezifizierung der Kategorienvariablen aus den individuellen Bedeutungsstrukturen übernehmen.

Kontextrestriktionen, wie z. B. diejenigen, die für die Verwendung von EP gegenüber SM und SI in einfachen und komplexen Sätzen gelten, weisen jedoch darauf hin, daß sich die Integration der Bedeutungen positionaler Ausdrucksmittel in einer bestimmten Abfolge von Interpretationsschritten vollzieht, die im wesentlichen der syntaktischen Anordnung entgegen, von rechts nach links verläuft. Fügt man die syntaktische und die phonologische Kategorie des SM und der SI hinzu, so läßt sich die lineare Anordnung der obligatorischen und fakultativen positionalen Ausdrucksmittel in einem selbständigen (einfachen Aussage-)Satz von rechts nach links mit

(A) $SI + SM + (MV)\ (+ EP1)\ (+ EP2)\ (+ EP3) + (Ev) + Ep$

angeben. Die Schrittfolge, nach der die einzelnen Bedeutungen miteinander verbunden werden, weicht davon in einigen Punkten ab:

(B) $SI + SM + Ev + EP1 + EP2 + EP3 + \left\{ \begin{matrix} Ep + MV_t \\ MV_{op} + Ep \end{matrix} \right\}$

Der Satz

Konrad kann ja doch leider wirklich verreist sein.

ist ein Beispiel, in dem außer EP3 alle positionalen Ausdrucksmittel in der durch (A) vorgeschriebenen Reihenfolge besetzt sind. Die Interpretation ihrer Bedeutungen erfolgt aber in der Reihenfolge (B): die vom SM und der SI bestätigte evaluative Einstellung bezieht sich auf ein (vorausgesetztes) epistemisches Urteil, das durch die Integration der Bedeutungen der beiden EP, des epistemischen Satzadverbs und des transparenten Modalverbs als WIRKLICH MÖGLICH spezifiziert und zu einem alternativen und einem gleichen

Einstellungssachverhalt in Bezug gesetzt wurde. Sieht man einmal davon ab, wie sich *p* aus der Interpretation der übrigen Satzbedeutung gewinnen läßt, so ist die Interpretation der positionalen Bedeutung dieses Satzes das Ergebnis von 7 Schritten, durch die die Bedeutungen der einzelnen positionalen Mittel (siehe Liste) unter Bezugnahme auf die oben angeführten Interpretationsregeln für *Ep* und *Pos* sowie R 1 sukzessive miteinander verbunden werden.

Liste der Eintragungen zu den einzelnen Ausdrucksmitteln (alphabetisch geordnet):

Deklarative Satzintonation, Dekl-SI, SI: $Ass(POS1(p))$

Erläuterung: Dekl-SI ist ein Element der Kategorie SI, das der semantischen Kategorie EM zugeordnet ist und ein Element aus *POS1* assertiert.

Dekl-SM, SM: $Ass'(POS1_{\sigma}(p))$

Dekl-SM ist ein Element der Kategorie SM, das der semantischen Kategorie EM zugeordnet ist und ein Element aus *POS1* potentiell assertiert.

„doch“, *EP*: $Ass'(E_s(p))$ und $IM(neg_x(p))$

„doch“ ist ein Element aus der Kategorie EP, das der semantischen Kategorie EM zugeordnet ist. Durch „doch“ wird ein Element aus *E* dem Sprecher als potentiell assertiert zugeordnet und zu einer implizierten alternativen Einstellung eines noch unspezifizierten Einstellungsträger in Bezug gesetzt.

„ja“, *EP*: $Ass(E_s(p))$ und $IM(E_x(p))$

„ja“ ist ein Element aus der Kategorie EP, das der semantischen Kategorie EM zugeordnet ist. Durch „ja“ wird ein Element aus *E* dem Sprecher als assertiert zugeordnet und zu einer implizierten gleichen Einstellung eines unspezifizierten Einstellungsträgers in Bezug gesetzt.

„können“, *MV*: $E_x(Ass(MÖGLICH(p)))$

„können“ ist ein Element aus der Kategorie Modalverb, das über die Spezifizierung seiner Variablen *E* durch ein Element aus der Kategorie *Ep* der semantischen Kategorie *E* zugeordnet wird, womit MÖGLICH als eine Modifizierung der Spezifizierung von *E* interpretiert wird.

„leider“, *Ev*: $BEDAUERN_x(\alpha)$ *und* $Pres(Ass(\alpha(\varepsilon)))$, mit ε für $E_x(p)$

„leider“ ist ein Element aus der syntaktischen Kategorie SA_{Ev}, das der semantischen Kategorie *POS* zugeordnet ist, womit BEDAUERN als eine Spezifizierung von *POS* interpretiert wird. Wie jedes Element aus der Kategorie SA_{Ev} bezieht sich BEDAUERN auf einen als bestätigt vorausgesetzten epistemischen Einstellungssachverhalt, α, dessen Einstellungsvariable *E* durch ein Element aus der Kategorie Ep spezifiziert wird.

„wirklich“, *Ep*: $WIRKLICH_x(p)$

„wirklich“ ist ein Element aus der syntaktischen Kategorie SA_{Ep}, das der semantischen Kategorie *E* zugeordnet ist, womit WIRKLICH als eine Spezifizierung von *E* interpretiert wird.

Schrittfolge bei der Integration der Bedeutungen (von rechts nach links):

Dekl-SI + Dekl-SM + leider + ja + doch + wirklich + können
(7) (6) (5) (4) (3) (2) (1)

Interpretation:

(1) „können“: $E_x(Ass(MÖGLICH(p)))$

eine Einstellungsvariable *E* wird auf die mögliche Bestätigung von *p* bezogen.

(2) „wirklich": $WIRKLICH_x(Ass(MÖGLICH(p)))$
E wird als WIRKLICH spezifiziert.
(3) „doch": $Ass'(WIRKLICH_s(Ass(MÖGLICH(p))))$ *und* $IM(neg_x(p))$
WIRKLICH wird vom Sprecher potentiell bestätigt und zu einem alternativen Einstellungssachverhalt in Bezug gesetzt.
(4) „ja": $Ass(WIRKLICH(Ass(MÖGLICH(p))))$ *und*
$IM(WIRKLICH_y(p)$ *und* $neg_{nicht\text{-}s}(p))$
WIRKLICH wird vom Sprecher bestätigt und zur gleichen Einstellung eines unspezifizierten Einstellungsträgers in Bezug gesetzt; die alternative Einstellung wird — gemäß R1 — einem anderen Einstellungsträger zugeordnet.
(5) „leider": $BEDAUERN_x(\alpha)$ *und* $Pres(Ass(\alpha(p)$ *und*
$(\alpha = WIRKLICH))))$ *und* IM ... s. (4)
Die bestätigte Einstellung wird zum Gegenstand der evaluativen Einstellung BEDAUERN und damit vorausgesetzt.
(6) Dekl-SM: $Ass'(Bedauern_\sigma(\alpha))$ *und* $Pres(Ass(\alpha(p)))$ *und* ... s. o.
Die evaluative Einstellung wird potentiell assertiert.
(7) Dekl-SI: $Ass(BEDAUERN_s(\alpha))$ *und* $Pres(Ass(\alpha(p)$ *und*
$(\alpha = WIRKLICH)))$ und $IM(WIRKLICH_y(p)$ *und* $neg_{nicht\text{-}s}(p))$
Die evaluative Einstellung wird assertiert.

Die Entstehungsgeschichte einer Sekundärfrage, wie

Konrad ist verreist?

enthält dagegen nur die drei obligatorischen positionalen Ausdrucksmittel: $SI + SM + Ep$, und umfaßt dementsprechend nur drei, wenn auch wegen der Uminterpretation des EM um einiges kompliziertere Interpretationsschritte:

(1) Nullmorphem: $pos_x(p)$
Da weder SA_{ep} noch „nicht" zur Spezifizierung der obligatorischen Kategorie *Ep* gegeben sind, wird *Ep* als Nullmorphem interpretiert, womit die *Ep* zuzuordnende Kategorie *E* als positive Einstellung spezifiziert wird.
(2) D-SM: $Ass'(pos_\sigma(p))$
(3) Interr-SI: $nicht\text{-}Ass(pos_x(p))$ *und* $IM(neg_s(p))$
Wegen des nicht-assertiven EM wird die positive Einstellung als implizierte negative Sprechereinstellung uminterpretiert.

Wie dies Beispiel zeigt, beschränkt sich die Interpretation der Satzintonation nicht auf die Aktualisierung des durch den Satzmodus potentiell bestimmten EM, sondern erfordert — wenn die Bedeutungen von SI und SM nicht übereinstimmen — eine zusätzliche Angabe, die festlegt, daß die Nicht-Bestätigung einer potentiell bestätigten Einstellung eine alternative Einstellung impliziert (die dann, gemäß R2, dem Sprecher zugeordnet wird). Ich will diese Art von Interpretation, die nicht durch ein bestimmtes Ausdrucksmittel, sondern durch eine bestimmte Kombination von Ausdrucksmitteln zustande kommt, in Form von Interpretationsregeln, *R*, den Angaben zu den einzelnen Ausdrucksmitteln hinzufügen.

R4 (Dekl-SM + SI) Eine vom deklarativen Satzmodus potentiell assertierte Einstellung eines bestimmten, aber noch nicht spezifizierten Einstellungsträgers, σ,: $Ass'(E_\sigma(p))$ wird durch eine deklarative Satzintonation vom Sprecher bestätigt: $Ass(E_s(p))$; sie wird durch eine interrogative Satzintonation vom Sprecher nicht bestätigt: *nicht-*

Ass(E_x(p)), womit sie implizit als durch einen anderen Einstellungsträger bestätigt interpretiert wird: *IM(Ass($E_{nicht\text{-}s}$(p))))*. Indem der Sprecher die von einem anderen bestätigte Einstellung zum Gegenstand einer Frage macht, impliziert er eine alternative Einstellung: *IM(nicht-E_s(p))*.
(Vgl. dazu 5.1.)

R4 schränkt den Anwendungsbereich für R1 und R2 auf die Interpretationsstufe der Satzintonation ein, da der EM', der durch den Satzmodus bestimmt wird, noch nicht auf den Sprecher festgelegt zu sein braucht. Wie die Interpretation einer Sekundärfrage mit „doch" zeigt, kann die potentielle Assertion aber auch schon auf einer vorangegangenen Interpretationsstufe dem Sprecher zugeschrieben worden sein:

Konrad ist doch verreist?

(1) wie oben
(2) „doch": *Ass'(pos$_s$(p))*
(3) Dekl-SM: *Ass'(pos$_\sigma$(p))* (und (2))
(4) Interr-SI: *nicht-Ass(pos$_x$(p)) und IM(pos$_s$(p))*
(Man vgl. noch einmal die einschlägigen Ausführungen in 12.)

Die Kombination von interrogativem Satzmodus und deklarativer Satzintonation folgt einer — zumindest partiell — analogen Interpretationsregel mit dem Unterschied, daß die Uminterpretation des potentiell nicht-assertiven EM keine zusätzliche Einstellung impliziert (siehe dazu noch einmal 5.1.):

R5 (Interr-SM + SI) Eine vom interrogativen Satzmodus potentiell nicht-assertierte Einstellung: *nicht-Ass'(E_x(p))* wird durch eine interrogative Satzintonation vom Sprecher explizit nicht bestätigt: *nicht-Ass(E_x(p))*; sie wird durch eine deklarative Satzintonation vom Sprecher bestätigt: *Ass(E_s(p))*, womit die potentielle Nicht-Bestätigung implizite einem anderen Einstellungsträger zugeordnet wird: *IM(nicht-Ass ($E_{nicht\text{-}s}$(p)))*.

Bei der Interpretation eines Ausrufs wie

Schmeckt das gut!

findet R5 auf der dritten Stufe Anwendung:

(1) Nullmorphem: *pos$_x$(p)*
(2) Interr-SM: *nicht-Ass'(pos$_x$(p))*
(3) Dekl-SI: *Ass(pos$_s$(p)) und IM(nicht-Ass(pos$_{nicht\text{-}s}$(p)))*.

Die durch die emphatische Intonation implizierte alternative Einstellung, die gemäß R1 einem anderen Einstellungsträger zuzuordnen ist, fällt dabei mit der durch den nicht-assertiven EM logisch implizierten alternativen Einstellung zusammen, womit die Einstellung des anderen als eine (nicht-assertierte) negative Einstellung bestimmt wird:

(4) Emph-SI: *Ass(pos$_s$(p)) und IM(neg$_{nicht\text{-}s}$(p))*

Nicht-s kann attributiv, d. h. ohne eine bestimmte Referenz verstanden werden; oft wird damit aber eine voraufgegangene alternative Einstellung des Sprechers, *s*, impliziert sein: *„Das hätte ich nicht gedacht!"*

Ist aber die wörtliche Einstellung einer Frage negativ, so wird in jedem Fall die alternative Einstellung vom Sprecher potentiell bestätigt.

R-Neg Durch die Nicht-Bestätigung einer negativen Einstellung wird eine positive Einstellung vom Sprecher potentiell bestätigt.

Die Interpretation einer negierten Frage wie

Ist Konrad nicht verreist?

durchläuft damit die Schritte:

(1) „nicht“: $neg_x(p)$
(2) Interr-SM: *nicht-Ass'*$(neg_x(p))$ *und Ass'*$(pos_s(p))$
gemäß R-Neg
(3) Interr-SI: *nicht-Ass*$(neg_x(p))$ *und IM*$(pos_s(p))$

Wird der potentiell nicht assertive EM assertiv uminterpretiert, so wird die auf der zweiten Stufe potentiell asssertierte Sprechereinstellung auf der dritten de facto bestätigt und die auf der zweiten Stufe potentiell nicht-assertierte Einstellung auf der dritten impliziert. Die Interpretation eines Ausrufs wie

Schmeckt das nicht gut!

unterscheidet sich damit von der einer negierten Frage nur im dritten Integrationsschritt:

(3) Dekl-SI: *Ass*$(pos_s(p))$ *und IM*$(neg_x(p))$

Einen nicht weniger komplizierten Fall von Uminterpretation stellt die Integration der Bedeutungen von EP und Kontrastakzent dar. Während der EM der unbetonten Partikel der in ihrem Skopus stehenden Einstellung gilt, wird er durch die Integration mit der Bedeutung des Kontrastakzents zum Gegenstand der der Partikel übergeordneten Einstellung. Dabei ergibt sich aber eine Zwischenstufe, die u. U. sogar zu Widersprüchen führt, auf Grund derer das Integrationsergebnis als abweichend bewertet werden müßte (wie z. B. beim kontrastierten „ja“ im Imperativ). Nach der bisher angenommenen Abfolge der Interpretationsschritte würde bei der Interpretation eines Satzes wie

Konrad ist wahrscheinlich d o c h verreist.

im ersten Schritt festgelegt, daß der Sprecher die im Skopus der Partikel stehende Einstellung zu *p* potentiell bestätigt. Diese Festlegung müßte im zweiten Schritt durch die Integration der Partikelbedeutung mit der Bedeutung des Kontrastakzents partiell revidiert werden. Da eine kontrastierte Konstituente keine Einstellung in ihrem Skopus zuläßt, wird die Bedeutung von „doch“ auf die potentielle Bestätigung von *p* reduziert und bestimmt so den Gegenstand der durch den Kontrastakzent implizierten Einstellungsalternative als Assertion von *p*. Man kann jedoch diese korrigierende Uminterpretation vermeiden, wenn man *E* aus der Bedeutungsstruktur der Partikel erst nach der Interpretation der Partikel spezifiziert, und für den Fall, daß die Partikel kontrastiert ist, sogar erst nach der Integration der Bedeutungen von Partikel und Kontrastakzent:

(1) „doch“: *Ass'*$(E_s(p))$ *und IM*$($*nicht-*$E_x(p))$
(2) Kontrastakzent: *Pres*$(\alpha(p))$ *und* $E_y(\alpha = Ass)$ *und*
IM$($*nicht-*$E_x(\alpha = Ass))$ *und* $Ass'_s(p)$

In (2) wird *E* aus (1) unter dem Einfluß des Kontrastakzents eliminiert. Damit wird auch die durch „doch“ implizierte alternative Einstellung als alternatives Urteil uminterpretiert und fällt so mit der durch den Kontrastakzent implizierten Alternative zusammen.

(3) „wahrscheinlich“: E_y wird als $WAHRSCHEINLICH_y$ spezifiziert
(4) Dekl-SM: ... $Ass'(WAHRSCHEINLICH_\sigma(\alpha = Ass))$ und
$IM(neg_x(\alpha = Ass))$
(5) Dekl-SI: ... $Ass(WAHRSCHEINLICH_s(\alpha = Ass))$ *und*
$IM(neg_x(\alpha = Ass))$[59]

In

Konrad ist doch verreist?

wird die Einstellung E_y im 3. Schritt als pos_y spezifiziert und ihre potentielle Bestätigung im 5. als Nicht-Bestätigung uminterpretiert, wodurch gemäß R 4 eine negative Sprechereinstellung impliziert bzw. die bereits vorhandene negative Einstellung dem Sprecher zugeordnet wird:

(5) Interr-SI: ... $nicht\text{-}Ass(pos_x(\alpha = Ass))$ *und* $IM(neg_s(\alpha = Ass))$

Ganz allgemein gesehen ist der Kontrastakzent eine phonologisch-semantische Kategorie, deren Bedeutung sich mit der Bedeutung der kontrastierten Konstituente verbindet und deshalb immer zwischen der kontrastierten Konstituente und der ihr übergeordneten Belegung von *Ep* in die positionale Bedeutung des Satzes integriert wird. Welche Spezifizierung das vom Kontrastakzent vorausgesetzte α erfährt und in welchem Verhältnis α zur übrigen Bedeutung des Satzes steht, wird durch die Bedeutung der kontrastierten Konstituente und deren Verhältnis zur übrigen Bedeutung des Satzes bestimmt. So gilt der Kontrastakzent auf der Partikel „denn“ im Kontext einer Ergänzungsfrage der Assertion einer bestimmten Spezifizierung von *w*. Mit dem ersten Schritt wird in einer Ergänzungsfrage wie

Wo ist Nina denn gewesen?

das w-Pronomen „wo“ interpretiert:

(1) „wo“, *w-Pro*: $Pres(p^w)$ *und* $E_x((w = a)$ *oder* $(w = b)$ *oder* ...)

Mit „denn“ wird der Sprecher auf eine nicht-assertive Haltung bezüglich der Menge alternativer Spezifizierungsmöglichkeiten festgelegt und das Wissen eines anderen impliziert:

(2) „denn“: $nicht\text{-}Ass(E_x(w = a)$ *oder* $(w = b)$ *oder* ...) *und*
$IM(WISS_{nicht\text{-}s}(w = a)$ *oder* $(w = b)$ *oder* ...)

Der Kontrastakzent setzt dazu eine Variable über die Assertion einer bestimmten Spezifizierung von *w* voraus und macht sie zum Gegenstand der durch ihn implizierten Einstellungsalternative:

(3) KA: $Pres(\alpha(w = w_i))$ *und* $E_x(\alpha = Ass)$ *und* $nicht\text{-}E_y(\alpha = Ass)$

und aus (3)

$nicht\text{-}Ass_s((w = a)$ *oder* $(w = b)$ *oder* ...) *und IM* (s. o.)

[59] Die Vorgabe $Ass'_s(p)$ legt den Spielraum für die weitere Interpretation fest und würde, auch ohne daß *E* als opaque Einstellung spezifiziert wird, durch ein „Einfrieren“ der Variablen für den Einstellungsträger der von „doch“ implizierten alternativen Einstellung $IM(neg_x(p))$ die Anwendung von R 1 verhindern.

E_x kann wegen der Spezifik von Ergänzungsfragen nur als implizierte positive Einstellung spezifiziert werden, die von einem anderen (einem Dritten) bestätigt worden war (vgl. R 3), die der Sprecher aber — wegen seiner obligatorisch nicht-assertiven Haltung — zunächst per Implikatur zurückweist:

(4) Nullmorphem: $IM(pos_x(\alpha = Ass)$ *und* $neg_s(\alpha = Ass) \ldots)$

Die Menge alternativer Spezifizierungsmöglichkeiten von *w* wird durch den interrogativen Satzmodus potentiell und durch die interrogative Satzintonation de facto nicht bestätigt:

(5) Interr-SM: *nicht-Ass'*$(pos_x(w = a)$ *oder* $(w = b)$ *oder* $\ldots)$ *und IM* wie oben
(6) Interr-SI: *nicht-Ass*$(pos_x(w = a)$ *oder* $(w = b)$ *oder* $\ldots)$ *und IM* wie oben.

Wird eine Ergänzungsfrage durch die Konstrastierung des *w*-Pronomens als Rückfrage interpretierbar, so fällt die Variable *w* aus der mit der Ergänzungsfrage vorausgesetzten propositionalen Bedeutung mit der durch den Kontrastakzent vorausgesetzten Variablen α zusammen, so daß die vom Kontrastakzent implizierte Einstellungsalternative direkt einer bestimmten Spezifizierung von *w* gilt. Anstelle der Angaben in (2) und (3) oben steht bei der Interpretation von

Wo ist Nina gewesen?

(2) KA: $Pres(p_\alpha)$ *und* $E_x(\alpha = w_i)$ *und nicht-*$E_y(\alpha = w_i)$,

wobei E_x, das im nächsten Schritt wiederum als positive Einstellung spezifiziert wird, gemäß R 3 bereits von einem anderen Einstellungsträger bestätigt worden war. Während das kontrastierte „denn" ein alternatives Urteil bezüglich einer bestimmten Spezifizierung von *w* impliziert, impliziert das kontrastierte *w*-Pronomen nur eine alternative Einstellung dazu.

24.2. Obwohl Nebensätze von komplexen Sätzen keinen eigenen SM und keine eigene SI haben können, kommt ihnen über die Bedeutung des Satzkonnektors, Konn, ein eigener EM zu (bzw. eine epistemische Bedeutung, die einem EM entspricht):

Konn: *EM*

Damit kann die unter (A) angegebene Abfolge positionaler Ausdrucksmittel nicht nur von den zum selbständigen Satz gehörenden SI + SM, sondern auch von der zum Nebensatz gehörenden Kategorie Konn eingeleitet werden. Allerdings variiert die Integration der Bedeutung des Nebensatzes in Abhängigkeit von der spezifischen syntaktisch-semantischen Kategorie des Satzkonnektors. In Einstellungssätzen realisiert Konn (in der Form von „daß" oder „ob") eine EM-Variable, die durch das Prädikat des Matrixsatzes, VP_{Pos}, als assertiver oder nicht-assertiver EM_p spezifiziert wird. Zusammen mit dem Konnektor stellt VP_{Pos} das Bindeglied für die Integration der positionalen Bedeutungen von Neben- und Matrixsatz dar:

$$\ldots Ep + VP_{Pos} + Konn + \ldots Ep_{NS}$$

So wie die semantische Kategorie *E* durch die semantische Kategorie EM vervollständigt werden muß, muß EM_p durch *E* ergänzt werden (was dann seinerseits durch EM zu vervollständigen ist). Einstellungssätze haben deshalb mindestens sechs obligatorische positionale Ausdrucksmittel:

$$SI + SM + \ldots Ep + VP_{Pos} + Konn + \ldots Ep_{NS}$$

Die Interpretation eines Satzes wie

Nina weiß wahrscheinlich, ob Konrad verreist ist.

erfolgt in sechs Schritten:

$SI + SM + Ep + VP_{Pos} + Konn + Ep_{NS}$

Dabei lauten die Bedeutungsstrukturen von „ob“:

„ob“, *Konn*: $E_y(EM_p(E_x^{NS})$ *oder nicht*-$E_x^{NS}(p_{NS})))$

und von

„wissen“, VP_{Pos}: $E_y(Ass_p(WISS_{ps}(\alpha = E^{NS})))$ und $Pres(\alpha(p_{NS})$ und $(\alpha = E^{NS}))$

„Ob“ ist ein Element der syntaktischen Kategorie *Konn*, das der semantischen Kategorie EM_p zugeordnet ist; E^{NS} wird durch ein Element der syntaktischen Kategorie *Ep* (aus dem Nebensatz) und EM_p durch ein Element der syntaktischen Kategorie VP_{Pos} (aus dem Matrixsatz) spezifiziert, wobei E^{NS} durch „ob“ zu einer alternativen Einstellung in Bezug gesetzt wird.

„Wissen“ ist ein Element der syntaktischen Kategorie VP_{Pos}, das den semantischen Kategorien EM_p und E_{ps} zugeordnet ist; EM_p wird als Ass_p und E_{ps} als $WISS_{ps}$ spezifiziert und auf die vorausgesetzte Spezifizierung einer Einstellungsvariablen, E^{NS}, durch ein Element aus Ep_{NS} bezogen.

Interpretation:

(1) Nullmorphem_{NS}: $pos_x(p_{NS})$
(2) „ob“, *Konn*: $E_y(EM_p(pos_x(p)$ *oder* $neg_x(p)))$
(3) „wissen“, VP_{Pos}: $E_y(Ass_p(WISS_{ps}((\alpha = pos)$ *oder* $(\alpha = neg))))$
$Pres(\alpha(p_{NS})$ *und* $(\alpha = pos)$ *oder* $(\alpha = neg))$

Da die Einstellung des Nebensatzes durch „ob“ als Einstellungsalternative bestimmt ist, ist auch der Gegenstand der als *WISSEN* spezifizierten Einstellung eine Einstellungsalternative.

(4) „wahrscheinlich“: $WAHRSCHEINLICH_y(Ass_p(WISS_{ps}$ ... siehe (3)))
(5) Dekl-SM: $Ass'(WAHRSCHEINLICH(Ass_p(WISS_{ps}$ ... siehe (3))))
(6) Dekl-SI: $Ass(WAHRSCHEINLICH_s(Ass_p(WISS_{ps}$ ... siehe (3))))

Wird ein „Ob“-Satz selbständig, als indirekte Entscheidungsfrage verwendet, wie in

Ob Konrad verreist ist?,

dann bleiben die meisten Variablen aus der damit verbundenen Bedeutungsstruktur unspezifiziert bzw. werden erst aus der mit dem letzten Schritt interpretierten Satzintonation über sprachlogische Zusammenhänge nachträglich bestimmt:

(1) und (2) wie oben: $E_y(EM_p(pos_x(p_{NS})$ *oder* $neg_x(p_{NS})))$
(3) VP_{Pos} —
Mangels Matrixsatzes erfolgt keine Spezifizierung von EM_p und keine Modifizierung von E^{NS}.
(4) Ep_{HS} —: $pos_y(EM_p(pos_x(p_{NS})$ *oder* $neg_x(p_{NS})))$
Die Einstellung bezüglich des propisitional realisierten Einstellungssachverhalts bleibt aus demselben Grund unspezifiziert, kann jedoch als eine — durch ein Nullmorphem bestimmte — positive Einstellung verstanden werden.

(5) *SM* —:
Der potentielle EM bleibt unspezifiziert.

(6) *Interr-SI*: $nicht\text{-}Ass(pos_y(EM_p(pos_{nicht\text{-}s}(p_{NS})\ oder\ neg_{nicht\text{-}s}(p_{NS}))))$
Die Bedeutung der interrogativen Satzintonation spezifiziert die Sprecherhaltung als nicht-assertiv, wodurch der propositional realisierte Einstellungssachverhalt einem anderen zugeordnet wird. Die interrogative Satzintonation kann aber auch EM_p als nicht-assertive Sprecherhaltung bestimmen, wodurch EM als assertive Sprecherhaltung verstanden wird:

$$EM(pos_y(nicht\text{-}Ass_p(pos_s(p_{NS})\ oder\ neg_s(p_{NS}))))$$

Eine emphatisch uminterpretierte indirekte Entscheidungsfrage wie

Und o b das schmeckt!

ist demgegenüber um die Interpretationsstufe des Kontrastakzents auf „ob“ erweitert:

(1) und (2) wie oben

(3) Kontrastakzent: $Pres(\alpha(p_{NS}))\ und\ E_x(\alpha = nicht\text{-}Ass)\ und$
$IM(nicht\text{-}E_y(\alpha = nicht\text{-}Ass))$
Die durch die Kontrastierung von „ob“ vorausgesetzte Variable wird gemäß der Einstellungsalternative, die „ob“ etabliert, und auf Grund der Tatsache, daß kontrastierte Konstituenten keine Einstellung in ihrem Skopus zulassen, als Nicht-Bestätigung von p_{NS} bestimmt.

(4) Ep_{HS} — kann als Nullmorphem verstanden werden: E_x und $nicht\text{-}E_y$ werden als pos_x und neg_y spezifiziert.

(5) SM: Der potentielle EM bleibt unspezifiziert.

(6) Dekl-SI: $Ass(neg_s(\alpha = nicht\text{-}Ass))\ und\ IM(pos_{nicht\text{-}s}(\alpha = nicht\text{-}Ass))$
Dem Sprecher, der durch die deklarative Satzintonation auf die Bestätigung von *p* festgelegt ist, wird die negative Einstellung bezüglich der Nicht-Bestätigung von *p* zugeordnet (womit die implizierte alternative Einstellung dazu einem anderen zugeordnet wird). (Da der propositionale EM in die Bedeutung des Kontrastakzents integriert ist, kann die Satzintonation hier nur den EM des Einstellungssatzes spezifizieren und nicht auch den des Nebensatzes.)

24.3. Auch Teilsätze aus adverbiellen Satzgefügen haben einen EM, genauer gesagt, eine epistemische Bedeutung, die der eines assertiven oder nicht-assertiven EM entspricht und durch die Bedeutung des (adverbiellen) Satzkonnektors bestimmt wird. So legt die Spezifik einer konditionalen Relation fest, daß die epistemische Bedeutung des Nebensatzes dem nicht-assertiven EM entspricht, unabhängig davon, ob der Satzmodus des ganzen Satzgefüges einen assertiven oder nicht-assertiven EM bestimmt. Die konditionale Relation selbst ist Gegenstand des Urteils, dessen EM durch Satzmodus und Satzintonation bestimmt wird. Die bestätigte oder nicht-bestätigte Einstellung zu dieser Relation wird durch das epistemische Ausdrucksmittel des Hauptsatzes, Ep^{HS}, spezifiziert:

„wenn“, *Konn*: $EM(E_x^{HS}(kond(p_{NS}, p_{HS})))\ und\ EM(E_x^{NS}(p_{NS})$
$oder\ nicht\text{-}E_x^{NS}(p_{NS}))$

Die Interpretation des Satzes

Wenn es regnet, bleiben wir wahrscheinlich zu Hause.

erfolgt in insgesamt fünf Schritten, von denen zwei die positionalen Ausdrucksmittel des Nebensatzes betreffen:

(1) „wenn" siehe oben
(2) Nullmorphem$_{NS}$: . . . $pos_x(p_{NS})$ *oder* $neg_x(p_{NS})$
(3) „wahrscheinlich"$_{HS}$: $WAHRSCHEINLICH_x(kond(p_{NS}, p_{HS}))$ *und* siehe (2)
(4) Dekl-SM: $Ass'(WAHRSCHEINLICH_\sigma(kond(p_{NS}, p_{HS})))$ *und* siehe (2)
(5) Dekl-SI: $Ass(WAHRSCHEINLICH_s(kond(p_{NS}, p_{HS})))$ *und* siehe (2)

In einem selbständig verwendeten Konditionalsatz wie

Wenn er doch käme!,

dessen Bedeutung eine (durch die konjunktivische Verbform bedingte) zusätzliche Interpretationsstufe enthält, wird die Funktion des deklarativen Satzmodus durch die Partikel übernommen.

(1) „wenn", wie oben
(2) Konjunktiv: $WILL_x(p_{NS})$ *und* $IM(nicht\text{-}E_x(p_{NS}))$
Der Konjunktiv identifiziert in einer seiner Bedeutungen eine intentionale Einstellung, die eine negative epistemische Einstellung impliziert.
(3) „doch": $Ass'(WILL_s(p_{NS}))$ *und* $IM(nicht\text{-}E_s(p_{NS})$ *und* $E_x(p_{NS}))$
Die Partikel gilt der positionalen Bedeutung des Nebensatzes, die sie dem Sprecher zuordnet und zu einer alternativen (epistemischen) Möglichkeit in Bezug setzt. Durch die Bedeutung des Konjunktivs steht fest, daß der Träger der intentionalen und der negativen Einstellung identisch sind, weswegen die Spezifizierung der Einstellungsträger der durch „doch" aufeinander bezogenen alternativen Einstellungen den Vorgaben des Konjunktivs folgt.
(4) Nullmorphem$_{NS}$: . . . $IM(neg_s(p_{NS})$ *und* $pos_x(p_{NS}))$
Im Kontext einer intentionalen Einstellung spezifiziert Ep implizierte epistemische Einstellungen.
(5) Ep_{HS}: Da es keinen Hauptsatz gibt, bleibt E_{HS} unspezifiziert.
(6) SM: Da es auch keinen Satzmodus gibt, wird die mit (1) verbundene Einstellung bezüglich einer konditionalen Relation aus sprachlogischen Gründen als implizierte positive Sprechereinstellung interpretiert:
$IM(pos_s(kond(p_{NS}, p_{HS})))$
(7) Dekl-SI: $Ass(WILL_s(p_{NS}))$ *und* $IM(neg_s(p_{NS})$ *und* $pos_x(p_{NS})$ *und* $pos_s(kond(p_{NS}, p_{HS})))$
Spätestens mit der De-facto-Bestätigung der positionalen Bedeutung des NS durch die SI wird der NS als selbständiger Satz interpretiert. So wie die Interpretation der Satzintonation im selbständig verwendeten „ob"-Satz an die des Satzkonnektors anschließt (der damit an die Stelle des fehlenden SM tritt), schließt sie im selbständig verwendeten Konditionalsatz an die der EP an (die so ebenfalls den fehlenden SM ersetzt).

24.4. Kontextuelle Verwendungsbedingungen können im Prinzip auf jeder Interpretationsstufe verletzt werden. Würde im letzten Beispiel die Bedeutung von „doch" fehlen, so bliebe der Einstellungsträger unspezifiziert — die Satzintonation allein könnte diese Funktion nicht übernehmen; das Interpretationsresultat müßte als abweichend bewertet werden:

(7) Dekl-SI: *$Ass(WILL_x(p))$ *und* $neg_x(p)$

Stünde anstelle von „doch“ „ja“, so käme es zu einem Widerspruch zwischen der vom Konjunktiv implizierten negativen Einstellung und der mit „ja“ zu verbindenden positiven Einstellung:

(4) „ja“, *EP*: $*Ass(WILL_s(p_{NS}))$ *und* $IM(neg_s(p_{NS})$ *und* $pos_s(p_{NS}))$

Wäre E_{NS} durch ein opaques Satzadverb wie „wahrscheinlich“ spezifiziert, so würde die in S1 festgelegte Verwendungsbedingung für opaque Einstellungen durch die vom Konjunktiv implizierte negative Einstellung verletzt:

(3) „wahrscheinlich“, SA_{ep}: $* \ldots IM(neg_x(\alpha = WAHRSCHEINLICH))$

etc.

Besonders intrikat sind jene Fälle, in denen Verwendungsbeschränkungen bestimmter Ausdrucksmittel gegenüber einem übergeordneten Kontext durch dazwischengeschaltete Interpretationsstufen aufgehoben werden. Das wegen seiner Einstellungsalternative in Ergänzungsfragen normalerweise ausgeschlossene „doch“:

**Wo ist Nina doch gewesen?*

wird akzeptabel, wenn das Fragepronomen kontrastiert und somit die alternativen Spezifizierungsmöglichkeiten einer Ergänzungsfrage um eine bestimmte Spezifizierung erweitert werden, auf die sich dann nicht nur die vom Kontrastakzent realisierte, sondern auch die mit „doch“ verbundene Einstellungsalternative beziehen läßt:

(1) „wo“, *w-Pro*: $Pres(p^w)$ *und* $E_x((w = a)$ *oder* $(w \doteq b)$ *oder* $\ldots)$
(2) KA: $Pres(p^\alpha)$ *und* $E_y(\alpha = w_i)$ *und* $IM(nicht\text{-}E_z(\alpha = w_i))$ *und* $E_x \ldots$ (siehe oben)
(3) „doch“: $\ldots Ass'(E_s(\alpha = w_i))$ *und* $IM(nicht\text{-}E_z(\alpha = w_i)) \ldots$
(4) Nullmorphem: Die Variable *E* wird in allen ihren Vorkommen als positive Einstellung bestimmt.
(5) Interr-SM: $Pres(p^\alpha)$ *und* $nicht\text{-}Ass'(pos_x(w = a)$ *oder* $(w = b) \ldots)$ *und* $Ass' \ldots$ (siehe (3))
    Zwischen (4) und (5) entsteht kein Widerspruch, da „doch“ und der Interr-SM dank (2) verschiedene Argumente haben.
(6) Interr-SI: $nicht\text{-}Ass(pos_x(w = a)$ *oder* $(w = b)$ *oder* $\ldots)$ *und*
    $IM(pos_s(\alpha = w_i)$ *und* $neg_z(\alpha = w_i))$
    Die potentiell assertierte Sprechereinstellung wird zur implizierten Einstellung.

Gäbe es die Interpretationsstufe (2) nicht, so würde sich „doch“ auf die Menge alternativer Spezifizierungsmöglichkeiten von *w* beziehen, zu deren potentieller Assertion es keine epistemische Alternative gibt.

Stünde anstelle von „doch“ „wohl“, das sich an sich auf die alternativen Spezifizierungsmöglichkeiten einer Ergänzungsfrage beziehen kann, so müßte (4) wegen der vorangegangenen Interpretationsstufe des Kontrastakzents als inakzeptabel bewertet werden, da die Implikationen des Kontrastakzents auf „wo“ nicht mehr zum Gegenstand einer Vermutung werden können. Die vom kontrastierten *w*-Pronomen implizierte Bestätigung einer bestimmten Spezifizierung von *w* ist nur noch mit einer uneingeschränkt positiven und nicht mehr mit einer auf eine Vermutung beschränkten positiven Einstellung kompatibel.

Wie der Kontrastakzent auf dem Fragepronomen „doch“ in einer Ergänzungsfrage verwendbar macht, macht „doch“ „werden“ in einer Sekundärfrage verwendbar.

Obwohl „werden“ an sich in keiner Frage, auch in keiner Sekundärfrage, akzeptabel ist, wird es dies, wenn die Verbindung zwischen dem Modalverb und dem nicht-assertiven EM durch „doch" vermittelt wird. Durch die potentiell assertive Bedeutung dieser Partikel steht in

Konrad wird doch nicht verreist sein?

die durch das Modalverb in Zukunft zu bestätigende negative Sprechereinstellung im Skopus einer potentiell assertierten positiven Einstellung, die dadurch der in R4 festgelegten Uminterpretation entzogen ist (man vgl. dazu 22.4.).

(1) „werden": $Ass'(pos_\sigma(Ass_f(E_s(p))))$
Die im Skopus des Modalverbs stehende Einstellung wird dem Sprecher zugeordnet und von einem noch variablen Einstellungsträger als zukünftig bestätigt potentiell asssertiert.

(2) „doch": $Ass'(pos_s(Ass(E_s(p))))$ *und* $IM(neg_x(Ass_f(E_x(p))))$[60]
Die potentielle Assertion der im Skopus von „doch" stehenden Einstellung wird dem Sprecher zugeordnet und zu einer implizierten alternativen Einstellung in Bezug gesetzt.

(3) „nicht": $Ass'(pos_s(Ass_f(neg(p))))$ *und* $IM(neg_x(Ass_f(neg_x(p))))$
E wird als *neg* spezifiziert.

(4) Dekl-SM: (siehe (3))

(5) Interr-SM: *nicht-*$Ass(pos_x(Ass_f(neg_s(p))))$ *und*
$IM(pos_s(Ass_f(neg_s(p))))$ *und* $IM(neg_x$ ... wie (3))
Die potentielle Assertion aus (3) wird zum implizierten Einstellungssachverhalt, der Einstellungsträger der alternativen Einstellung bleibt gemäß R2 unspezifiziert.

Das kontrastierte „doch" könnte die Verwendungsbeschränkung gegen „werden" in der Sekundärfrage nicht aufheben. Würde (2) mit der Bedeutung des Kontrastakzents integriert, so müßte „nicht" als Teil der propositionalen Bedeutung interpretiert werden (da ja zwischen der kontrastierten Konstituente und der propositionalen Bedeutung kein Element aus Ep stehen kann).

(3) $Pres(\alpha(nicht\text{-}p))$ *und* $E_x(\alpha = Ass)$ *und* $IM(neg_y(\alpha = Ass))$ ...

Dabei würde offen gelassen, welche der alternativen Einstellungen, die der Kontrastakzent auf die vorausgesetzte EM-Variable bezieht, dem Sprecher zugeordnet wird, so daß in der 5. Stufe R4 zur Anwendung käme. Damit würde aber dem Sprecher die implizierte negative Einstellung zugeordnet, was — da aus der negativen Einstellung zu einer negativen Einstellung bezüglich *p* eine positive Einstellung bezüglich *p* folgt — einen Widerspruch zu der Vorgabe aus (2) ergäbe.

Gegenüber dem Imperativ schafft der Kontrastakzent aber wie z. B. in *Komm ja!* wieder die nötige positionale Kontextbedingung für die Verwendung von „ja", indem er die epistemische Einstellung im Skopus der Partikel eliminiert und die Assertionsvariable dem intentionalen Einstellungssachverhalt zuordnet:

[60] Da die Einstellung *E* in der Bedeutungsstruktur von „werden" dem Sprecher zugeordnet wird, weil dieser ihre zukünftige Bestätigung assertiert oder impliziert, muß *E* in dem von „doch" implizierten alternativen Einstellungssachverhalt demjenigen Einstellungsträger zugeordnet werden, der die zukünftige Bestätigung von *E* negiert.

(1) Imperativ: $Ass(WILL_s(A))$ *und* $IM(E_s(A)$ *oder nicht-*$E_s(A))$
(2) „ja": $Ass(E_s(p))$ *und* $IM(E_x(p))$
(3) Kontrastakzent: $Pres(\alpha(WILL(A)))$ *und* $E_y(\alpha = Ass)$ *und*
$IM($*nicht-*$E_z(\alpha = Ass)$ *und* $E_x(\alpha = Ass))$
Auch die von „ja" implizierte Einstellung wird damit auf den intentionalen Einstellungssachverhalt bezogen.
(4) Nullmorphem: . . . $pos_y(\alpha = Ass)$ etc.
(5) Dekl-SM: $Ass'(pos_\sigma(\alpha = Ass))$ etc.
(6) Dekl-SI: $Ass(pos_s(\alpha = Ass))$ etc.

Durch das vorausgesetzte intentionale Argument zu α ist die Interpretation von (6) als Aufforderung gewährleistet. Die implizierte alternative Einstellung dazu wird gemäß R 1 einem anderen Einstellungsträger zugeordnet.

24.5. Ich möchte meine Ausführungen über die schrittweise Interpretation positionaler Ausdrucksmittel in einfachen und komplexen Sätzen mit einigen Überlegungen zur Integration der positionalen Bedeutung mit der übrigen Satzbedeutung abschließen. In bezug auf die unterschiedlichen semantisch-syntaktischen Integrationsbedingungen von positionaler und propositionaler Bedeutung lassen sich die meisten der in dieser Arbeit betrachteten Sätze in drei Gruppen zusammenfassen: einfache Sätze, komplexe Sätze mit epistemischen Konnektoren, komplexe Sätze mit adverbiellen Konnektoren.

Die Bedeutung der obligatorischen positionalen Ausdrucksmittel gilt in einfachen Sätzen der Bedeutung, die durch den ganzen Satz abzüglich des Elements aus der Kategorie *Ep* determiniert wird:

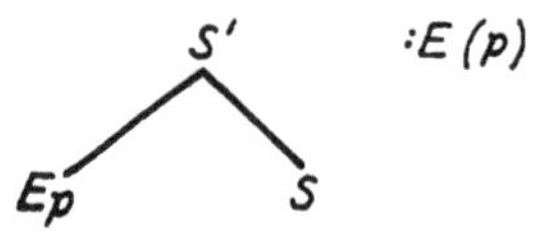

Da *Ep* ein Element aus der Kategorie *Pos* ist, wird *S'* anschließend mit *SM* bzw. *SI* integriert:

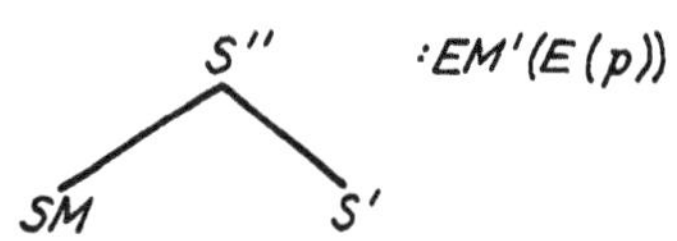

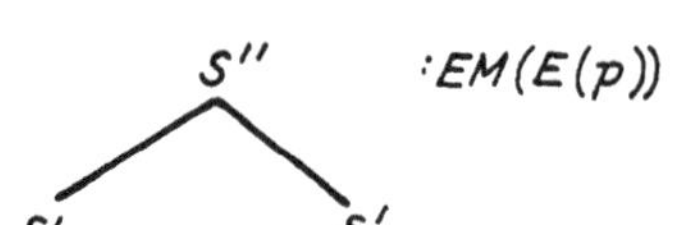

S' kann auch fakultativ und wiederholt (bis zu dreimal) mit *EP* integriert werden:

Interpretations- und Selektionsregeln, wie R1—R5 und S4, sorgen dafür, daß die Elemente aus der EM-spezifizierenden Kategorie in einer bestimmten Reihenfolge mit S' integriert werden.

Handelt es sich um einen komplexen Satz, der ein positionales Prädikat, VP_{Pos}, enthält, so wird die positionale Bedeutung des Nebensatzes über die des Satzkonnektors mit der Bedeutung des Prädikats integriert:

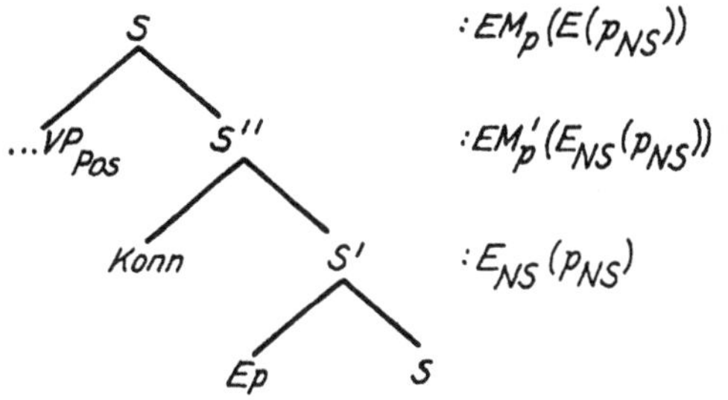

Die propositonale Bedeutung des Nebensatzes ist also die Bedeutung des Nebensatzes abzüglich der Bedeutungen von *Ep* und *Konn*. Seine positionale Bedeutung kann, wie die des selbständigen Satzes, um fakultative Ausdrucksmittel erweitert werden, wobei der Spielraum für eine Modifikation von E_{NS} durch die übergeordnete positionale Bedeutung (insbesondere durch S1) stark eingeschränkt ist.

Handelt es sich bei einem komplexen Satz um ein adverbielles Satzgefüge, so wird dessen propositionale Bedeutung durch die Integration der propositionalen Bedeutung von HS und NS mit der Bedeutung des adverbiellen Konnektors bestimmt: $R(p_{NS}, p_{HS})$. Im übrigen wird die Bedeutung des Nebensatzes wieder mit der der Kategorie EP integriert, das Resultat mit der positionalen Bedeutung des Satzkonnektors und die Bedeutung des ganzen Satzes mit der der Kategorie *Ep* aus dem Hauptsatz. (Unter bestimmten Bedingungen kann die Bedeutung von Ep_{HS} allerdings auch nur mit der propositionalen Bedeutung des Hauptsatzes integriert werden, vgl. dazu noch einmal die Anmerkung 15.)

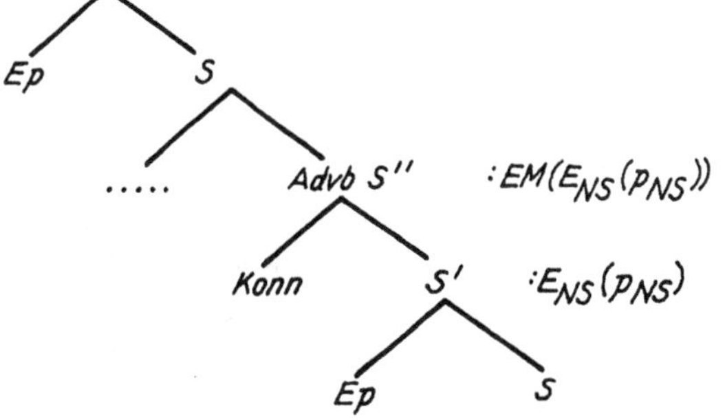

Bezüglich der weiteren Integration mit SM und SI bzw. den fakultativen positionalen Ausdrucksmitteln gilt dasselbe wie oben.

Schlußbemerkungen

Will man die Annahme über die Bedeutung eines sprachlichen Zeichens vor allem aus seinem Verhalten im Kontext anderer Ausdrucksmittel aus demselben Bedeutungsbereich herleiten, so kommt man nicht umhin, schließlich Annahmen über den gesamten einschlägigen Bedeutungsbereich zu machen. Die Fülle der Probleme, die sich aus einer solchen Zielstellung ergeben, kann nur bewältigt werden, wenn man auf eine tiefergehende und umfassende Analyse des einzelnen sprachlichen Ausdrucksmittels verzichtet. Unberücksichtigt blieben z. B. die Auswirkungen des Konjunktivs und des Tempus in Einstellungssätzen, der Zusammenhang zwischen EP, Koordinativen EP und Gradpartikeln, Modifikationen durch Veränderungen in der Wortfolge usw. usf. Auch wenn nicht auszuschließen ist, daß die kontextuellen Eigenschaften der unbeachtet gebliebenen Ausdrucksmittel noch gewisse Modifikationen in den Annahmen über die hier behandelten Ausdrucksmittel erforderlich machen, kann man erwarten, daß die Spezifik des positionalen Bedeutungsbereichs bereits richtig erfaßt ist. Die eingeführten Differenzierungen zwischen Einstellung und Einstellungsmodus, zwischen wörtlichen, implizierten und vorausgesetzten Einstellungen, zwischen propositionaler und nicht-propositionaler Bedeutung, zwischen transparenten und opaquen Einstellungen sind für die Beschreibung von positionalen Ausdrucksmitteln ebenso wie für die Erklärung ihres unterschiedlichen Kontextverhaltens unerläßlich. Obwohl diese Differenzierungen in Verbindung mit den unterschiedlichen Spezifizierungen der jeweiligen Einstellungsträger bereits eine ziemlich große Anzahl von positionalen Ausdrucksmitteln voneinander unterscheiden und ihr kontextuelles Verhalten untereinander erklären, handelt es sich doch nur um die allgemeinste Differenzierung positionaler Bedeutung, die innerhalb der Gruppen opaquer Satzadverbien, transparenter Satzadverbien oder epistemischer Prädikate aus den Einstellungssätzen keine weitere Unterscheidung erlaubt. Vermutlich lassen sich aber auch die hier nicht weiter zerlegten Einstellungen wie WAHRSCHEINLICH, WIRKLICH, DENKEN usw. in Strukturen aus wörtlichen und indirekten Einstellungen zerlegen. Da ihre Spezifik jedoch wiederum nur durch einen umfassenden Vergleich aller kontextuellen Eigenschaften zu ermitteln ist, muß die Frage, um welche Elemente das hier benutzte Inventar von positiv und negativ (bestätigt oder nicht bestätigt, impliziert oder vorausgesetzt) zu erweitern wäre, vorerst unbeantwortet bleiben. Nur die Spezifik von Modalverben und EP ist (neben der der Negation und des Kontrastakzents) im wesentlichen schon durch die verschiedenen Kombinationen dieser Grundelemente charakterisierbar. Dennoch glaube ich, mit der Demonstration der schrittweisen Interpretation ganzer Sätze nachgewiesen zu haben, daß es auch in diesem, wegen seiner extremen Kontextabhängigkeit so sehr oszillierenden Bedeutungsbereich möglich ist, die verschiedenen Interpretationsmöglichkeiten und Verwendungsbeschränkungen seiner Ausdrucksmittel mit einem Grundinventar von einigen, relativ wenigen Bedeutungselementen und einer geringen Zahl von Interpretations- und Selektionsregeln zu erfassen. Daß die grundlegenden Annahmen für die Analyse von positionalen Ausdrucksmitteln der deutschen Sprache aufgestellt wurden, ändert nichts an der Tatsache, daß sie für die Beschreibung des positionalen Bedeutungsbereichs in jeder Sprache in Betracht kommen. Soweit vergleichbare syntaktisch-semantische oder phonologisch-semantische Kategorien existieren, dürften auch die Annahmen über die Bedeutungsstrukturen der verschiedenen Klassen positionaler Ausdrucksmittel und ihre Integration zur positionalen Bedeutung ganzer Sätze in anderen Sprachen Anwendung finden, wobei die Spezifizierung von variablen Elementen (also auch R1—R5) ohnehin zu einem großen Teil auf allgemeinlogischen und sprachlogischen Zusammenhängen beruht, die von der einzelnen Sprache unabhängig sein müssen. Unterschiede zwischen den Sprachen sind vor allem bezüglich der Bedeutungsstrukturen einzelner positionaler Ausdrucksmittel zu erwarten.

Vieles an zwischensprachlichen Unterschieden mag gerade in diesem Bereich durch eine verstärkte Einbeziehung außersprachlicher Kenntnisse und Vorstellungen auszugleichen sein. Dennoch dürfte es nicht in jedem Fall möglich sein, eine analoge Konstellation von Einstellungen und Urteilen entstehen zu lassen. Wollte man die der Arbeit vorangestellte „Wahrheitssuche" z. B. ins Englische übersetzen, so ließe sich zwar ein vergleichbares „Sprachspiel" mit epistemischen Einstellungen herstellen, die explizit und implizit realisierten positionalen Bedeutungen der einzelnen Sätze wäre aber auch dann nicht in allen Fällen äquivalent wiederzugeben, wenn sämtliche Implikationsmöglichkeiten bei der Aufrechnung berücksichtigt würden.

Literaturverzeichnis

H. Altmann (1976), Die Gradpartikeln im Deutschen. Untersuchungen zu ihrer Syntax, Semantik und Pragmatik, Tübingen

B. Asbach-Schnitker (1977), Die Satzpartikel „wohl“. In: H. Weydt (Hrsg.), Aspekte der Modalpartikeln, S. 38—62, Tübingen

M. Bierwisch (1980), Semantic Structure and Illocutionary Force. In: J. R. Searle, F. Kiefer, M. Bierwisch (Hrsg.), Speech Act Theory, S. 1—35, Dordrecht

W. Bublitz (1978), Ausdrucksweisen der Sprechereinstellung im Deutschen und Englischen, Tübingen

J. P. Calbert (1975), Toward the Semantics of Modality. In: Studien zur deutschen Grammatik 1, S. 1—70, Tübingen

F. Daneš (1972), Order of Elements and Sentence Intonation. In: D. Bolinger (ed.), Intonation, S. 216—232, Penguin Books

M. Doherty (1979), Wohl. In: Linguistische Studien des Zentralinstituts für Sprachwissenschaft der Akademie der Wissenschaften der DDR, Reihe A, H. 60, S. 101—140, Berlin

— (1981), Grundlagen einer Theorie über sprachliche Ausdrucksmittel epistemischer Einstellungen (Diss. B), Berlin

J. Fodor (1977), Semantics: Theories of Meaning in Generative Grammar, New York

P. Grice (1975), Logic and Conversation. In: P. Cole, J. L. Morgan (eds.), Syntax and Semantics, Vol. 3, S. 41—58, New York

D. Hartmann (1977), Aussagesätze, Behauptungshandlungen und die kommunikativen Funktionen der Satzpartikeln „ja“, „nämlich“ und „einfach“. In: H. Weydt (Hrsg.), Aspekte der Modalpartikeln, S. 101—114, Tübingen

G. Helbig (1977), Partikeln als illokutive Indikatoren im Dialog. In: Deutsch als Fremdsprache 1, S. 30—44, Leipzig

L. Karttunen (1973), Implicative verbs. In: J. S. Petöfi, D. Franck (Hrsg.), Präsuppositionen in Philosophie und Linguistik, S. 285—314, Frankfurt/Main

R. Kempson (1979), Presupposition and the Definition of Semantics, Cambridge (Mass.)

P. Kiparsky, C. Kiparsky (1973), Fact. In: J. S. Petöfi, D. Franck (Hrsg.), Präsuppositionen in Philosophie und Linguistik, S. 315—354, Frankfurt/Main

E. König (1977), Modalpartikeln in Fragesätzen. In: H. Weydt (Hrsg.), Aspekte der Modalpartikeln, S. 115—130, Tübingen

A. Kratzer (1977), Modale, Konditionale und Kontexttheorie, Konstanz

E. Lang (1977), Semantik der koordinativen Verknüpfung. In: Studia grammatika XIV, Berlin

— (1979), Zum Status der Satzadverbien. In: Slovo a slovesnost, XL, S. 200—213, Prag

E. Lang, R. Steinitz (1977), Können Satzadverbiale performativ gebraucht werden? In: Linguistische Studien des Zentralinstituts für Sprachwissenschaft der Akademie der Wissenschaften der DDR, Reihe A, H. 42, S. 51—96, Berlin

J. Pheby (1975), Intonation und Grammatik im Deutschen. In: Sammlung Akademie-Verlag 19, Berlin

J. R. Ross (1970), On declarative sentences. In: R. A. Jacobs, P. S. Rosenbaum (eds.), Readings in English Transformational Grammar, S. 222—277, Cambridge (Mass.)

J. R. Searle (1969), Speech Acts, Cambridge (Mass.)

— (1975), Indirekt speech acts. In: P. Cole, J. L. Morgan (eds.), Syntax and Semantics, Vol. 3, New York

R. L. Stalnaker (1973), Pragmatics. In: J. S. Petöfi, D. Franck (Hrsg.), Präsuppositionen in Philosophie und Linguistik, S. 389—408, Frankfurt/Main

H. Weydt (1969), Abtönungspartikel, Berlin, Zürich

D. Wunderlich (1976), Studien zur Sprechakttheorie, Frankfurt/Main

Summary

Monika Doherty, Epistemic Meaning, in: Studia Grammatica XXIII

The study was begun as an attempt to describe the semantic properties of German particles like „ja", „doch", „denn". In view of their high context sensitivity, it was extended onto sentential adverbs like "probably", sentential negation, sentential mood (delarative, interrogative sentences, and imperatives), verbs of thinking and modal verbs. These classes of expressions were assumed to be semantically related to the particles since they function as a relevant context for the restrictions and interpretations of particles. The assumption was based on two general hypotheses:

(1) The meaning of each sentence is build up, step by step, from the meaning of its individual lexical, syntactic and phonological means (and completed by the extra-linguistic ideas related to the linguistically determined meaning and the situation of the utterance). Each linguistic element has one (or several) basic meaning(s), which can contain a number of variable elements to be specified differently by different contexts, accounting for the different interpretations in different contexts.

(2) A great deal of linguistic restrictions, i.e. restrictions which no extraordinary situation whatsoever could eliminate, are due to semantic incompatibilities. Linguistic restrictions can therefore serve as a clue to elements of the meaning of the individual linguistic means which might escape a purely interpretative analysis.

The extension of the classes of linguistic means analysed was necessarily accompanied by a shift in focus from the particularities of a subclass to the general properties of the most basic elements of a wide field of semantically related means of expression. The domain entered thus centres around the logical semantic notions of propositions and truth values on the one side, and that of speech acts of asserting, requesting, etc. on the other, and has up to now been claimed by two opposing theories: model theoretical semantics and speech act theory.

There can be no doubt that the meaning of most sentences contains a part corresponding to something like a proposition, and that all independent sentences have, when uttered, some illocutionary function. Yet the meaning of all sentences can be shown to contain semantic elements which do not belong to the propositional part and cannot be subsumed under the illocutionary function of the sentence, either. This part of meaning specifies certain attitudes of the speaker towards the propositional part. Thus e.g. all sentences contain semantic elements for the expression of epistemic attitudes. We cannot talk without expressing some attitude about the truth of what we say. Where the speaker's attitude expressed explicitly is not epistemic but intentional (e.g. in imperatives) or evaluative (e.g. with evaluative adverbs), an epistemic attitude is still expressed implicitly.

Although attitudinal meaning, including epistemic meaning, can be conveyed by the same linguistic elements which identify the propositional meaning (e.g. with verbs of thinking), it is always also expressed by linguistic elements which do not contribute to the propositional meaning. The most striking examples of the latter are adverbs and modal verbs. But sentential negation and its alternative, the affirmative form of sentences, i.e. the absence of any other means specifying an epistemic attitude, must be considered the two most basic cases.

So far, analyses of epistemic expressions have concentrated on "attitudinal sentences", where the attitudinal meaning and the propositional meaning are carried by the same means, as in

I suppose Joan has left.

which is obviously used by the speaker to express his assumption as to the truth of the sentence: Joan has left. But so is a sentence like

Joan has probably left.

notwithstanding the fact that it does not contain an explicit reference to the speaker. Even sentences like

Hasn't Joan left?
Joan has left?
Joan hasn't left?

can be said to express some assumption of the speaker, although they seem to lack a specific epistemic expression altogether. The expression of epistemic attitudes need not be considered restricted to assumptions. The speaker can also express his knowledge by saying so, more or less explicitly:

I know that Joan has left.
Joan has indeed left.

but also by simply using an affirmative (or negative) statement:

Joan has left.
Joan hasn't left.

Again, the second example does not contain an explicit reference to the speaker and the third and fourth examples seem to lack an epistemic expression altogether.

A systematic view of all the means contributing to the expression of epistemic attitudes has to include the negative and affirmative form of sentences as well as their interrogative or declarative forms (whether they are syntactically or phonologically determined).

Contrasting sentences with identical propositional parts, "Epistemic Meaning" isolates the basic elements of the attitudinal meaning of each sentence. The resulting system distinguishes between explicitly and implicitly expressed attitudes as well as between two different types of relations between the speaker and the attitude within the explicit and implicit attitudinal meaning. Each sentence is claimed to explicitly specify an attitude, E_i, towards the state-of-affairs identified by the propositional meaning, p, as well as a certain relation between the speaker and E_i. In view of the various combinations possible, including implicitly expressed references to attitudes of individuals other than the speaker, the attitudinal meaning of sentences is represented by two relational predicates: One of them specifies some x's attitude towards p: $E_i(x, p)$; the other one specifies the speaker's relation towards $E_i(x, p)$, who will explicitly assert or not assert $E_i(x, p)$, but may also implicitly express another attitude towards p: $E_j(y, p)$.

Any independent sentence is claimed to determine either the assertive or the non-assertive relation of the speaker towards the explicitly expressed $E_i(x, p)$. The assertive and non-assertive relations constitute the attitudinal mood of a sentence. Statements (and imperatives) determine the assertive mood (towards an epistemic, evaluative or intentional attitude), questions the non-assertive mood of a sentence.

While the explicitly expressed $E_i(x, p)$ and the attitudinal mood towards it are necessary parts of the attitudinal meaning of each sentence, the implicit $E_j(y, p)$ is only a possible part of the attitudinal meaning of sentences; i.e. it does not occur in each sentence.

In regard to implicitly expressed attitudes, "Epistemic Meaning" distinguishes between implied and presupposed attitudes. Although the difference draws upon the traditional differentiation between "presuppositions" and "implications", it does not coincide with any of the current interpretations of these two concepts. It does not distinguish between presupposed and implied propositional meaning (or elements contributing to it), but between presupposed and implied attitudinal meaning. The difference between implied and presupposed is understood as a difference in the speaker's commitment. If the implicitly referred to attitudinal state-of-affairs is a mere hypothesis of the speaker, he will only imply $E_j(y, p)$; if it is a fact, he will presuppose it. Within the theoretical framework of "Epistemic Meaning" the traditional concept of presupposing is reinterpreted as a reference to an assertion of $E_j(y, p)$ at a time previous to that of the utterance carrying this meaning implicitly. Although the presupposed E_j can in most cases be specified as a positive epistemic attitude, affirming the truth of p (and thus corresponds to the traditional understanding of presuppositions), there are cases, as e.g. in sentences like

I know that Joan will probably leave tomorrow.

where the presupposed E_j is a specific epistemic attitude restricting the truth of p.

Presuppositions and implications which do not belong to the linguistically determined meaning of a sentence are excluded from the analyses. Included are, however, logically based regularities concerning the specification of the variables of attitudinal meaning, as e.g. the specification of x and y in $E_i(x, p)$ and $E_j(y, p)$, which depends, among others, upon the deictic aspect of utterances and upon logical axioms as the exclusion of contradiction. The regularities are laid down in form of context dependent rules (for the specification of variables).

The attitudinal interpretation of sentences is build up, step by step, from the meanings of their individual expressions, with any variables specified according to the linguistically determined values from the relevant context. Unacceptable semantic combinations, resulting from contradictory specifications or a conflict with specific contextual restrictions, are marked accordingly. Such contextual contraints, concerning e.g. the use of opaque (truth restricting) attitudes in the scope of another attitude, are also laid down in form of rules specifying the conditions for acceptable combinations of epistemic meanings.

The integration of attitudinal meanings is assumed to follow the syntactic hierarchy of a sentence, from the lowest attitudinal expression to the highest, which, as a rule, corresponds to their linear order reversed, ending with sentence intonation.

If the main stress of a sentence does not fall on a neutral position, it is claimed to be interpreted as an epistemic expression, too, extending the meaning of the constituent stressed into an identifying proposition of the form $\alpha = a$, which serves as the argument of the asserted (or non-asserted) attitude and is — in the case of a contrasting interpretation — related to an alternative attitude expressed implicitly.

According to their different contributions to the attitudinal meaning of a sentence, there are basically two categories of epistemic expressions: One specifying attitudes, like sentential adverbs and the affirmative or negative form of a sentence; the other specifying the attitudinal mood of a sentence, like the syntactical and phonological forms of statements and questions (or the syntactical and lexical forms of object or adverbial clauses).

There are also attitudinal expressions specifying attitudes and attitudinal mood, as e.g. the imperative verb form, which determines an intentional attitude and an assertive mood. German particles like "doch" represent another, epistemic class of this "mixed" category, though the attitude and attitudinal mood they determine are to a certain extent variable and dependent upon the epistemic context of the particle. In one aspect, they are similar to contrastive stress as they relate the explicitly expressed attitude of a sentence to an implicit one. "Epistemic Meaning" spells out the similarities and differences between the meanings of five particles ("doch", "ja", "wohl", "denn", "etwa"), explaining their contextual variations and restrictions as a result of their specific meaning and that of their epistemic context (including various classes of sentences as e.g. "wh-" questions and imperatives, as well as various forms of neutral and emphatic sentence intonation). The contextual properties of stressed particles, e.g., can thus be shown to be due to the integration of the epistemic meanings of particle and contrastive stress.

Though "Epistemic Meaning" will certainly meet with opposition as it trespasses into semantic areas which have, so far, been excluded from all logically stricter models, it presents a coherent system of basis elements and rules to describe and explain a complex set of phenomena, which have not yet been dealt with in such a comprehensive form anywhere else.

www.ingramcontent.com/pod-product-compliance
Lightning Source LLC
LaVergne TN
LVHW081339011026
849161LV00013BB/2952
* 9 7 8 3 0 5 0 0 1 6 0 5 4 *